含油气系统
铼-锇同位素年代学

沈传波　葛　翔　梅廉夫　朱光有　等　编著

科 学 出 版 社

北 京

内 容 简 介

铼-锇（Re-Os）同位素技术可用于确定烃源岩沉积年龄、石油及天然气生成时间和进行油源示踪，在含油气系统研究和油气勘探领域具有广阔的应用前景。本书介绍 Re-Os 同位素技术的基本原理，Re-Os 同位素在烃源岩、原油和沥青中的赋存状态和地球化学行为，Re-Os 同位素技术应用于油气成藏定年和烃源岩示踪的测试方法、实验流程、数据解释及相关研究实例等内容。

本书可供从事油气地质、地球化学和同位素年代学相关领域研究人员参考阅读，也可供石油和地质等高等院校相关专业学生阅读参考。

图书在版编目（CIP）数据

含油气系统铼-锇同位素年代学/沈传波等编著.—北京:科学出版社，2020.11
ISBN 978-7-03-057080-2

Ⅰ.① 含… Ⅱ.① 沈… Ⅲ.① 含油气系统-同位素年代学 Ⅳ.① P597

中国版本图书馆 CIP 数据核字（2020）第 189251 号

责任编辑：何 念/责任校对：高 嵘
责任印制：彭 超/封面设计：达美设计

科 学 出 版 社 出版
北京东黄城根北街 16 号
邮政编码：100717
http://www.sciencep.com

武汉精一佳印刷有限公司印刷
科学出版社发行 各地新华书店经销
*
开本：787×1092 1/16
2020 年 11 月第 一 版 印张：12 1/2
2020 年 11 月第一次印刷 字数：296 000
定价：158.00 元
（如有印装质量问题，我社负责调换）

如何精确、定量地确定油气的成藏年龄一直是国际石油地质界面临的重大难题，也是认识潜在油气运移路径和成藏富集规律必须要解决的一个关键基础科学问题。铼-锇（Re-Os）同位素年代学技术自 2005 年国际上首次应用于油气成藏研究以来，国内外在该方面开展了进一步的探索与实践。目前，Re-Os 同位素年代学技术已成为含油气系统乃至地质学和同位素地球化学研究领域中一项重要的前沿和关键技术。

《含油气系统铼-锇同位素年代学》一书是作者近十余年来在国家自然科学基金项目、中国石油科技创新基金、国家科技重大专项子课题等的持续支持下，取得的阶段性研究成果的总结和升华。该书系统介绍了 Re-Os 同位素技术在含油气系统中应用的基本原理、实验方法和技术流程；论述了烃源岩、原油和沥青 Re-Os 同位素定年和示踪研究中对样品的要求、等时线年龄的获取及其成藏意义的解释；并以典型的实例探讨了原油和沥青 Re-Os 同位素年代学技术在我国复杂盆地多源多期成藏改造过程研究中的适用性和可行性；又成功地将该技术拓展到碳酸盐岩油气成藏年代和天然气生成时间的精确厘定上的创新之举，为 Re-Os 同位素年代学技术在油气地质中的应用注入了新活力，提供了新途径，展示了广阔的应用前景。

该书集系统性、创新性和探索性为一体，有新技术、新方法、新思维，是研究和实践结合、应用和开拓结合、克难和勤奋结合的一部力作。沈传波、葛翔、梅廉夫、朱光有等作者是活跃于教学一线和油气地质领域学术有成的佼佼者，出版一部探索油气成藏年龄难题的力作，可喜可贺。

该书的出版将让更多的研究人员了解、关注和推广 Re-Os 同位素年代学技术，推动 Re-Os 同位素年代学技术在油气成藏研究中更多和更广泛的应用，从而促进油气成藏年代学理论与技术的进步，推动油气成藏学科的发展。

中国科学院院士

2020 年 5 月 29 日

前 言

一般认为，含油气系统是盆地中一个自然的烃类流体系统，其中包含一套有效烃源岩、与该烃源岩有关的油气及油气藏形成所必需的一切地质要素及作用。含油气系统研究的核心是油气生成—运移—聚集过程的恢复及其关键时刻的确定，目的是准确地认识油气藏的形成和分布规律。对于一个含油气系统而言，关键时刻是油气大量生成期和油气藏聚集期，只有在成藏期位于油气优势运移通道上已经形成的圈闭才能捕获油气形成油气藏。油气成藏期或成藏年代的精确、直接、定量确定一直是国际石油地质界和同位素年代学研究面临的重大难题。近年来，用同位素测年方法对油气成藏相关矿物或干酪根、沥青、原油等烃类原始物质和产物进行定年，厘定油气成藏期是目前油气成藏过程研究向微观、直接、定量方向发展的必然趋势。

油气成藏的铼-锇（Re-Os）同位素定年由英国杜伦大学的 David Selby 教授所建立，2005 年他在 Science 上发表论文，首次提出油砂中原油的 Re-Os 同位素等时线年龄记录了油气的生成时间，初始 $^{187}Os/^{188}Os$ 值可以用来示踪烃类的来源。这为油气成藏年代和油源对比研究提供了一种新方法，推动了对含油气系统时空演化的深入认识。自此，国内外也开始了较多油气成藏 Re-Os 同位素方面的探索与实验。目前，Re-Os 同位素年代学技术已经成为含油气系统乃至地质学和同位素地球化学研究领域中的一项前沿和关键技术。

作者团队自 2010 年开始和 David Selby 教授合作，对矿山梁古油藏、麻江古油藏、凯里古油藏、万山古油藏、米仓山古油藏等进行了野外地质调查和联合研究。还与中国石油勘探开发研究院、中国石油西南油气田分公司、中国石化石油勘探开发研究院、中海油研究总院、中国科学院广州地球化学研究所、成都理工大学、南京大学等多个单位联合开展了我国复杂地质条件下烃源岩、原油和沥青 Re-Os 同位素的探索性实验。在近十年的联合研究和攻关过程中，作者团队一直在探索油气成藏 Re-Os 同位素年代学技术应用于我国具有多套烃源岩、多期构造运动和多期油气成藏改造过程的复合盆地的可行性和适用性。通过研究，证实了 Re-Os 同位素年代学技术在解决我国复杂盆地多源多期成藏难题方面的可行性，提出了焦沥青 Re-Os 同位素等时线年龄可指示原油裂解、天然气生成时间，拓展了 Re-Os 同位素年代学技术在含油气系统中的应用范围。

作者团队曾四次获得国家自然科学基金委员会对油气成藏和年代学相关研究（项目批准号：41802168、41672140、41372140、40902038）的资助，两次获得中国石油科技创新基金项目（项目批准号：2016D-5007-0103、2009D-5006-0108）的资助，两次获得湖北省自然科学基金项目（项目批准号：2016CFA055、2009CDB217）的资助，获得中央高校基本科研业务费"地学长江计划"核心项目群（项目号：CUGCJ1820）的资助，还两次获得国家科技重大专项子课题（项目号：2016ZX05024-002-005、2017ZX05032-002-004）的资助，并获得湖北省科技进步奖一等奖一项、中国地质学会青年地质科技奖银锤奖一项，在此对这些资助和奖励表示衷心的感谢。本书正是基于这些项目的支持，以及与 David Selby 教授、国内相关石油公司和研究单位多年来的联合研究成果而编写的，希望本书的出版能为我国含油气系统 Re-Os 同位素年代学的研究提供参考。在作者团队开展油气成藏 Re-Os 同位素年代学研究的过程中，还得到了 Svetoslav Georgiev、Martin Feely、Barry J. Katz、Rachael Bullock、Naveen Hakhoo、戴金星、郝芳、邓运华、张水昌、赵孟军、柳少波、王华建、韩剑发、范士芝、郑民、刘海涛、江如意、邱楠生、刘树根、王国芝、刘文汇、何治亮、刘全有、李忠权、侯明才、曹剑、廖泽文、李建威、吴景富、于水、吴克强、赵志刚、梁建设、李菁菁、陶小晚、陈勇、王杰、赵建新、刘可禹、屈文俊、李超、杨钊、王鹏、谢晓军、李任远、叶霖、姚书振、邱华宁、刘昭茜、胡圣虹、张宏飞、胡守志、阮小燕、李水福、陈红汉、宫勇军、白秀娟、熊索菲、皮道会、刘文浩、郑建平、蒋少涌、赵葵东、郭小文、马昌前、张刘平、李斌、沈安江、陈友智、陈国繁、成军、黄翔嘉、田永常、肖平等领导或专家的大力支持与帮助。在本书撰写的过程中，还参考了前人大量有关 Re-Os 同位素和成藏年代学的专著、论文等成果，在此一并表示衷心的感谢。

本书共 7 章。第 1 章由葛翔、沈传波、付红杨编写；第 2 章由葛翔、吴阳、梅廉夫编写；第 3 章由沈传波、曾小伟、葛翔编写；第 4 章由沈传波、朱光有、葛翔编写；第 5 章由沈传波、葛翔编写；第 6 章由沈传波、张毅、梅廉夫编写；第 7 章由沈传波、葛翔编写。本书最后由沈传波统稿，梅廉夫和朱光有对书稿进行校阅和修改。研究生姬红果、周俊林、韩雪莹、雷霆霆、王佳宁、丁晓楠等参与了本书内容相关的部分研究，并清绘部分图件，在此表示感谢。特别感谢戴金星院士审读了全书并欣然作序！

本书是一个阶段研究成果的总结，由于作者水平和时间有限，书中疏漏和不足之处在所难免，恳请各位专家学者批评指正。

沈传波

2020 年 5 月于武汉南望山

目 录

第 1 章

Re-Os 同位素在含油气系统中应用的原理

1.1 含油气系统中烃类的演化过程

1.1.1 含油气系统的概念

含油气系统是指一个天然的烃类流体系统，其中包含活跃的烃源岩、与活跃烃源岩相关的石油和天然气，以及形成油气聚集所必需的地质要素和地质作用（Magoon and Dow，1994）。活跃的烃源岩包括油源岩、气源岩、油气源岩及目前可能无效或油气已排出的源岩。油气既包括在自然界中发现的沥青、原油、凝析油，也包括在常规油气田、致密气田、天然气水合物、裂缝性页岩及煤层中发现的热成因和生物成因的天然气。系统指相互依存并制约油气成藏的各种地质要素、地质作用及其组合关系。含油气系统强调地质要素和地质作用在时间和空间上的演化和相互关系，包括烃源岩、储层、盖层和上覆岩层（图1.1），以及圈闭的形成、油气的生成—运移—聚集等地质过程（Magoon and Dow，1994）。

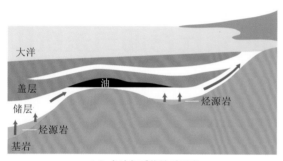
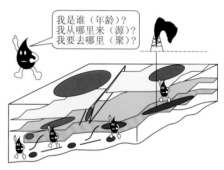

（a）含油气系统地质要素 （b）含油气系统关键科学问题

图1.1 含油气系统地质要素及关键科学问题

含油气系统具有特定的区域、地层与时间范围，可以通过关键时刻、展布范围、基本要素、持续时间及保存时间等参数来确定。关键时刻是指含油气系统中油气生成—运移—聚集的时间。展布范围由生油洼陷及所有来源于该洼陷的油气显示和油气聚集的界线圈定。基本要素包括烃源岩、储层、盖层和上覆岩层（图1.1）。持续时间是形成含油气系统所需要的时间。例如，烃源岩是系统形成的最初要素，而上覆岩层是系统形成的最后要素，那么最初和最后要素的形成时间差就是整个油气系统的持续时间。保存时间是指烃类在该系统内被保存、改造或被破坏的时间段，从油气生成—运移—聚集过程完成后开始。对圈闭形成的主要研究是有效捕集油气目标的分析。对油气生成—运移—聚集的研究包括有效烃源岩进入生烃门限、生烃高峰的时间及其生烃量，油气的运移方向、路径及总量，油气成藏期次及时间等的综合分析（刘文汇等，2013）。这些地质要素及地质作用必须要有适当的时空配置，才能使其有机地关联；这些成藏作用有序的发生，最终形成油气聚集。在含油气系统包含的这些地质要素及地质作用中，油气生成、运移、聚集、破坏等的关键时刻的精确约束对于了解整个含油气系统及油气演化过程起着至关重要的作用，决定着油气藏的形成和分布规律，是研究整个含油气系统的核心内容（图1.2）。

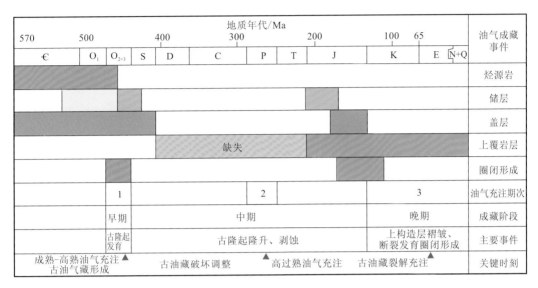

图 1.2　塔里木盆地含油气系统成藏事件及关键时刻示意图（刘文汇 等，2013）

1.1.2　含油气系统中烃类演化阶段

油气藏形成演化过程和保存条件的分析，以及盆地油气勘探潜力和有利勘探目标的确定，都需要对含油气系统内部的油气成藏关键时刻有准确的认识。生烃阶段和成藏阶段是油气演化过程中重要的时刻，其中生烃阶段是烃源岩进入生油窗开始生烃的时刻，而成藏阶段主要是烃类流体进入储层或圈闭中最终聚集的时间。烃源岩作为含油气系统中十分重要的地质要素，是含油气系统确定的关键。沉积有机质在埋藏过程中，经过地质作用控制的物理、化学和生物的作用，发生一系列的有机、无机相互作用（陈昭年，2005），有机质的成烃演化进程和所得到的烃类产物表现出明显的阶段性（高岗，2000）。目前，较普遍的阶段划分方案为成岩作用阶段、深成作用阶段和变生（准变质）作用阶段（图 1.3），分别对应于有机质演化的未成熟阶段、成熟阶段和过成熟阶段（Tissot and Welte，1984）。

成岩作用阶段即未成熟阶段从沉积有机质被埋藏开始，到达生烃门限深度为止，对应较低的镜质体反射率（$R_o < 0.5\%$）。成岩作用早期，有机质经历细菌的分解和水解作用，使脂肪、蛋白质、碳水化合物和木质素等生物聚合物转化为分子量较低的脂肪酸、氨基酸、糖、酚等生物化学单体，同时产生 CO_2、CH_4、NH_3、H_2S 和 H_2O 等简单分子。随着埋深的增加，细菌作用趋于终止，无机转化过程变得重要，生物化学单体将发生缩聚作用形成复杂的高分子腐殖酸类，进而演化为地质聚合物干酪根，成为较稳定的不溶有机质。深成作用阶段即成熟阶段，为干酪根生成油气的主要阶段。该阶段从有机质演化的门限值开始至生成石油和湿气结束为止，R_o 为 $0.5\% \sim 2.0\%$。

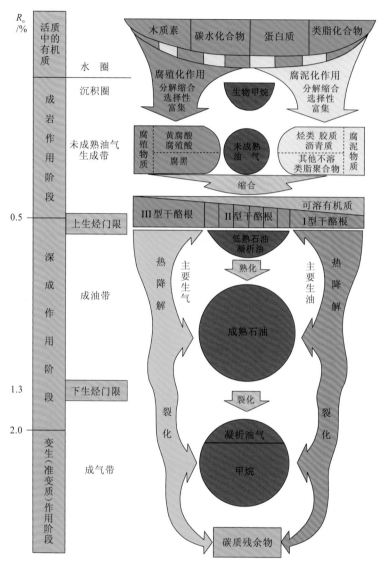

图 1.3　有机质的成岩演化与成烃作用过程（据 Tissot and Welte，1984 修改）

随着埋深和地温的增加，达到生烃门限深度和温度以后，干酪根开始大量降解生成石油、轻质油和湿气。变生（准变质）作用阶段即过成熟阶段，$R_o > 2.0\%$。该阶段地层埋深大、温度高，因为在成熟阶段干酪根上的较长烷基链已经消耗殆尽，所以生油潜力枯竭，只能在热裂解作用下生成高温甲烷。此外，先前生成的石油和湿气等烃类也可以在高温条件下热裂解为甲烷。烃类及干酪根释出甲烷后，其本身将进一步缩聚为富碳的残余物，以焦沥青的形式保存（Tissot and Welte，1984）。简而言之，含油气系统的演化可以大致划分为沥青质或油沥青形成阶段（初始生油阶段）、液态原油生成阶段（主生油阶段）、天然气及焦沥青生成阶段（生油后阶段）三个主要过程（图 1.4）（Lewan，1985）。

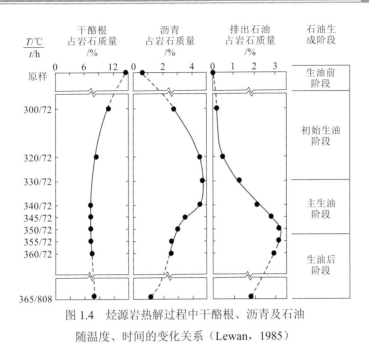

图 1.4　烃源岩热解过程中干酪根、沥青及石油
随温度、时间的变化关系（Lewan，1985）

1.1.3　含油气系统的关键时刻

含油气系统的关键时刻也就是油气成藏时间或成藏年代，其精确、直接、定量的确定一直是国际石油地质界和同位素年代学的重大难题（Qiu et al.，2011；Mark et al.，2010；Schaefer，2005）。它是油气成藏演化过程恢复研究中非常重要的一个方面，在含油气系统时空配置及烃类演化过程中发挥着重要的作用。成藏年代学与油气成藏过程中的地球动力学、地球化学及油气藏分布与预测呈并列关系，共同为油气藏演化及油气勘探服务（鲁雪松 等，2017）。

1. 油气成藏时间定性分析方法

国内外学者根据含油气系统中油气藏的生、储、盖、圈、运、保等参数的有效耦合，结合盆地构造演化历史及古地温历史来宏观地推断油气成藏时间，逐步确立了圈闭形成时间法、烃源岩的主生油期法、油藏饱和压力法等传统的地质学分析方法（表1.1）。这些方法均不是直接测定油气成藏的年龄，而是通过其他地质过程参数间接、定性地给出油气成藏的相对时间，而不能直接给出油气成藏的绝对年龄，即它们主要是定期，而不是定年，精细程度明显不够，这必然会存在诸多不确定性和误差（赵孟军 等，2004，2003）。这些方法在构造演化历史简单、油气充注期次单一且无异常压力的单旋回盆地中应用较好，但在构造历史复杂、油气多期次充注或存在异常压力的地质情况下难以较好应用（刘文汇 等，2013）。

表 1.1 油气成藏不同定年方法的特点（据刘文汇 等，2013 修改）

定年方法	定年意义	优点	适用范围/局限性
地质分析方法	圈闭形成的时间、生排烃的时间	简便易行，可以对其他定年方法确定的年代进行约束	间接的、定性的研究方法，仅提供大致或最早的成藏时间，无法适用于复杂的叠合盆地
流体包裹体均一温度法	油气充注成藏最早时间	微观的、半定量研究方法，并且应用广泛，效果良好	对埋藏史与热演化史的恢复具有较高的要求，并且不能完全反映油气成藏的最早温度和时间
稀有气体 He、Ar 定年	气源岩年龄	数学统计方法，适用于天然气研究，测定的是气源岩年龄	只适用 K 丰度较高（≥2.64%）的泥质源岩，不适合海相碳酸盐岩和煤系地层，并且无法用于成藏定年
伊利石 K（Ar）-Ar 定年	油气充注圈闭形成的最大年龄	定量研究，适用广泛，测定的为绝对年龄	伊利石停止生长（有人质疑），所测年龄偏大，伊利石分离和提纯难度大，不适合多期成藏，尤其是晚期成藏
磷灰石和锆石（U-Th）/He 定年	构造抬升时间	间接方法，具有良好的应用前景	适用于碎屑岩（砂岩）或火山岩储层，适用于研究油气藏调整改造破坏作用
方解石（U-Th）/He 定年	流体活动时间、油气运移充注时间	定量研究，测定的为绝对年龄，具有良好的应用前景	适用于碳酸盐岩地区，对方解石的样品要求高：一般 U 的质量分数要大于 0.3 μg/g，矿物直径大于 2mm
方解石 Sm-Nd 定年	流体活动时间、油气运移充注时间	定量研究，测定的为绝对年龄，具有良好的应用前景	适用于碳酸盐岩地区，Sm-Nd 丰度低，年龄误差较大，同位素体系的封闭性被质疑
流体包裹体 $^{40}Ar/^{39}Ar$ 定年	油气成藏的时间	定量研究，精度高，可获得原生和次生多期次年龄	适用于石英矿物，要求含有一定量的 K 且盐度较高，样品需要辐照，测试周期长
方解石激光原位 U-Pb 同位素定年	流体活动时间、油气运移充注时间	定量研究，测定的为绝对年龄，原位，分析速度快，具有良好的应用前景	适用于碳酸盐岩地区，对方解石的期次和阶段划分要求高，年龄意义的解释存在争议，标样较少，有人质疑同位素体系的封闭性
沥青和原油等 Re-Os 同位素定年	油气生成的时间	定量研究，适用广泛，测定的为绝对年龄，还可以进行烃源岩示踪	年龄误差较大，Re、Os 元素的富集、分离与提纯难度较大，并且有人质疑同位素体系的封闭性

20 世纪 90 年代以后，基于构造史、埋藏史、热演化史等地质结果，利用流体包裹体技术获得油气充注和油藏形成时间成为可能。流体包裹体保留了成藏流体的成分、性质，可以反映烃类运移时的物理化学条件。其中，包裹体捕获时的温度和压力是最重要的两个热力学参数，可以间接反映油气运移或油气藏形成时的古温度和古压力，进而较为准

确地限定油气运移—成藏的深度和时间（陈红汉，2014，2007；刘文汇 等，2013；Schubert et al.，2007；Parnell et al.，2000）。基于储层中与烃类包裹体共生的盐水包裹体的均一温度，结合盆地埋藏史和热演化史推测油气成藏的形成时间是目前最常用的方法（王华建 等，2013；曹青和柳益群，2007；Walderhaug，1990）。尽管流体包裹体方法在确定成藏期次及成藏年代方面已被证明是一种十分有效的方法（鲁雪松 等，2017；向才富 等，2008；蔡李梅 等，2008），但对于成藏历史比较复杂的叠合盆地，流体包裹体方法只能大致确定各期油气藏的成藏年代，而难以区分所研究的油气藏究竟属于原生油气藏还是次生油气藏，若缺乏油气藏地球化学及成藏地质背景等的分析，容易将油气藏形成的多期性不加区分地解释为烃源岩生排油气的多期性。此外，古地温梯度的不确定性、埋藏历史恢复的复杂性、包裹体期次与生烃成藏期次的非等同性，甚至包裹体成分分析的偶然性等都可能影响分析结果的准确性（Roberts et al.，2004；王飞宇 等，2002，1995；姜振学 等，2000；Braun and Burnham，1992；Tissot et al.，1987）。

2. 油气成藏时间定量分析方法

为解决油气成藏时间定性分析方法的局限性，21 世纪以来，成藏年代定量分析方法快速发展（表 1.1）。定量分析的理论基础是烃类流体—水—岩石的相互作用（刘文汇 等，2013）。当烃类流体注入储层，油气驱替地层水，储层的成岩环境和相态发生变化，由水-岩两相转变为烃-水-岩多相，孔隙水流体与矿物之间的反应受到抑制（如储层中石英次生加大）或中止（自生伊利石、钾长石的钠长石化等），并生成有机包裹体和盐水包裹体这样的"成藏流体化石"记录（刘文汇 等，2013）。油气成藏时间的研究可以在地质历史分析的基础上，结合流体历史分析的理论和方法，依靠"成藏流体化石"记录的地球化学和岩石学信息，对烃类的形成和充注成藏时间进行定量分析（王华建 等，2013）。目前，成岩矿物定年通过分析成矿条件变化与油气运移有关的岩石或矿物的绝对年龄来推测油气成藏的时间（鲁雪松 等，2017）。伊利石是较早、较为广泛地被应用于油气成藏期研究的富钾自生矿物，储层自生伊利石的 K-Ar 和 $^{40}Ar/^{39}Ar$ 定年确定的油气成藏年龄的原理基于的假设如下：砂岩储层在油气充注后，孔隙水被挤走，烃类流体取而代之，自生伊利石失去了生长所需的水介质而停止生长，即自生伊利石 K-Ar 定年法最小年龄限定了油气充注的最大年龄（张有瑜 等，2016；Tohver et al.，2008；Meunier et al.，2004；Dong et al.，1995；Hamilton et al.，1989；Lee et al.，1985）。但是，伊利石提纯技术是目前存在的一个关键问题。现有伊利石提纯技术难以避免砂岩中丰富的碎屑钾长石粉尘的混入；碎屑钾长石中 K 的含量高、年龄老，实验时激光能量稍大，钾长石释出气体，使样品的表观年龄迅速上升。中高温阶段形成的年龄坪，坪年龄远远大于储层的地层年龄，代表了碎屑钾长石的年龄可用于探索沉积岩的母岩区（张有瑜 等，2016）。

一般认为，油气运移成藏过程只要发生成岩作用就会形成油气包裹体，因此定量测定油气包裹体的形成时间成为油气运移成藏年代确定的新方法。阶段真空击碎技术的高精度 $^{40}Ar/^{39}Ar$ 定年方法可以实现对流体包裹体形成年龄的准确测定。Qiu 等（2011）根据此方法实现了对松辽盆地深层 CO_2 气藏和天然气气藏充注年龄的精确测定。通过对法罗-设得兰群岛盆地含钾长石流体包裹体的 $^{40}Ar/^{39}Ar$ 定年，精确解析了盆地内部石油的生成及运移时间（Mark et al.，2005）。在碎屑岩地区还可以开展自生钾长石激光显微探针 $^{40}Ar/^{39}Ar$ 定年，来获得油气生成的年龄。Mark 等（2010）利用该技术对法罗-设得兰群岛盆地油气田上侏罗统 Rona 组砂岩储层自生钾长石进行了测年，获得了自生钾长石的平均年龄为（113.2±3.5）Ma（2σ），从而限定了上侏罗统法罗-设得兰群岛盆地烃源岩的成熟年龄；大约在 113 Ma，石油已从法罗-设得兰群岛盆地的烃源岩排出，并运移到盆地边缘聚集成藏。K-Ar 和 $^{40}Ar/^{39}Ar$ 定年方法在进行油气成藏定年时，样品采集具有较大的局限性，多数情况下较难获取供定年使用的理想样品，且采集到的样品进行分离时获得的是含碎屑的黏土矿物混合物，难以得到纯净的样品，导致所测年龄偏大，年龄数据的解释存在争议，并且样品辐照导致 $^{40}Ar/^{39}Ar$ 实验周期长，有机杂质气体干扰及核反冲作用在一定程度上也限制了该方法的发展。对油气藏（干酪根、沥青、原油等）直接定年是油气成藏年代学向直接、定量方向发展的必然趋势，也是最为直接有效的方法（王华建 等，2013）。对于原生油气藏，烃源岩中未排出的烃类及储层中的原油的年龄代表了油气成藏的最早时间，烃类及原油中所含有的放射性同位素体系（如 U-Pb、Rb-Sr、Re-Os 等）可用于约束油气藏形成的绝对年龄（Cumming et al.，2014；蔡长娥 等，2014；沈传波 等，2011；Selby and Creaser，2005a；Selby et al.，2005；Parnell and Swainbank，1990）。Zhu 等（2001）选取了我国不同油气藏中的烃源岩和沥青，进行了 Pb-Pb 和 Rb-Sr 同位素分析，研究发现沥青的 Rb-Sr 定年结果与原油的生成时间相吻合，而烃源岩的 Pb-Pb 同位素定年结果与干酪根的形成时间具有较好的吻合性。

相对于 Pb-Pb 和 Rb-Sr 这两种亲岩石同位素定年体系，亲有机质特性的 Re-Os 同位素定年体系具有很强的创新性和挑战性，已经在油气成藏年代学中展现出了良好的潜力（Lillis and Selby，2013；Finlay et al.，2011；Selby et al.，2007；Selby and Creaser，2005a；Selby et al.，2005）。研究发现，Re 和 Os 同位素在烃类体系中主要以络合物的形式赋存于沥青质组分中（Selby et al.，2007）。因此，对原油中沥青质的 Re-Os 同位素分析能够较好地反映普通原油的 Re-Os 同位素信息（Cumming et al.，2014；Lillis and Selby，2013；Finlay et al.，2011；Selby and Creaser，2005a；Selby et al.，2005）。对加拿大艾伯塔（Alberta）盆地油砂的 Re-Os 同位素分析，得到了约 110 Ma 的等时线年龄，这与该地区的盆地埋藏历史具有较好的吻合性，被创新性地解释为原油生成及运移的时间（Selby and Creaser，2005a）。与此同时，Selby 等（2005）对加拿大努纳武特（Nunavut）地区密西西比河谷型（Mississippi Valley type，MVT）铅锌矿伴生的沥青的 Re-Os 同位素分析，得到了一组（374.2±8.6）Ma 的等时线年龄，这一结果与闪锌矿 Rb-Sr 定年（Christensen et al.，1995）和古地磁定年具有较好的一致性，提出了沥青 Re-Os 同位素定年在确定油气生成时间方面的可能性（Selby et al.，2005）。此后，对英国东北部大西洋边缘含油气系统的原油样品的 Re-Os 同位素分析，显示油气的生成时间约为 70 Ma（Finlay et al.，2011），这一时间与生排烃法、盆地模拟法（Lamers and Carmichael，1999）和钾长石 $^{40}Ar/^{39}Ar$ 定年获得的油气大量生成和充注的时间近似（Mark et al.，2005），进一步显示了 Re-Os 同位素体系在原油绝对定年方面的良好前景。对美国比格霍恩（Bighorn）盆地原油的 Re-Os

同位素分析，得到的约 210 Ma 的等时线年龄，与沥青的生成时间具有较好的吻合性，而与二叠系烃源岩的沉积年龄及烃类的二次运移时间不相关（Lillis and Selby，2013），这进一步验证了 Re-Os 同位素分析在解析油气演化过程中的重要作用。近期，以我国南方海相碳酸盐岩中高成熟度焦沥青为研究对象，发现原油裂解后形成的焦沥青 Re-Os 同位素等时线年龄可能与原油裂解、天然气成藏的时间具有一定的吻合性。例如，四川盆地北缘米仓山地区焦沥青 Re-Os 等时线年龄（约 184 Ma）与盆地模拟指示的烃源岩在晚三叠世—侏罗纪进入最大埋藏期，以及该时期较高的流体包裹体温度（约 160 ℃）表现出良好的吻合性，共同指示了早侏罗世可能是原油高温裂解作用的主要阶段（Ge et al.，2018a）。现有研究表明，Re-Os 同位素年代学技术在油气成藏演化过程研究中具有重要的应用前景，值得进一步探索。

碳酸盐岩在全球油气勘探中占有重要地位，近 50% 的油气资源分布在碳酸盐岩中（沈安江 等，2019）。碳酸盐岩地区，油气成藏作用伴生的主要矿物为方解石等，这些矿物不适合用常规同位素定年方法。探索方解石等碳酸盐类矿物同位素定年的可能性，将为油气充注及其成藏年代学研究开辟新的技术手段和方法（图 1.5），是值得今后探讨的重要科学技术问题。捕获油包裹体的方解石 Sm-Nd 定年和（U-Th）/He 定年及方解石激光原位 U-Pb 定年则为这一问题的探索提供了可能。

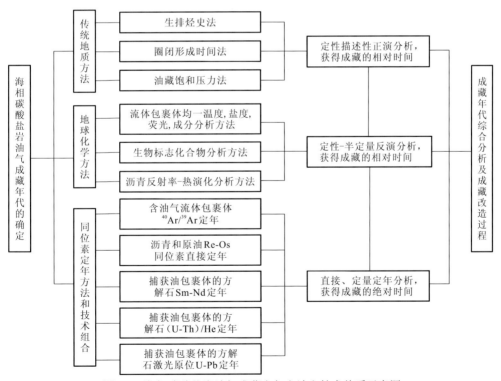

图 1.5　海相碳酸盐岩油气成藏定年方法和技术体系示意图

（U-Th）/He 定年是根据锕系元素 α 衰变产生 ^{4}He 核来进行的，而矿物中 He 主要是 ^{238}U、^{235}U 及 ^{232}Th 衰变获得的。测定样品中放射性 He、U 和 Th 的含量，就可以获得

（U-Th）/He 的年龄。氦同位素可以被保存在橄榄石、辉石、角闪石、石榴子石、锆石、榍石、磷灰石、褐帘石、磁铁矿、赤铁矿和玄武玻璃中，因此这些矿物和岩石都是（U-Th）/He 定年的可能对象。方解石等碳酸盐岩也可用（U-Th）/He 定年（Copeland et al.，2007），定年结果可以帮助限定流体活动的时间（Powell et al.，2018）。这为碳酸盐岩油气区确定含油气流体充注的时间和成藏年代提供了可能。对于方解石（U-Th）/He 定年的样品，一般要求 U 的含量至少为 0.1 μg/g，大于 0.3 μg/g 最好；方解石矿物直径大于 2 cm，用量为 20～100 mg（Copeland et al.，2007）。

Sm-Nd 定年方法最早用于陨石年龄的测定（Lugmair，1974），并且已成功地应用于月球陨石和地球古老的铁镁、超镁铁岩类的等时线年龄的测定（陈文 等，2011）。Sm-Nd 定年法存在的问题主要有：Sm-Nd 丰度普遍很低，适合的矿物比较少；^{147}Sm 半衰期较长，等时线年龄分辨率一般小于 20 Ma，不能测定年轻样品；在热液活动过程中，Sm 和 Nd 常处于一种开放体系，造成 Sm、Nd 各种参数的失常，这就使得部分定年工作很难得到科学的、合理的等时线年龄（彭建堂，2008；Uysal et al.，2007，2001；李发源 等，2003）。彭建堂等（2003）指出，对于稀土元素（rare earth element，REE）含量较高、中稀土元素（middle rare earth element，MREE）和重稀土元素（heavy rare earth element，HREE）相对富集、轻稀土元素（light rare earth element，LREE）相对亏损且自形成后保持 Sm-Nd 封闭状态的方解石，可以用 Sm-Nd 定年方法进行精确定年，并在湖南锡矿山锑矿热液方解石 Sm-Nd 定年上取得了较好的结果，厘定了矿床的成矿时代。Uysal 等（2007）利用方解石的 Sm-Nd 定年限定了澳大利亚鲍文（Bowen）盆地多期流体活动的时间。方解石在碳酸盐岩油气区普遍存在，因此可以找到符合上述条件的方解石，采用 Sm-Nd 定年方法加以精确定年，厘定含油气流体活动的时间，进而为准确地确定油气充注的时间和成藏年代提供可能。

近些年，随着同位素化学分离方法和样品制备水平的提高，以及电子探针技术、激光微区微量纯化系统和高精度、高灵敏度质谱仪的普及，方解石激光原位 U-Pb 定年技术逐渐获得应用，并在地质年代学研究领域得到了迅猛发展（赵子贤和施伟，2019）。方解石激光原位 U-Pb 定年技术可以精确地确定 U 元素的质量分数低至 20 pg/g 方解石的年代，具有空间分辨率高、测试效率高的优势（刘恩涛 等，2019），并且制样流程简单、样品消耗量少、本底低、空间分辨率高（胡安平 等，2020）。Li 等（2014）联合使用同位素稀释法［热电离质谱法（thermal ionization mass spectrometry，TIMS）］和激光原位法［激光剥蚀多接收杯电感耦合等离子体质谱法（laser ablation multi-collector inductively coupled plasma mass spetrometry，LA-MC-ICP-MS）］，对成岩阶段形成的方解石脉展开 U-Pb 定年的对比分析，结果显示同位素稀释法获得的方解石胶结物的年龄为（171±16）Ma（平均标准权重偏差 MSWD=0.51），方解石激光原位 U-Pb 定年法获得的年龄为（165.5±3.3）Ma（MSWD=1.6），两年龄在误差范围内保持一致，而且方解石激光原位 U-Pb 定年法获得的年龄数据精度更高，这一研究开启了激光原位碳酸盐岩 U-Pb 年代学分析的大门。之后，该方法广泛应用于碳酸盐岩矿物的形成年龄（Coogan et al.，2016）、脆性断裂活动的时代（赵子贤和施伟，2019；Nuriel et al.，2017；Roberts and Walker，

2016）、海相碳酸盐岩成岩−孔隙演化史的恢复及孔隙评价（胡安平 等，2020；沈安江 等，2019）、流体活动历史（刘恩涛 等，2019）、油气成藏年代（郭小文 等，2020）等方面的研究。如果方解石等碳酸盐岩类矿物捕获了油气等有机包裹体，其定年也可为油气充注及成藏定年提供年龄依据。方解石等碳酸盐岩激光原位 U-Pb 定年技术面临的关键问题和技术难点是其年龄的地质意义和定年的成功率。此外，理想的标样、同位素体系的封闭性、成岩阶段与期次的准确划分也是影响定年结果精度和准确性的重要因素。

1.2 Re-Os 同位素技术的基本原理

1.2.1 同位素定年的基本原理

同位素地质年代的测定基于放射性衰变定律，即单位时间内衰变的原子数与现存放射性母体的原子数成正比，其数学表达公式为

$$N = N_0 e^{-\lambda t} \tag{1.1}$$

式中：N 为经过 t 时间以后剩下的未衰变母体原子数；N_0 为 $t=0$ 时放射性同位素的初始原子数；λ 为衰变常数。经任何时间，由母体衰变的子体原子数为

$$D^* = N_0 - N \tag{1.2}$$

将式（1.2）代入式（1.1）后，得

$$D^* = N_0 (1 - e^{-\lambda t}) \tag{1.3}$$

或

$$D^* = N(e^{\lambda t} - 1) \tag{1.4}$$

质谱分析只能测定同位素的比值，不能直接测定单个同位素的原子数，因此在同位素年代学方法中，必须选取子体元素的其他同位素作为参照，来进行同位素比值的测定。记参照的同位素为 D_s，并使式（1.4）两边同时除以 D_s，则

$$\frac{D^*}{D_s} = \frac{N(e^{\lambda t} - 1)}{D_s} \tag{1.5}$$

若在 $t=0$ 时，将所研究体系中存在的初始子体同位素记作 D_0，则 t 时刻，子同位素的原子数总数为

$$D = D^* + D_0 \tag{1.6}$$

将式（1.6）代入式（1.5）得

$$\frac{D}{D_s} = \frac{D_0}{D_s} + \frac{N(e^{\lambda t} - 1)}{D_s} \tag{1.7}$$

习惯上，若将上式 D_0 / D_s 写作 $(D / D_s)_0$，则式（1.7）变为

$$\frac{D}{D_s} = \left(\frac{D}{D_s}\right)_0 + \frac{N(e^{\lambda t} - 1)}{D_s} \tag{1.8}$$

式（1.8）便是同位素地质年代学方法中的基本公式。式中：D/D_s 为样品现今的同位素原

子比值，用质谱仪测定；$(D/D_s)_0$ 为样品初始同位素原子比值；N/D_s 为母体同位素与参照同位素原子比值，一般用同位素稀释法计算获得；λ 为衰变常数。据上述参数可求解放射性衰变已经历过的时间 t，为

$$t=\frac{1}{\lambda}\ln\left[\frac{D/D_s-(D/D_s)}{N/D_s}+1\right] \tag{1.9}$$

1.2.2 Re-Os 同位素定年的基本原理

铼（Re，原子序数 $Z=75$）和锇（Os，原子序数 $Z=76$）是化学元素周期表中的第六周期的元素。金属 Re 呈银灰色，有延展性，粉末为灰色。Re 的熔点高达 3 180℃，在各种化合物中的原子价态可以从-3 价到+7 价。Re 有两种同位素（^{185}Re 和 ^{187}Re），其中 ^{187}Re 为放射性同位素。Os 位于周期表 VIII 族，属于铂族元素。金属 Os 呈现蓝灰色，熔点高（3 045℃），密度大，硬而脆。Os 在各种金属化合物中的原子价态为+3 价、+4 价、+6 价、+8 价。Os 有 7 种同位素（^{184}Os、^{186}Os、^{187}Os、^{188}Os、^{189}Os、^{190}Os、^{192}Os）。Re 和 Os 在自然界的丰度很低，大多数岩石和矿物中的 Re 含量在皮克每克至纳克每克（pg/g～ng/g）范围，Os 的含量通常在几百皮克每克和几皮克每克的范围内（杜安道 等，2012；Pearson et al.，1995；Esser and Turekian，1993）。但辉钼矿、黑色页岩、铜镍硫化物及磁黄铁矿等的 Re 含量很高，是 Re-Os 同位素定年的重要矿物（图 1.6）。

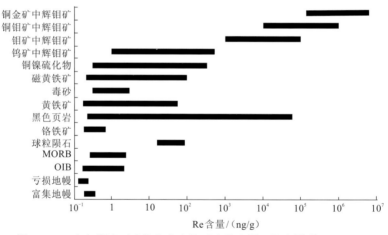

图 1.6 Re 在各类岩石矿物和宇宙物质中的含量（杜安道 等，2012）

MORB 为大洋中脊玄武岩；OIB 为洋岛玄武岩

Os 与地幔中的硫化物具有高度的相容性，对于地壳而言，Os 被强烈地隔离在地幔中；相比之下，Re 具有适度的相容性，因此地幔中 Re 通过部分熔融转移到地壳中（Reisberg and Lorand，1995）。因此，地幔中的 ^{187}Re / ^{188}Os 值很低（约为 0.4），而地壳的 ^{187}Re / ^{188}Os 值要高得多，而且变化很大。地壳中 ^{187}Re / ^{188}Os 的平均值约为 50，其变化范围比地幔高 1～3 个数量级（Shirey and Walker，1998）。

　　与 Rb-Sr、Sm-Nd 等放射性同位素体系类似，Re-Os 同位素体系定年是基于地幔或者大陆地壳中含 Re 的岩石矿物中的 ^{187}Re 通过 β 衰变的方式转变为 ^{187}Os 来计算地质年龄的（图 1.7）。放射性元素 ^{187}Os 的质量分数与时间符合放射性衰变规律，即放射性元素 ^{187}Os 的增长量与时间 t 满足方程：

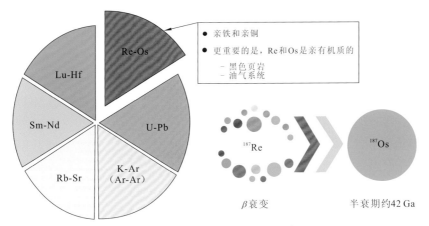

图 1.7　Re-Os 放射性定年原理示意图

$$^{187}\text{Os}/^{188}\text{Os} = (^{187}\text{Os}/^{188}\text{Os})_i + {}^{187}\text{Re}/^{188}\text{Os}(e^{\lambda t} - 1) \qquad (1.10)$$

式中：^{187}Os/^{188}Os 为矿物现今的 ^{187}Os/^{188}Os 值；$(^{187}$Os/^{188}Os$)_i$ 为矿物形成时的 ^{187}Os/^{188}Os 值；λ 为 ^{187}Re 的衰变常数，为 1.666×10^{-11} a^{-1}（1.02%）（Smoliar et al.，1996）；t 为矿物形成后的年龄或者体系封闭后至今的时间，在公式中单位为年（a），地质研究中通常以百万年（Ma）表示。其中，矿物形成时的初始 ^{187}Os/^{188}Os 值 [$(^{187}$Os/^{188}Os$)_i$] 及矿物形成后的年龄为公式中的两个未知量，这两个未知参数可以通过测试多个具有亲缘关系的实验样品，进而代入 ^{187}Re/^{188}Os 和 ^{187}Os/^{188}Os 关系式求取（图 1.8）。

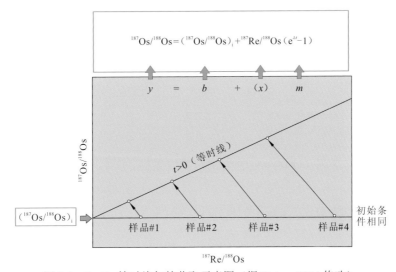

图 1.8　Re-Os 等时线年龄获取示意图（据 Stein，2014 修改）

1.2.3 Re-Os 同位素示踪的基本原理

在地球化学研究中，通常需要示踪岩浆岩的物质来源，如 1.2.2 小节所述，地壳和地幔中的 Re/Os 值一般具有很大的差异，因此经过一定时间的演化后，地幔和地壳岩石的 $^{187}Os/^{188}Os$ 值也会发生变化，矿物初始 Os 同位素的组成便成为判断幔源岩石及壳源岩石的有力证据。富有机质沉积物中 Re、Os 主要来源于海水，而海水中 Os 的三大来源有其独特的 $^{187}Os/^{188}Os$ 组成特征（图 1.9）：①由河流带入海洋的 Os，具有高放射性成因特征，$^{187}Os/^{188}Os$ 值很高（0.3～1.0）；②由洋中脊热液带来的 Os，具有非放射性成因特征，$^{187}Os/^{188}Os$ 值较低（约 0.127）；③由宇宙尘埃带来的 Os，其 $^{187}Os/^{188}Os$ 值也接近于地幔值 0.127（覃曼，2017；段瑞春 等，2010；Cohen，2004）。油气生成和运移时间及烃类来源问题是油气勘探中两个最基本的也是受到广泛关注的难点问题。近年来，随着 Re-Os 同位素体系在烃类等有机质中的广泛应用，原油及沥青 Os 同位素初始 $^{187}Os/^{188}Os$ 值成为示踪烃源岩的一种工具。前期研究发现，原油生成阶段的初始 $^{187}Os/^{188}Os$ 值继承了其所对应烃源岩中的 $^{187}Os/^{188}Os$ 组成（Rooney et al.，2012；Finlay et al.，2011；Selby and Creaser，2005a），与岩浆岩物质来源示踪相似。Os 同位素组成同样可应用于含油气系统中烃类与烃源岩的示踪。

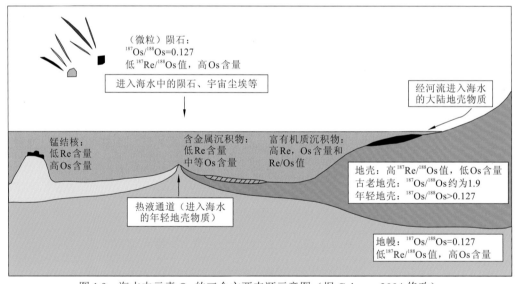

图 1.9 海水中元素 Os 的三个主要来源示意图（据 Cohen，2004 修改）

1.3 Re−Os 同位素体系的封闭性

1.3.1 有机质中 Re、Os 的地球化学行为

关于有机质中 Re-Os 的赋存机理，研究认为 Re 和 Os 的富集过程与沉积岩的沉积过程基本一致，主要以有机螯合物的形式赋存于沉积物与水交界面上或者交界面以下位置。

海相还原环境与沉积物中有机质 Re 和 Os 的高含量密切相关。在氧化条件下，海水中的 Re 以易于迁移的 ReO_4^- 的形式存在（Bruland，1983），而在有利于富有机质沉积物形成的还原条件下，海水中的 ReO_4^- 会被还原为较难溶解的低价态组分而被有机物吸附下来（图 1.10）。与 Re 类似，Os 在氧化条件下主要以易于迁移的 $HOsO_5^-$ 的形式存在（图 1.11），

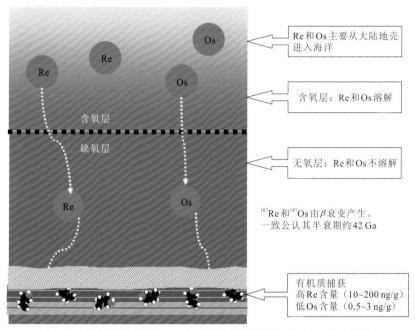

图 1.10　沉积有机质中 Re、Os 赋存过程示意图（Bruland，1983）

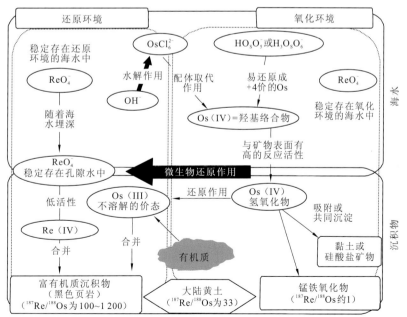

图 1.11　海相环境地质样品 Re 和 Os 元素的迁移机制、可能的化学价态和
$^{187}Re/^{188}Os$ 值变化的示意图（据 Yamashita et al.，2007 修改）

而在还原条件下，Os 以活动性很弱的低价态形式存在，从而能够在还原沉积环境形成的有机质中富集（蔡长娥 等，2014；Peucker-Ehrenbrink and Hannigan，2000）。在还原环境下，富集在有机质岩石中的 Re 和 Os 较为稳定，Re-Os 同位素体系封闭性较好，是开展 Re-Os 同位素分析的良好物质。

富有机质沉积岩经过埋藏熟化作用，会导致沥青质及油的生成。在烃类生成或者迁移过程中，烃源岩中部分 Re、Os 会随烃类一起迁移，研究认为原油中的 Re 和 Os 主要存在于沥青质组分中（Creaser et al.，2002），富集形式为杂原子配体或金属有机络合物（Selby et al.，2007）。新生成的烃类中 $^{187}Os/^{188}Os$ 值继承了烃源岩在成烃时刻的 $^{187}Os/^{188}Os$ 值，因此可以作为原油-烃源岩示踪的良好工具（Liu et al.，2018；Finlay et al.，2012；Finlay et al.，2010）。

1.3.2　Re-Os 同位素体系封闭性影响因素

封闭性问题对于 Re-Os 同位素体系是否能够应用起着决定性的作用。关于金属硫化物，研究发现毫米级磁黄铁矿在大于 400 ℃时，很容易与外部发生 Os 交换扩散，在＜0.5 Ma 时间内便可以改变磁黄铁矿的初始 Os 同位素组成，而黄铁矿在温度 500 ℃且时间超过 10 Ma，其晶体核部才会受到影响（Brenan et al.，2000）。此外，沃伊西湾（Voisey's Bay）镍矿矿床中镍黄铁矿、磁黄铁矿、黄铜矿和磁铁矿构成的 Re-Os 等时线年龄与扰动时间较为一致，也指示镍黄铁矿、磁黄铁矿、磁铁矿的封闭温度可能与磁铁矿相似（Lambert et al.，2000）。关于富有机质沉积物 Re-Os 同位素体系的封闭性仍然存在许多问题：①与硫化物中的 Re、Os 主要赋存于矿物晶格中不同，Re、Os 在富有机质样品中的赋存形式尚无定论（有机质吸附状态或络合状态），相比于金属硫化物，有机质中的 Re、Os 似乎更容易发生丢失与获取；②随着沉积物的埋藏作用，富有机质样品还会发生熟化作用，其中的 Re-Os 同位素体系是否受到破坏有待研究；③对于野外采集的样品，近地表的沉积有机质很容易受到风化作用及水洗淋滤作用，这些作用对 Re-Os 同位素体系封闭性的影响也值得思考。针对这些问题，前人已经做了一些研究，获得了一定的结论。

关于熟化作用对有机质的影响，Creaser 等（2002）在加拿大西部沉积盆地采集了未成熟、成熟与过成熟的富有机质沉积岩样品，一起回归得到了精确的等时线年龄，且 $(^{187}Os/^{188}Os)_i$ 与热解生烃速率最高温度 T_{max} 并没有表现出明显的相关关系（图 1.12）。此外，Rooney 等（2012）的烃类加水热解实验发现富有机质沉积岩的成熟过程中，只有很少的 Re 和 Os（6%和 5%）转移到可溶沥青中，Re/Os 并不会发生明显的分馏。Rooney 等（2010）对陶代尼（Taoudeni）盆地的研究发现，富有机质沉积岩虽然经历了由接触变质作用引起的快速热解，并生成了烃类，但是由该岩层样品做出的 Re-Os 等时线年龄仍能很好地反映该地层的沉积年龄，进一步证实熟化作用不会影响富有机质泥岩 Re-Os 同位素体系的封闭性。关于水洗淋滤作用和风化作用，挪威南部一套黑色页岩的 Re-Os 同位素分析结果显示，浅部河道相邻的泥岩层段 Re-Os 等时线比较散乱而深部未受水体影响的泥岩层段可以得到较好的等时线，从而指示河流的冲刷作用可能是造成黑色页岩 Re-Os 同位素体系封闭性被破坏的主要原因（Yang et al.，2009），此外，研究还发现风化后的黑色页岩中的 Re 可能丢失 99%，而 Os 也会丢失近 39%（Jaffe et al.，2002），由此可见风化作用和水洗淋滤作用都可能破坏有机质泥岩中的 Re-Os 同位素体系的封闭性。

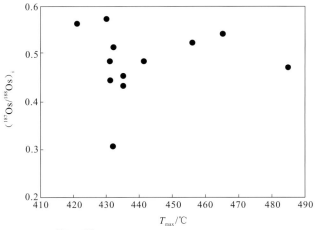

图 1.12　$(^{187}\text{Os}/^{188}\text{Os})_i$ 与 T_{max} 关系图（Creaser et al.，2002）

　　不同于金属硫化物或者富有机质泥岩，以流体-半固体形式存在的原油及沥青在其生成演化过程中可能遭受诸如生物降解作用、水洗淋滤作用、原油热裂解作用、硫酸盐热化学还原作用（thermochemical sulfate reduction，TSR）等多种后期改造，Re-Os 同位素体系在如此复杂条件下的封闭性，更加引人关注。前人也做了许多探索性的工作（Lillis and Selby，2013），研究认为原油的生成过程不是一个瞬时过程，受烃源岩埋藏作用的影响，甚至可能经历了上百万年，因此目前原油及沥青 Re-Os 定年结果有较大的误差可能与生烃过程的持续性有关。烃类运移过程对 Re-Os 同位素体系的封闭性影响尚不明确，烃类运移聚集过程中可能会导致原油的均一作用，然而现有的研究发现，储层中烃类相对分散的 Re/Os 值（Selby and Creaser，2005a）及 Re-Os 等时线年龄与二次运移时间明显的差异性指示了油气的运移过程对烃类的 Re-Os 同位素体系封闭性影响作用不大（Lillis and Selby，2013）。由于烃类中近 90% 的 Re、Os 赋存于对生物降解抵抗力更强及更低水溶性的沥青质组分中（Selby et al.，2007），现有的研究发现，生物降解及水洗淋滤作用对 Re-Os 同位素体系的封闭性影响作用较小。对美国比格霍恩盆地原油样品 Re-Os 同位素分析发现，经历过生物降解作用及水洗淋滤作用的原油并没有对最终的 Re-Os 等时线年龄的精度产生影响（图 1.13）。

　　石油运移成藏过程中，温度、压力等条件的变化，可能导致原油中部分沥青质组分沉淀，如前所述沥青质承载了石油中大部分的 Re 和 Os，脱沥青作用可能会导致 Re、Os 分馏并影响 Re 和 Os 的浓度。人工脱沥青实验结果指示沥青质组分沉淀过程对 Re、Os 的绝对浓度降低作用较大而对两者相对关系影响较小（Mahdaoui et al.，2013），沥青沉淀作用前后，$^{187}\text{Re}/^{188}\text{Os}$ 值基本保持不变（图 1.14）。

　　含有硬石膏（$CaSO_4$）或其他硫酸盐矿物的储层中，石油通过参与硫酸盐热化学还原作用被氧化成 CO_2。经过该作用后，石油中的 $\delta^{34}\text{S}$ 值升高，接近硫酸盐矿物的 $\delta^{34}\text{S}$ 值。

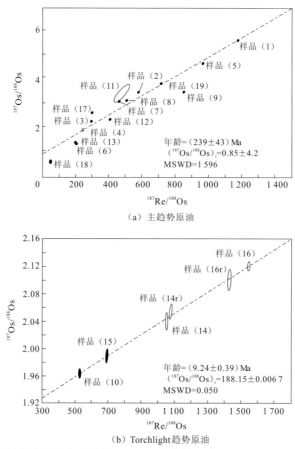

（a）主趋势原油

（b）Torchlight趋势原油

图 1.13　美国比格霍恩盆地原油 Re-Os 同位素等时线（Lillis and Selby，2013）

MSWD 为平均标准权重偏差，英文全称为 mean standard weight deviation

Lillis 和 Selby（2013）研究表明，美国比格霍恩盆地原油包含遭受 TSR（δ^{34}S>–2‰）及未遭受 TSR（δ^{34}S<–2‰）的两类原油（图 1.15）。两类原油 Re-Os 等时线分析显示，TSR 对 Re-Os 等时线年龄 MSWD 的影响很大，遭受 TSR 原油的 Re-Os 等时线年龄的 MSWD 值大于 1 342，而未遭受 TSR 的样品 MSWD 值显著降低（134～175）（表 1.2），指示了 TSR 能够扰乱乃至重置烃类的 Re-Os 同位素体系。

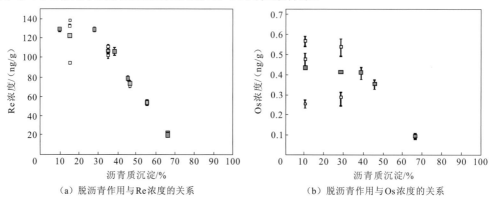

（a）脱沥青作用与 Re 浓度的关系　　　　　　（b）脱沥青作用与 Os 浓度的关系

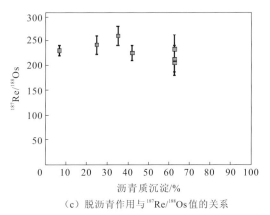

（c）脱沥青作用与 $^{187}Re/^{188}Os$ 值的关系

图 1.14　脱沥青过程中 Re、Os 浓度及 $^{187}Re/^{188}Os$ 值的变化（据 Mahdaoui et al.，2013 修改）

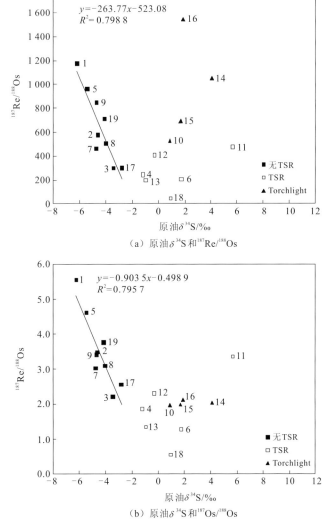

图 1.15　原油中 $\delta^{34}S$ 和 $^{187}Re/^{188}Os$ 及 $^{187}Os/^{188}Os$ 相关图（Lillis and Selby，2013）

表1.2 主趋势原油Re-Os等时线年龄与TSR的关系表（Lillis and Selby，2013）

$\delta^{34}S$ 最大值	遭受TSR 与否	数量	样品号	年龄/Ma	±Ma	MSWD	MSWD（含样品9）
-4.6	无TSR	4	1，5，7，2	208	47	161	4 304
-4.1	无TSR	5	1，5，7，2，19	210	34	175	3 324
-4.0	无TSR	6	1，5，7，2，19，8	211	24	134	2 509
-3.4	无TSR	7	1，5，7，2，19，8，3	218	20	137	2 022
-2.8	无TSR	8	1，5，7，2，19，8，3，17	211	21	148	1 703
-1.2	TSR	9	1，5，7，2，19，8，3，17，4	219	24	169	1 493
-1.0	TSR	10	1，5，7，2，19，8，3，17，4，13	232	33	1 259	1 342
-0.3	TSR	11	1，5，7，2，19，8，3，17，4，13，12	235	34	1 196	2 189
1.0	TSR	12	1，5，7，2，19，8，3，17，4，13，12，18	249	35	1 096	2 006
1.7	TSR	13	1，5，7，2，19，8，3，17，4，13，12，18，6	254	34	1 029	1 847
5.7	TSR	14	1，5，7，2，19，8，3，17，4，13，12，18，6，11	254	37	947	1 725

当油藏经历长时间高温（>160℃）作用后，储层中的原油会发生热裂解作用形成甲烷和高成熟的焦沥青（Zhu et al.，2019）。我国南方古生代海相储层中的沥青大多为经历过热裂解作用产生的焦沥青，通过对四川盆地北部米仓山古油藏及雪峰隆起北缘麻江-万山古油藏中焦沥青Re-Os同位素分析发现，焦沥青的Re-Os等时线年龄远小于烃源岩成熟生烃的时间，而与储层烃类深埋藏、油气热裂解表现为良好的吻合性，从而指示热裂解作用可能影响乃至重置烃类的Re-Os同位素体系（Ge et al.，2018a，李真等，2017，Ge et al.，2016）。幔源热液与烃类的接触及交互作用也被认为是影响烃类Re-Os同位素体系封闭性的因素之一。北海油田中的烃源岩（$^{187}Os/^{188}Os=0.94\sim2.45$）表现为较强的放射性成因，与油田内部分区块（Brent、Viking Garden、East Shetland）中的石油表现出非放射性成因（$^{187}Os/^{188}Os=0.17\sim0.48$）形成较大反差。Finlay等（2010）研究认为，非放射性成因原油聚集区受沟通地幔的深大断裂控制，来自地幔的非放射性成因流体与石油的交互作用是导致烃类的$^{187}Os/^{188}Os$值由放射性转变为非放射性的根本原因。

第 2 章

Re-Os 同位素实验方法与技术

2.1 Re-Os 同位素测试方法与实验流程

2.1.1 Re-Os 同位素测试方法

1. 样品要求及前处理

Re-Os 同位素测试需要经过采样、样品制备、Re 和 Os 的分离、提纯、质谱测试等一系列过程，最终获得样品中 Re 和 Os 的同位素含量。与含油气系统相关的 Re-Os 同位素测试通常分为 Re-Os 同位素定年和示踪两大用途，烃源岩及烃类的 Re-Os 同位素定年通常需要选择 6~8 个样品开展分析测试，利用测定的 Re、Os 元素含量计算同位素比值，拟合 Re-Os 同位素等时线。油源示踪一般通过系统采集同一油气系统的原油及多套潜在烃源岩样品开展 Re-Os 同位素分析，并通过烃类及黑色页岩的初始 $^{187}Os/^{188}Os$ 值 $[(^{187}Os/^{188}Os)_i]$ 的比较确定烃类及烃源岩的亲缘关系。含油气系统中 Re-Os 同位素测试通常以黑色页岩、原油及沥青为对象，下面分别阐述它们的采样要求及准备工作。

1) 黑色页岩

黑色页岩中有机碳含量较高，一般形成于还原环境和相对深水的水动力条件下，当厚度达到一定程度时可成为良好的烃源岩。黑色页岩中的 Re、Os 来源于海水，在还原环境中，海水中的 Re 以难溶解的组分存在，在有机物沉积的过程中被吸附而一起沉积下来（Bruland，1983），Os 在还原环境中以低价态的形式存在，活动性很弱，同样在有机质沉积的过程中逐渐富集（Yamashita et al.，2007；Peucker-Ehrenbrink and Ravizza，2000），因此 Re、Os 主要赋存于黑色页岩中的有机相（李超 等，2010b，2009）。由于黑色页岩沉积速率缓慢，而海水中 $(^{187}Os/^{188}Os)_i$ 是不断变化的，这就要求对黑色页岩取样时样品的间隔不能太大，否则可能造成每个取样点的 $(^{187}Os/^{188}Os)_i$ 差异较大，等时线年龄将不具有地质意义；同时采样间隔也不是越小越好，过小的间隔可能使不同取样点的样品同位素比值相近，在等时线图中表现为数据点过于集中，造成等时线年龄误差大，结果可信度低。黑色页岩 Re-Os 同位素定年还要求样品不能受明显的沉积后作用影响，如风化作用（Peucker-Ehrenbrink and Hannigan，2000）、变质作用（Kendall et al，2004）和热液流体扰动作用（Rooney et al，2011；Kendall et al，2009a）等，因此采集黑色页岩样品应远离脉体。若为岩心样品，则采样时应排除岩心外围样品，如果该区域在钻井过程中受热扰动和机械扰动较大，那么 Re-Os 同位素体系可能受到破坏。此外，黑色页岩中存在一定量的无机碎屑成分，尽管它们中的 Re、Os 同位素含量较低，但处理不当将严重影响实验结果，应在双目镜下仔细剔除碎屑物质，同时用蒸馏水清洗过滤。

研究者们尝试过不同的采样方式。Yang 等（2009）在 2 m 距离内钻取 5 件样品，样品采集点远离热扰动和机械扰动区域，每一个样品采用新的金刚石钻头，之后在显微镜下排除硫化物和方解石脉体后开展测试，取得了较好的定年结果；Finlay 等（2010）在

1～2 m 厚度内采集了 10 cm 直径和 3 cm 厚度的新鲜样品，选择 75～80 g 用玛瑙研钵研磨成 200 目的粉末，最后称量 0.5 g 粉末开展测试，取得了较好的实验结果。一般而言，在黑色页岩中采样要求在 1～2 m 内采集多个样品，同时应避免脉体干扰、热扰动和机械干扰，而后在玛瑙研钵中碾碎，并在双目镜下尽量排除碎屑物质。

2）原油

与黑色页岩不同，原油中 Re-Os 同位素体系发生了均一化，在较大范围内具有一致的（^{187}Os/^{188}Os）$_i$，因此对原油取样时，应在尽量大的范围内采集尽量多的样品。样品采集范围广可以降低等时线中数据点过于集中的可能，降低年龄误差。原油中 Re、Os 主要赋存于原油中的沥青质（Re>90%，Os>83%），以金属卟啉络合物的形式存在，尤其在沥青质中较难溶组分浓度高（Liu et al.，2019），因此沥青质中的 Re、Os 同位素组成代表原油的 Re、Os 同位素组成。原油中沥青质的有效萃取及提纯是原油样品准备过程中的关键步骤。通常利用正构烷烃（如戊烷和正庚烷）提取原油中的沥青质。Selby 等（2007）在原油中以 1∶40 的比例添加正庚烷，将混合物置于摇床上长时间充分混合，然后以 3 000～4 000 r/min 的转速离心 15～30 min，离心管上部清液由溶剂和可溶性软沥青组成，离心管底部的沉淀为沥青质，可重复添加正庚烷提高沥青质的纯度，最终干燥、称重。原油的 Re-Os 同位素定年通常需要抽提约 200 mg 的沥青质。

3）沥青

与原油类似，沥青中（^{187}Os/^{188}Os）$_i$ 被认为是均一的，因此采样范围应尽可能的大，采样数量应较多，以获得准确的、低误差的等时线年龄。用蒸馏水清洗沥青样品，然后用玛瑙研钵将其研磨至颗粒状即可，沥青的 Re-Os 同位素定年通常需要约 200 mg 的沥青样品。Creaser 等（2002）大范围内（横向距离超过 150 km）采集了多个沥青样品，为避免风化影响选取了样品中远离边缘的中间部位，用玛瑙研钵研磨成粒径为 4～5 cm 颗粒。Ge 等（2018b）采集野外露头沥青和原油样品，将沥青样品碾碎到 100 目并称取 150 mg 开展 Re-Os 同位素测试，针对原油样品，首先选取约 10 g 原油样品通过正庚烷-三氯甲烷抽提后，获得约 200 mg 沥青质开展 Re-Os 同位素测试。

综上所述，总结黑色页岩、原油和沥青三类样品的采样标准和前处理方法见表 2.1。

表 2.1　黑色页岩、原油和沥青的采样标准

样品类型	采样方法	前处理
黑色页岩	在 1～2 m 厚度内采集多个样品，远离热扰动和机械扰动部位，剔除脉体和碎屑物质	在玛瑙研钵中碾碎成 200 目的粉末
原油	在整个油田同一储层内大范围取样至少 6～8 个样品，一般取大于 10 mL 原油	用正构烷烃提取沥青质
沥青	大范围内尽可能多地采集新鲜样品，一般选取 6～8 个样品	玛瑙研钵碾成颗粒

2. 样品的溶解与稀释

样品采集完毕、经过前述样品预处理工作后，需要进行样品溶解和 Re、Os 同位素稀释。黑色页岩、原油和沥青等富有机质样品 Re-Os 同位素丰度与辉钼矿等岩石矿物具有一定的差异，一般而言，富有机质样品 Re、Os 丰度较低，需要适当增大样品量以保证测量结果的准确性。Lillis 和 Selby（2013）使用 0.1~0.2 g 经过抽提获得的沥青质；Ge 等（2018b）使用 0.2 g 的沥青，均取得了理想的结果。值得注意的是，样品量还受到卡洛斯管大小的限制，卡洛斯管中放入过多的样品，在样品溶解及加热过程中会导致大量气体的生成，导致卡洛斯管的炸裂。

对于黑色页岩样品，要尽可能地只溶解样品中的有机相成分，降低无机碎屑释放 Re、Os 同位素来干扰实验。黑色页岩中可能存在的硫化物、硅质岩、泥岩等碎屑物质也含有一定量的 Re、Os 同位素，它们大部分来源于母岩，具有不同于有机相的 $(^{187}Os/^{188}Os)_i$。早期研究者使用逆王水溶解黑色页岩，如杨刚等（2004）用逆王水溶解黑色页岩样品，获得了合理的 Re-Os 等时线年龄。但后来这种溶解能力太强的溶剂被逐渐抛弃，因为它们将无差别地溶解有机相成分和碎屑物质（Selby and Creaser，2003），导致等时线年龄失真甚至不能拟合出相关性好的等时线。目前国内外通常采用三氧化铬-硫酸（CrO_3-H_2SO_4）作为溶解剂（刘华 等，2008；刘华，2008；Azmy et al.，2008；Selby and Creaser，2003；Creaser et al.，2002），其弱氧化性避免了无机碎屑物质的溶解，引入的 Cr^{6+} 在 H_2SO_4 作用下被还原为 Cr^{3+}，避免了 Cr 对 Re 化学分离的干扰。

对于原油，用三氯甲烷（$CHCl_3$）或者四氯化碳（CCl_4）进一步溶解沥青质，滤去不溶杂质，将溶解液通过移液管转移至卡洛斯管中，在约 60℃条件下加热蒸干 $CHCl_3$ 或者 CCl_4 后，再添加逆王水和稀释剂。逆王水中硝酸和盐酸的比例通常为 2∶1；稀释剂通常采用 ^{185}Re 和 ^{190}Os 同位素稀释剂（Ge et al.，2020；Lillis and Selby，2013；Selby et al.，2007）。

沥青样品与原油样品实验类似，将 0.1~0.2 g 研磨后的固体沥青转移至卡洛斯管后，添加逆王水和稀释剂即可（Ge et al.，2018b；Selby et al.，2005）。

样品的溶解在卡洛斯管中进行。卡洛斯管是一种厚壁耐高温的玻璃管，规格大小不一，通常黑色页岩或其他岩石矿物样品用中号管，而原油、沥青样品用大号管。向卡洛斯管中添加样品时应小心使用移液管，避免样品接触管口，造成后续卡洛斯管密封困难或干扰实验结果。样品、酸性溶剂和稀释剂应准确称量并记录。为了避免样品添加过程中与氧化性溶剂反应丢失 Os，通常在添加氧化剂前将卡洛斯管底部浸入冷冻液中，冷冻液为干冰和乙醇的混合。

卡洛斯管的密封一般采用氢氧焊机，将卡洛斯管固定在铁架台上，打开氢氧气阀，调整气体流量，观察火焰颜色，用冷火焰预热卡洛斯管颈部 10 s，去除水汽。取一根玻璃棒，用蓝色火焰加热玻璃棒末端，待其开始熔化时迅速贴紧卡洛斯管颈部保持几秒，冷却之后玻璃棒将焊在卡洛斯管口上。手持玻璃棒，沿圆周缓慢加热卡洛斯管颈部，距管口约 1.5 cm，随着管颈部开始向内塌陷，稳定把持玻璃棒直到管口密封，之后慢慢提升玻璃棒，移除卡洛斯管封口处以上的部分，最后用焊炬小心熔化密封处的锋利边缘。

将密封好的卡洛斯管放入钢管保护套中，以防烘烤时炸裂，降低危害。之后将其放入烘箱中加热至 220 ℃，保持 24~48 h。对于黑色页岩通常需要加热 48 h，而原油、沥青样品通常需要加热 24 h。

3. Os 元素的化学分离

Os 的分离主要有溶剂萃取和蒸馏两个过程。蒸馏方法可分为传统常规蒸馏法和小型、微型蒸馏法。传统常规蒸馏法由于回收率高且操作简便在早期使用较多；小型、微型蒸馏法的特点是在卡洛斯管、Savillex PFA 管和 Savillex Teflon 尖底瓶等小型、微型器皿中进行，本底较低，分离纯度较高。目前小型、微型蒸馏法逐渐取代了传统常规蒸馏法。

1）溶剂萃取法

溶剂萃取法常用 $CHCl_3$ 和 CCl_4 从逆王水介质萃取 OsO_4 和从液溴中萃取 OsO_4 两种。第一种需要逆王水介质，可用于原油和沥青 Re-Os 同位素定年，由于 CCl_4 挥发性更低、表面张力特性更好，相比 $CHCl_3$，它可以很容易萃取 OsO_4（Cohen and Waters，1996）。Selby 和 Creaser（2001）将卡洛斯管在干冰中冷冻，打开卡洛斯管后添加 $CHCl_3$ 溶剂 3 mL，解冻后将其置于 50 mL 离心管中，再置于 25 ℃ 左右的水中 15 min，将混合物搅拌 1 min 并离心，将含 Os 的 $CHCl_3$ 移至含有氢溴酸（HBr）试剂的 22 mL 的玻璃瓶中，反复萃取三次。萃取后，取上层液体用于分离 Re，剩下不溶有机相含有 Os，用 HBr（陈玲，2010；Selby et al.，2007；Selby and Creaser，2001；Cohen and Waters，1996）和 $HCl\text{-}C_2H_5OH$（Shen et al.，1996）反萃取 Os，将 OsO_4 还原为 H_2OsBr_6，使 Os 得到分离。

第二种溶剂萃取法是在聚四氟乙烯（Teflon）高压罐中进行。经常与还原性 HF-HBr 溶液联用（Levasseur et al.，1998；Birck et al.，1997）。将样品与稀释剂在高压罐中溶解，溶解剂为还原性 HF-HBr，加热 145 ℃，之后加入液溴和 CrO_3 的 HNO_3 溶液，用 Cr^{6+} 将 Os 氧化为 OsO_4，密封高压罐，在低温下加热，使溴蒸气穿过酸性溶液吸收 OsO_4，在顶部聚集沿高压罐壁回流至下层液溴中，OsO_4 在液溴中可以与强还原剂 HBr 反应，形成稳定的 $OsBr_6$。萃取一定时间后，可以取一滴上层溶液，加入 H_2O_2 观察颜色变化，若溶液出现短暂的深蓝色，且伴随有剧烈气泡，说明溶液中仍有未反应完的 CrO_3，即 OsO_4 已经被完全转化，否则说明 OsO_4 还有残留，需要再加入 CrO_3 提取（Levasseur et al.，1998）。萃取进行完全后，用长滴管转移液溴层溶液，通过观察滴管中是否产生气泡可以判断是否吸取到水溶液。产生气泡则为吸入水溶液，应避免这一点。可以多次萃取保证萃取出所有的 Os。低温蒸干吸取的液溴溶液，残渣即为 $OsBr_6$。上层水溶液保留有 Re，将 Cr^{6+} 还原为 Cr^{3+} 后，即可从残留溶液中提取 Re。卡洛斯管溶解的样品若采用液溴萃取法，需要开管后将样品转移到 Teflon 高压罐中进行后续操作，氧化剂氧化性足够强时可以不加入 CrO_3。

两种溶剂萃取法相比各有优劣。前者 Os 本底低，操作简便，缺点是 Os 回收率低，含 Re 溶液由于 Cl^- 或 NO_3^- 的干扰可能导致 Re 分离困难；后者全流程本底较低，可以用于分析 Os 浓度低的样品（Levasseur et al.，1998），Telflon 材料对 OsO_4 吸收性较强，可能造成 Os 逸散和污染，同时液溴沸点低且有毒，对实验操作要求较高。

2）传统常规蒸馏法

OsO_4 具有挥发性，利用这一特点可以通过蒸馏使其与样品中的其他组分分离。如前文 Os 已经被 CrO_4-H_2SO_4、逆王水等氧化成 OsO_4，可以直接用于蒸馏。蒸馏温度为 110 ℃左右，采用冷却的还原溶剂如 HCl-C_2H_5OH、HBr 或冷水，将吸收液在约 90 ℃下加热至少 1 h，将 Os 还原为稳定的 $OsCl_6$ 或 $OsBr_6$。

传统常规蒸馏法的主要缺点在于，需要用到较多的玻璃器皿，装置体积较大，不易清洗，所用试剂量较多，空白本底难以降低；主要优点是 Os 的分离产率高。

3）小型、微型蒸馏法

小型蒸馏法在卡洛斯管和 Savillex PFA 管中进行，克服了传统常规蒸馏法装置多、体积大的缺点。Brauns（2001）用自制的硼硅酸玻璃装置连接卡洛斯管，慢慢升温至110 ℃，并通入氮气（N_2），同时小心加入过氧化氢（H_2O_2）抑制氮的氧化物生成，OsO_4被涂在冷阱表面的 H_2SO_4 吸收，之后用 HBr 还原吸收液中的 Os。李超等（2010b）和Qi 等（2006）同样尝试直接对卡洛斯管加热蒸馏，采用一次性密封头密封卡洛斯管，连接 Teflon 细管作为通气管，缩短了实验流程，降低了流程本底。储著银等（2007）、孟庆等（2004）及 Nägler 和 Frei（1997）将卡洛斯管中的样品转移到 Savillex PFA 管中，底部加热蒸馏，并连接一根细管通入高纯氮气，另有一根细管作导出管连接 10 mL 的高浓度 HBr 溶液。该方法 Os 回收率高，Re 本底较低，Os 本底可能因材料原因而较高。

经过不同分离方法初步分离出含 Os 的溶液后，可以利用微型蒸馏技术进一步提纯。Birck 等（1997）将分离后的溶液置于 Savillex Teflon 尖底瓶中，以含 80 g/L CrO_3 的 12 mol/L H_2SO_4 溶液作为氧化剂，10 μL 18.8 mol/L HBr 作为吸收液纯化 Os，得到高浓度的 Os 吸收液。CrO_3-H_2SO_4-HBr 微型蒸馏技术被广泛使用于含油气系统相关的 Re-Os 同位素定年中（Liu et al.，2019；Lillis and Selby，2013）。Selby 等（2007）采用了与辉钼矿相同的 CCl_4 溶剂萃取法和微型蒸馏法提取原油样品中的 Os；陈玲（2010）采用 CCl_4 溶剂萃取、HBr 反萃取和微型蒸馏技术提取了沥青中的 Os，均获得了可靠的结果。使用微型蒸馏技术可以大大提高负离子热电离质谱仪（negative-thermal ionization mass spectrometry，N-TIMS）测量时的 Os 发射效率，缺点在于对试剂纯度要求高，器皿不易清洗。

4. Re 元素的化学分离

Re 的分离主要有阴离子树脂交换法和溶剂萃取法。

1）阴离子树脂交换法

阴离子树脂交换法是目前分离 Re 使用最为广泛的方法。在氧化环境中，Re 以 ReO_4^- 的形式存在，ReO_4^- 对阴离子交换树脂有很强的亲和力。Morgan 等（1992）发现 Re 在阴离子交换树脂上的分配系数随酸的物质的量浓度的增加而减小，用低浓度酸，如小于 2.5 mol/L 的 H_2SO_4、小于 5 mol/L 的 HCl 和小于 1 mol/L 的 HNO_4 淋洗时，ReO_4^- 完全吸附在柱子上，再用大于 3 mol/L HNO_3 可以完全洗脱 ReO_4^-，该方法可以很好地适用于黑色页岩、原油和沥青的 Re-Os 同位素测试。另有不同的洗脱方法，适用于硅酸盐样品、辉钼矿、陨石样品等分离 Re（Shen et al.，1996；Morgan et al.，1992；Suzuki et al.，1992；Morgan and Walker，1989；Luck and Allègre，1982），在此不再赘述。

值得注意的是，①装样前必须去除树脂中的 Re 干扰，通常用 8 mol/L HNO$_3$ 仔细清洗；②还应彻底离心之后进行装柱避免胶体堵塞柱子；③Cr^{6+} 必须还原为 Cr^{3+} 之后进行 Re 提取，避免与树脂发生放热反应（Reisberg and Meisel，2002）。

2）溶剂萃取法

溶剂萃取法利用有机溶剂萃取 Re，最后将 Re 从溶剂中反萃取到液相，实现 Re 分离。最常见的一种方法是先将 Re 溶解在稀 H$_2$SO$_4$ 中，用三胺（如三氯苯胺、三苄胺氯仿溶液）萃取（Cohen and Waters，1996；Walker，1988；Luck and Allègre，1982），之后用浓氢氧化铵（NH$_3$·H$_2$O）反萃取。氢氧化铵碱性比三氯苯胺强，可部分用于中和萃取 Re 时引进的少量 H$_2$SO$_4$（Luck and Allègre，1982）。而 Birck 等（1997）先将 Re 溶解在 2 mol/L 的 HNO$_3$ 中，用 3-甲基-1-丁醇（异戊醇）萃取，再用水反萃取得到用于质谱测量的 Re。

还有研究者（高炳宇 等，2012；李超 等，2009；杜安道 等，2001，1998）用 NaOH 做介质，用丙酮萃取 Re。把分离 Os 后的含 Re 的酸性溶液蒸发至近干，加入适量的 5 mol/L 或 20% NaOH 溶液转化为含 Re 的碱性溶液。在 NaOH 物质的量的浓度大于 2 mol/L 时，丙酮与碱性溶液分为两相。在 Re 碱性溶液中以 1∶1 的比例加入丙酮，萃取 1 min，可以分离出大部分金属氢氧化物和 Mo、Fe、Ni、Cu、As 等元素。将含 Re 的丙酮溶液加水，加热去除丙酮，转化为水溶液后可以直接用电感耦合等离子体质谱（inductively coupled plasma mass spectrometry，ICP-MS）测定 Re 的质量分数。该方法具有简单快速、流程本底低等优点，在黑色页岩中得到了很好的应用。

溶剂萃取 Re 时都应注意，提取 Os 时加入了强氧化剂，如 Cr^{6+} 等，在萃取 Re 时加入溶剂前要先将残留的氧化剂还原，否则会一起萃取到溶剂中，阻碍了 Re 的萃取（Luck and Allègre，1982）。通常加入适量 H$_2$O$_2$ 溶液将 Cr^{6+} 还原到 Cr^{3+}。此外，如果 Cr^{6+} 没有全部被还原，溶剂振荡时会发生强烈的放热反应。

溶剂萃取法的优点是 Re 的本底较低，快速，缺点是处理大量样品时很烦琐，产率较低，部分试剂有毒，需要在净化工作台中进行。

5. 质谱检测技术

测定 Re、Os 同位素比值的质谱仪应用最多的是 N-TIMS。N-TIMS 具有质量分馏小、稳定性高、测量精度高等优点，可以完成 Re 和 Os 同位素的测量（叶飞 等，2012；杜安道 等，2009；孙卫东和彭子成，1997）。国内经常采用 N-TIMS 测定 Os，采用 ICP-MS 测定 Re（尹露 等，2015；陈玲，2010），当 Os 含量较高时，也可以采用 ICP-MS 同时测定 Re 和 Os 两种同位素（高炳宇 等，2012；刘华，2008；刘华 等，2008）。ICP-MS 分析快，对于 Re 含量高的样品，如与含油气系统相关的黑色页岩，可以得到精度高的结果。

1）ICP-MS 检测

ICP-MS 是 20 世纪 80 年代发展起来的分析测试技术，基本原理是在等离子体炬中将待测溶液中的分析物蒸发，使其原子化并电离，用电子倍增器接收通过离子的信号量，采用跳峰的方式测量不同同位素比值。

ICP-MS 具有极低的检出限，极宽的动态线性范围，分析速度快，可提供同位素信息以及支持多元素的同时测定等分析特性。OsO_4 的易挥发，使其用于 ICP-MS 测量时不需要化学处理，OsO_4 可以随氩气流直接喷射到等离子体炬中，因此利用 ICP-MS 测定 Os 时灵敏度高。在 20 世纪 80 年代，ICP-MS 刚发展起来时即被用于 Os 同位素的测量（Russ and Bazan，1987；Lichte et al，1986），但受到当时的四极杆分析器的影响，精度并不高。新出现的带扇形磁场的质谱则解决了此困难，并且稳定性、记忆效应和灵敏度都有大的改善，同时多电子倍增器的引入也提升了测量效率（Schoenberg et al.，2000）。ICP-MS 测量的主要优点是快速，尽管目前 ICP-MS 分析 Os 的电离效率和精度都明显低于 N-TIMS（ICP-MS 电离效率约为 0.08%，N-TIMS＞20%）（刘华 等，2008），但分析大量的 Os 同位素组成变化范围大的样品，仍然可以考虑 ICP-MS。值得注意的是，采用这种方法的唯一要求是 Os 分离必须将其氧化成 OsO_4 的形式，而 OsO_4 的易挥发性使其放置时间越长 Os 浓度越低，因此待测 OsO_4 溶液不宜放置过长时间，或者采用水吸收液冷藏保存（杜安道 等，2012）。

ICP-MS 测量 Os 有严重的记忆效应，主要是因为易挥发性 OsO_4 溶液能渗透到 Teflon 导管的管壁中，而用到溶剂雾化器时记忆效应更为严重，气态 OsO_4 会分布于雾化系统的各个角落，这是利用 ICP-MS 测量 Os 的一大缺陷。在 ICP-MS 中分析完一个较高浓度的样品后，Os 的信号可以一直延续数小时，甚至几天后都不能降低到仪器原本的本底水平。Russ 和 Bazan（1987）在 ICP-MS 上测量了 $^{189}Os/^{188}Os$，在 2σ 误差下，主要 $^{187}Os/^{188}Os$ 精度为 10%，$^{186}Os/^{192}Os$ 和 $^{187}Os/^{192}Os$ 精度为 20%，可能的一个原因是仪器对 Os 的记忆效应。前人尝试在样品溶液中添加盐酸羟胺，虽然解决了 Os 的记忆效应，但这一操作导致 Os 被还原，与前述 ICP-MS 利用 OsO_4 易挥发的特性直接喷射相矛盾（孟庆，2004）。Hassler 等（2000）提出在喷射时对不同的样品使用不同的导管以消除管壁对 Os 的记忆，被污染的导管可以用适当的试剂清洗，以便重复利用。清洗所用的试剂必须在仪器的允许范围内，同时还不能引入其他干扰离子。不同试剂效率各异，氯化亚锡（$SnCl_2$）可以很快降低 Os 的信号量，但之后再度引入氧化性物质后，Os 信号重新增强，这说明 Os 只是被还原为低价态而并未被消除，若忽视这一点重复使用导管可能严重污染后续的样品；用 H_2O_2 与 HNO_3 交替清洗，取得的效果较好（Sun et al.，2001），不同实验室或不同学者使用过不同的 H_2O_2 和 HNO_3 比例，通常先用超纯水清洗导管，再用 5% H_2O_2 和超纯 HNO_3，或 30% H_2O_2 和 5% HNO_3，或 30% H_2O_2 和 10% HNO_3 交替清洗，最后再次使用超纯水彻底清洗。

相比 Os 同位素，Re 同位素的含量要高得多，ICP-MS 通常更适合用于测定 Re。尽管总电离效率远低于 N-TIMS，但 Schoenberg 等（2000）测定了 0.2 pg Re，精度已经优于 1%；陈玲（2010）用 ICP-MS 测量了沥青中的 Re 同位素，采用 N-TIMS 测量 Os 同位素，计算出的 $^{187}Re/^{188}Os$ 值精度较高。

使用 ICP-MS 测定 Re、Os 同位素时，必须对质量分馏效应、死时间效应、干扰同位素进行校正。

对 Os 进行质量分馏校正较为简单，因为 Os 的 7 个同位素中除 ^{187}Os 和 ^{186}Os 外均为稳定同位素，它们之间的比值被认为是恒定的。实验证明，ICP-MS 测定 Os 的质量分馏和其同位素质量之间存在近似线性、对数或指数的关系（杨红梅，2008），因此可以用内标法进行质量分馏校正。而 Re 由于仅有两个同位素，不适合用内标法进行质量分馏校正，可尝试在待测溶液中添加铱（Ir），用 Ir 的同位素分馏对 Re 进行同位素分馏校正，即外标法质量分馏校正。此方法取得了较好的校正结果（Schoenberg et al.，2000）。

电子倍增器在高计数率的情况下可以获得更好的精度，但这同时导致接收器获得的计数比实际到达的离子数要少，这种现象主要是接收器的死时间造成的。死时间是指进样到出现最大峰的时间。尽管一般质谱仪计算比值时会自动扣除死时间，但对精度要求高时，最好经常进行死时间校正（杜安道 等，2012；李冰和杨红霞，2005）。

干扰同位素主要是 Re、Os 同位素的互相干扰，在测定其一时应保持对另一种元素的同位素监测，干扰的严重程度因分离纯度而有所不同。

2）N-TIMS 检测

N-TIMS 是一种高灵敏度、高精度的同位素测定技术，电离效率远高于 ICP-MS，是测定 Re 和 Os 等具有高电离能、难溶解、正离子热表面电离质谱仪很难分析元素的理想方法。20 世纪 90 年代，Re-Os 同位素地球化学取得的突破性进展就是建立在成功应用 N-TIMS 测定 Re 和 Os 同位素的基础上（Creaser et al.，1991；Völkening et al.，1991）。N-TIMS 的基本原理是利用 $Ba(NO_3)_2$、$Ba(OH)_2$ 等电子发射剂，在氧化环境下将 Re 和 Os 元素转化为氧化物，通过加热电离并使之分别变为 ReO_4^- 和 OsO_3^-，两种负离子进入磁场后垂直磁场线运动而发生偏转，采用法拉第杯或电子倍增器直接接收负离子信号（方家骏 等，1997）。

N-TIMS 测定 Re 和 Os 同位素的一大优势在于，其对这两种元素均具有较高的电离效率，对于 Re 达到 20%，对于 Os 达到 10%，因此可以精确测量少量的 Re 和 Os 同位素。Roy-Barman 和 Allègre（1994）采用 N-TIMS 测量 100 pg 的 Os，在 2σ 误差下精度可以达到 0.1%～0.3%。

使用 N-TIMS 测定 Re、Os 同位素，首先要进行氧同位素组成的校正，获得 3 种氧同位素分别与 2 种 Re 同位素、7 种 Os 同位素排列组合形成的不同质量负离子，由于 ^{16}O 丰度最高，ReO_4^- 的 2 个主质量峰分别为 249 和 251，OsO_3^- 的 7 个主质量峰分别为 232、234、235、236、237、238、240。其余同位素组合形成次质量峰，叠加在主质量峰上。可根据等概率模型，从低质量到高质量，逐级剥离低质量 Os 和 Re 对相应主质量峰的贡献（尹露 等，2015；尹露，2015；高洪涛 等，1999；方家骏 等，1997）。

尽管 N-TIMS 的质量分馏远好于 ICP-MS（N-TIMS 质量分馏一般小于 0.1%，而 ICP-MS 一般为 1%～2%），但为了提高同位素比值的精度仍需要进行质量分馏校正（杨刚 等，2005）。

2.1.2 Re-Os 同位素实验流程

自 2010 年，作者团队与英国杜伦大学烃源岩及硫化物地质年代学和地球化学实验室（the Source Rock and Sulfide Geochronology and Geochemistry Laboratory）开展了 Re-Os 同位素年代学的合作和实验研究，联合培养了多名博士生。以下实验流程主要依据作者团队在该实验室进行的黑色页岩、原油和沥青 Re-Os 同位素测试的实验操作，供读者参考。

用于 Re-Os 同位素测试的野外或钻井岩石样品通常需要按照一定的标准采集（表 2.2），而采集到的岩样在测试前首先要经过一定的预处理，包括去杂质、研磨及针对原油的抽提等步骤。详细的操作流程见表 2.2。

表 2.2 采样及前处理流程表

步骤	流程	仪器或示意图
采样	根据前述采样标准采集黑色页岩、原油或沥青样品	
去杂质	黑色页岩可用蒸馏水或超纯水清洗，去除表面碎屑污染，沥青一般为新鲜样品，若有污染也需要清洗	超声波振荡清洗机
研磨	使用玛瑙研钵碾碎黑色页岩成粉末，沥青可碾成 100 目颗粒	冷凝器 四个爪 滤纸 抽提器 磨口锥形瓶
原油抽提	使用正构烷烃（正己烷、庚烷等）抽提原油中沥青质	沥青质测定器示意图 [据《原油中蜡、胶质、沥青质含量的测定》(SY/T 7550—2012)]

预处理之后进行样品的稀释及溶解：提前制备好用于溶解时降温的冰浆（干冰与乙醇混合液），同时对预处理完毕的样品称重并准确记录，之后将其转移到卡洛斯管中，注意转移时避免样品粉末接触管口，然后通过移液管向卡洛斯管中添加稀释剂，最后在冰浆液中向卡洛斯管中添加溶解剂。稀释剂和溶解剂的种类通常根据研究需要和样品种类而有所不同。具体的操作流程见表 2.3。样品溶解后需要密封卡洛斯管，将卡洛斯管固定在铁架台上，把氢氧焊枪的火焰调整到合适程度，利用玻璃棒辅助密封卡洛斯管，密封之后将卡洛斯管置于保护套中，在 220℃ 条件下烘烤 24～48 h，具体的操作流程见表 2.4。

表 2.3　稀释及溶解样品实验流程

步骤	流程	仪器或示意图
制备冰浆	在杜瓦瓶中使用干冰与乙醇制备冷冻液	
称重	在称量纸上称重并记录	
转移样品	利用移液管将样品（页岩粉末、原油抽提物及沥青）转移到卡洛斯管中并编号，避免样品接触管口	称量纸 卡洛斯管
添加稀释剂	记录稀释剂类型及重量，避免吸取稀释剂时的交叉污染。黑色页岩常用普通 Os 稀释剂，原油及沥青通常为 ^{185}Re-^{190}Os 同位素稀释剂	移液管 卡洛斯管
溶解	将卡洛斯管置于冰浆中，在通风橱内添加溶解剂。黑色页岩通常用 CrO_3 和 H_2SO_4 溶解，原油及沥青通常用逆王水溶解	滴加溶剂 卡洛斯管 冰浆或冷冻液

表 2.4　密封卡洛斯管及加热实验流程

步骤	流程	仪器或示意图
密封卡洛斯管	将卡洛斯管固定在铁架台上，调整氢氧焊机火焰，用较低温度预热卡洛斯管颈部，之后加热玻璃棒一端，待其熔化后快速紧贴卡洛斯管口，使其焊紧	接氢氧焊机 玻璃棒 铁架台
	沿管颈部周缘均匀加热，待卡洛斯管完全密封之后慢慢移走玻璃棒，带走卡洛斯管顶端部分，之后用火焰融掉封口处的锋利边缘	玻璃棒上提 封口处距顶部约 1.5 cm
加热	将卡洛斯管置于钢材保护套中，置于烘箱中，以 220 ℃烘烤，通常原油和沥青为 24 h，黑色页岩为 48 h	烘箱（220 ℃） 保护套

开管及 Os、Re 元素提取：卡洛斯管的开管过程类似其密封过程，Os 的提取分为 HBr 萃取和微型蒸馏两个步骤，含 Os 和 Re 的溶解液首先在 $CHCl_3$ 和振荡离心的作用下

分离出，上下层液体分别含 Re 和 Os 元素，将含 Os 的 $CHCl_3$ 溶液转移到 HBr 中，之后去除 $CHCl_3$，完成 Os 元素的初步提取，之后进行微型蒸馏完成 Os 的分离。在分离出的含 Re 溶液中添加 5 mL NaOH 溶液，静置 30 min 后转移到 15 mL 离心管中，向其中滴加 5 mL 丙酮并摇匀，之后将混合液离心 10 min，转移到烧杯中，在 60 ℃ 条件下蒸发一晚，再向干燥的颗粒物中添加适量的 HNO_3，之后采用树脂交换法从含 Re 的溶液中收集 Re 元素。Os 和 Re 的分离详细操作流程分别见表 2.5 和表 2.6。提取出 Re 和 Os 元素后进行质谱测量，通常采用 N-TIMS 或 ICP-MS。

表 2.5　Os 的分离方法与实验流程

步骤	流程	仪器或示意图
开管	将卡洛斯管底部置于冰浆中，加热卡洛斯管口，敲掉顶部，打开卡洛斯管	样品和稀释剂的溶解液　冰浆或冷冻液
HBr 萃取	在卡洛斯管中添加 $CHCl_3$，溶解样品将卡洛斯管中的溶液转移到离心管中，盖紧管口水浴 15 min，之后在振动仪中振荡 1 min，离心上层清液用于后续分离 Re，下层含 Os	添加 3 mL $CHCl_3$　3.5 mL 离心管　分层　25 ℃ 水浴　振动摇臂
	将离心管中的含 Os 的 $CHCl_3$ 溶液转移到 HBr 中，重复以上步骤和此步骤三次	离心管 Os 的 $CHCl_3$ 溶液　HBr　移液管
	将 HBr 玻璃瓶置于摇臂平台上过夜，之后去除 $CHCl_3$，将含 Os 的 HBr 溶液转移到 7 mL Savillex 瓶中，80 ℃ 下过夜，之后滴加 30~50 μL HBr，将含 Os 的固体转移到 Teflon 瓶盖中	Teflon 瓶盖盖紧　含 Os 的 HBr 溶液　振动摇臂　HBr 蒸发　80 ℃　加热台　Teflon 瓶盖中蒸发得到含 Os 固体
微蒸馏	在 Tristar 瓶底滴加 20 μL HBr 然后倒置。向瓶盖中的含 Os 固体滴加 30 μL CrO_3-H_2SO_4，期间确保没有气泡产生。谨慎盖上 Tristar 瓶，在加热台 80 ℃ 加热 3~4 h	HBr　OsO_4　CrO_3-H_2SO_4 溶解的含 Os 溶液　Teflon 瓶盖　加热台
	打开盖子，在 60 ℃ 条件下烘干 Tristar 瓶中溶液，直到 HBr 残留小于 1 μL，Os 分离完毕	据 Birck 等（1997）修改

表 2.6　Re 的分离方法与实验流程

步骤	流程	仪器或示意图
丙酮萃取	将含 Re 的酸性溶液在烧杯中蒸发至近干，加入 5 mL NaOH 溶液，静置 30 min 后将溶液转移到 15 mL 离心管中，向离心管中加入 5 mL 丙酮，摇匀	添加 5 mL 丙酮 含 Re 的 NaOH 溶液
	之后将混合液离心 10 min，转移溶液到烧杯中，在 60 ℃ 下蒸发一晚，向干燥颗粒添加适量 HNO₃	添加适量 HNO₃ 60 ℃ 加热台
阴离子树脂交换	切掉移液管尖端，向其中充填 MilliQ 超纯水，去除气泡，添加树脂直到充满整个移液管。用 0.2 mol/L 的 HNO₃ 平衡柱子，加样洗脱，在热平台上干燥收集 Re	树脂柱 Re 溶液

2.2　Re-Os 测试数据解释及分析

2.2.1　Re-Os 同位素测试数据处理

质谱仪测量结果经过必要的校正后，通常给出 $^{187}Re/^{185}Re$、$^{192}Os/^{190}Os$ 和 $^{187}Os/^{190}Os$ 三组同位素比值，前者用于 Re 含量计算，后两者分别用于 ^{188}Os 和 ^{187}Os 含量计算，此外数据处理还需要用到的信息至少包括稀释剂种类（如黑色页岩的普通 Os 稀释剂、原油和沥青的 ^{185}Re 和 ^{190}Os 同位素稀释剂）及用量、样品用量等。

1. Re、Os 含量计算

利用 N-TIMS 或 ICP-MS 测定 Re、Os 同位素的结果以两种元素的同位素比值给出，根据测量所得的同位素比值，结合实际使用的稀释剂组成和标准同位素丰度，计算 Re、Os 的含量。计算公式如下：

$$\omega_{(Re, Os)} = \frac{m_s M(A_s - B_s R)}{m M_s (B_x R - A_x)}$$

式中：m_s 为稀释剂的加入量，ng；m 为称取的样品量，g；M 为试样中 Re（或 Os）的相对原子质量；M_s 为稀释剂中 Re（或 Os）的相对原子质量；A_s 和 B_s 分别为稀释剂中 ^{187}Re（或 ^{187}Os）和 ^{185}Re（或 ^{190}Os）的原子丰度；A_x 和 B_x 分别为 ^{187}Re（或 ^{187}Os）和 ^{185}Re（或 ^{190}Os）的标准原子丰度；R 为质谱给出的 $^{187}Re/^{185}Re$（或 $^{187}Os/^{190}Os$）值；最终获得的 ω 为所测溶样中 ^{187}Re（或 ^{187}Os）的含量。

2. Re、Os 同位素比值计算

含油气系统 Re-Os 同位素测试，尤其是用于同位素定年时，必须计算 $^{187}\mathrm{Re}/^{188}\mathrm{Os}$ 和 $^{187}\mathrm{Os}/^{188}\mathrm{Os}$。与 Rb-Sr、Sm-Nd 及 K-Ar 定年等同位素年代学不同，Re-Os 同位素定年不适用于将一份样品一分为二，分别测定其中的母体和子体的含量，来计算比值，因为在分离 Re 和 Os 时通常需要加入氧化剂，生成易挥发的 $\mathrm{OsO_4}$ 是不可避免的，从而 Os 很容易散失而造成 Os 含量测量错误。其实，这种方法在某些定年对象中的应用也正受到质疑，因为往往无法严格判断定年对象是否完全均匀。$^{40}\mathrm{Ar}/^{39}\mathrm{Ar}$ 定年相对于 K-Ar 定年的一大优势也是可以在同一份样品中同时测量放射性母体和放射成因子体的含量，大大提高了精度（邱华宁和白秀娟，2019；邱华宁 等，2009）。

$^{187}\mathrm{Re}/^{188}\mathrm{Os}$ 和 $^{187}\mathrm{Os}/^{188}\mathrm{Os}$ 的计算依赖于 $^{188}\mathrm{Os}$ 的含量计算。先由测量的 $^{192}\mathrm{Os}/^{190}\mathrm{Os}$ 计算得到普通 Os 和 $^{190}\mathrm{Os}$ 的含量，溶样中的普通 Os 乘以 $^{188}\mathrm{Os}$ 的原子丰度即可得到溶样中的 $^{188}\mathrm{Os}$ 含量，用上述获得的 $^{187}\mathrm{Re}$ 含量即可计算 $^{187}\mathrm{Re}/^{188}\mathrm{Os}$。计算 $^{187}\mathrm{Os}/^{188}\mathrm{Os}$ 还需要由测量的 $^{187}\mathrm{Os}/^{190}\mathrm{Os}$ 计算得到总 $^{187}\mathrm{Os}$ 的含量。

2.2.2　Re-Os 同位素等时线绘制

等时线绘制通常利用 Isoplot 软件进行绘制（Ludwig，2008）。在 Isoplot 软件中绘制 Re-Os 同位素等时线图所需数据见表 2.7，包括 $^{187}\mathrm{Re}/^{188}\mathrm{Os}$、$^{187}\mathrm{Os}/^{188}\mathrm{Os}$ 和误差（2σ），以及 $^{187}\mathrm{Re}/^{188}\mathrm{Os}$ 和 $^{187}\mathrm{Os}/^{188}\mathrm{Os}$ 的相关系数（Rho）。

表 2.7　Isoplot 软件绘制 Re-Os 同位素等时线图数据表

$^{187}\mathrm{Re}/^{188}\mathrm{Os}$	±2σ	$^{187}\mathrm{Os}/^{188}\mathrm{Os}$	±2σ	Rho
297.9	5.4	3.343	0.065	0.837
611.2	3.6	4.68	0.032	0.599
597.8	2.7	4.646	0.018	0.562
994.1	20.0	7.627	0.165	0.904
996.0	9.5	7.643	0.076	0.844

图 2.1 为 Isoplot 软件根据表 2.7 的数据给出的等时线图，横坐标为 $^{187}\mathrm{Re}/^{188}\mathrm{Os}$，纵坐标为 $^{187}\mathrm{Os}/^{188}\mathrm{Os}$，图中椭圆代表数据点的不确定性，没有相关系数时绘制的等时线没有斜度信息，误差椭圆垂直于坐标轴。图 2.1 中的方框给出了等时线年龄、$(^{187}\mathrm{Os}/^{188}\mathrm{Os})_i$ 和 MSWD。

理想的等时线图如图 1.8 所示，4 个样品来源相同，且同时沉积，具有同样的初始 $^{187}\mathrm{Os}/^{188}\mathrm{Os}$ 值（图中平行于横轴的实线），在地质历史过程中，$^{187}\mathrm{Re}$ 逐渐衰变为 $^{187}\mathrm{Os}$，$^{187}\mathrm{Re}/^{188}\mathrm{Os}$ 逐渐减小，$^{187}\mathrm{Os}/^{188}\mathrm{Os}$ 逐渐增大，Re、Os 同位素比值在图中逐渐向左上方偏移（图 1.8）。在 t_m 时刻，样品被采集分离出 Re、Os 同位素，计算比值投影到等时线图中组成图中倾斜的实线，等时线的截距为初始 $^{187}\mathrm{Os}/^{188}\mathrm{Os}$ 值，斜率与时间 t_m 和 $^{187}\mathrm{Re}$ 的衰变常数 λ 有关，用于计算 Re-Os 等时线年龄。

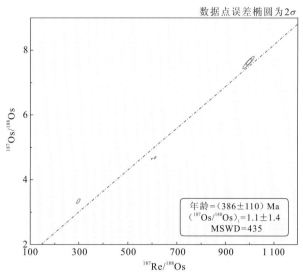

图 2.1　Isoplot 软件绘制的 Re-Os 同位素等时线图

2.2.3　Re-Os 同位素等时线解释与分析

Re-Os 同位素定年对采样要求较高，不同采样点之间需要满足同时、同源、无扰动才能得到一个有地质意义的年龄。值得注意的是，样品不完全满足采样要求时，仍有可能获得等时线年龄。例如，在同套黑色页岩中相隔很远采集的多个样品，Re-Os 同位素分析仍然可以获得较好的等时线年龄，但其年龄的意义需要慎重考虑。因此，在进行 Re-Os 同位素分析时，即使 Re-Os 等时线展现出很好的线性关系，年龄的具体意义仍然需要结合样品位置、地质背景等信息仔细讨论。此外，有些研究会得到较为分散的 Re-Os 同位素数据（图 2.2），从而无法获得较为一致的等时线年龄。造成这一现象的原因除上述不当的采样间隔外，还可能是样品未满足同时、同源、无扰动的等时线获取前提。例如，以含油气系统中的黑色页岩、原油和沥青等为对象时，因为它们往往经历了漫长的沉积或生成—运移—聚集过程，Re-Os 体系的封闭问题、原油及沥青的多来源问题都需要在研究过程中充分考虑。

Re-Os 等时线图中如果直接得到了一条线性关系好的等时线，则可以由等时线计算年龄和初始 $^{187}Os/^{188}Os$ 值，根据需要讨论其 Re-Os 同位素体系的行为，解释年龄的地质意义。此外，Re、Os 同位素数据在等时线图中还可以呈现多条等时线趋势（图 2.3），此时需要结合斜率、截距及研究区的地质背景开展综合分析。

图 2.3（a）为具有相同的初始 $^{187}Os/^{188}Os$ 值的两条不同年龄的等时线。图 2.3（b）为具有相同的斜率（相同的等时线年龄）和不同初始 $^{187}Os/^{188}Os$ 值的两条等时线。对于原油和沥青 Re-Os 同位素体系，可能指示油气的多源性。图 2.3（c）中的两条等时线具有不同的年龄和初始 $^{187}Os/^{188}Os$ 值，如果采样符合要求，可能表明它们尽管在同一油田（对于原油及沥青）或距离很近（对于黑色页岩），但具有不同的来源和形成时

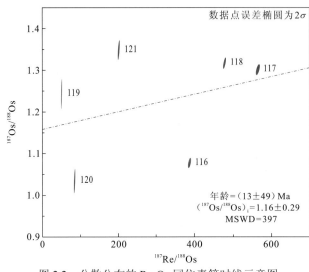

图 2.2 分散分布的 Re-Os 同位素等时线示意图

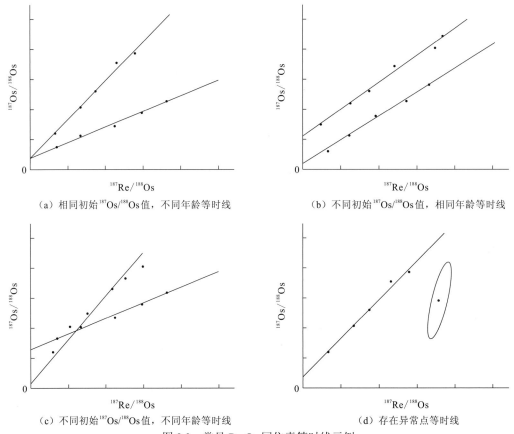

（a）相同初始^{187}Os/^{188}Os 值，不同年龄等时线

（b）不同初始^{187}Os/^{188}Os 值，相同年龄等时线

（c）不同初始^{187}Os/^{188}Os 值，不同年龄等时线

（d）存在异常点等时线

图 2.3 常见 Re-Os 同位素等时线示例

间，或对后期区域性的地质事件具有指示意义。Lillis 和 Selby（2013）对美国怀俄明州比格霍恩盆地中的原油样品进行了采样分析，样品的 Re 和 Os 同位素数据呈现出两种趋势（图 2.4），大多数样品形成了较陡的等时线，年龄为（239±43）Ma，初始 $^{187}Os/^{188}Os$ 值为 0.85±0.42，另一条等时线由 Torchlight 油田和 Lamb 油田的样品构成，年龄为（9.24±0.39）Ma，初始 $^{187}Os/^{188}Os$ 值为 1.88±0.01，它们在等时线上的差异可能反映了盆地内不同地区原油在来源、运聚时间或后期改造上的差异。图 2.3（d）为常见的等时线图，表明大量样品有助于识别异常样品，保证同源、同时、同地质过程的样品足够形成趋势，得到年龄、异常点的确认需要结合区域地质背景和其他分析综合判断。

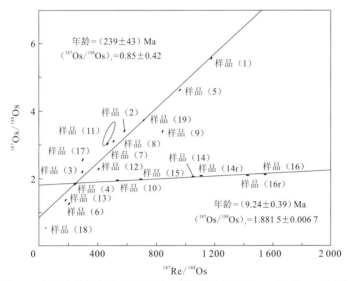

图 2.4　美国比格霍恩盆地原油样品等时线图（Lillis and Selby，2013）

第 3 章

烃源岩 Re-Os 同位素定年与示踪

3.1 烃源岩中 Re-Os 的赋存状态

如第 1 章所述，因为 Re-Os 同位素定年是基于 ^{187}Re 经过 β 衰变成为 ^{187}Os 来获得放射性年龄，所以样品中 Re 和 Os 同位素丰度、地球化学行为等特征对于 Re-Os 样品处理、定年结果及其意义解释有着重要的影响。Yamashita 等（2007）对 Re、Os 在海水与沉积物中的沉积、运移机制做了较为细致的研究，并给出了 Re、Os 在海水沉积物中的运移机理、可能的赋存形式及变化（图 1.11）。

微量元素在富有机质沉积岩中的富集主要包括两种途径：①还原作用发生沉淀，如 Mo 和 U 等；②通过有机质吸附和络合作用发生富集，如 Cd、Zn 和 Ni 等（段瑞春 等，2010）。海水中的 Os 主要包括陆源碎屑来源、地外物质来源（如陨石）及地幔物质来源。目前，对富有机质沉积岩中 Re 和 Os 的富集机制还存在认识上的差异。Cohen（2004）认为 Re、Os 的富集与还原反应有关，而与总有机碳（total organic carbon，TOC）并无相关性，且有机质的吸附-络合作用并不是 Re、Os 富集的主要原因。然而近些年的研究发现，Re、Os 含量与泥岩样品中的 TOC 含量有明显的正相关，且 Os 与 TOC 的相关性好于 Re，进而认为黑色页岩中的 Re、Os 富集与有机质有密切关系（Jiang et al.，2007；Selby and Creaser，2005b；Kendall et al.，2004；Selby and Creaser，2003）。

氧化环境下，海水中的 Re、Os 分别以 ReO_4^- 和 $HOsO_5^-$ 的形式存在，并且具有较强的溶解度和迁移活性；还原环境下，ReO_4^- 和 $HOsO_5^-$ 会被还原为较难溶解的组分而稳定地保存在富有机质沉积物中（蔡长娥 等，2014）。由于 Re-Os 同位素体系在还原环境下形成的有机质沉积物可以保持封闭，从而通过有机质泥岩的 Re-Os 同位素定年可以帮助确定沉积物的形成时代（Finlay，2010）。此外，通过分析黑色页岩的 Re、Os 组成，还可以反映沉积时海水的 Os 同位素组成，进而依据 Os 同位素组成特征获得大陆古环境及古海洋环境信息。

3.2 烃源岩 Re-Os 同位素定年

富有机质沉积岩具有与众不同的生物群及矿物组合，同时也能形成自己所特有的沉积矿产。对富有机质沉积岩的研究能帮助了解古海洋、古气候的演化过程，同时也对找油、找矿具有重要的指导作用。在对富有机质沉积岩的研究过程中，年代学研究是不可或缺的一环。然而，由于缺乏适合的矿物，传统放射性同位素系统（如 Rb-Sr、Sm-Nd、U-Pb、K-Ar）在精确测定泥岩的沉积年龄时是非常困难的（Kendall et al.，2009b）。Re-Os 同位素体系在还原环境下亲有机质的性质被作为富有机质沉积岩定年的依据（王剑 等，2007）。只要保证沉积岩中有机物所吸附的 Re-Os 同位素体系封闭，那么该 Re-Os 等时线便能够确定其沉积年代，并且初始 $^{187}Os/^{188}Os$ 值能够反映当时海水中的 $^{187}Os/^{188}Os$ 值。

早在 20 世纪 80 年代，Ravizza 和 Turekian（1989）就发现富有机质沉积岩中富集 Re、

Os，并首次将 Re-Os 同位素体系应用于沉积岩的年代学研究，虽然其 Re-Os 数据并不精确，考虑到当时分析过程中的挑战与数据的不确定性，这一研究的意义依然十分重大。如今，随着质谱技术的快速发展及 ^{187}Re 衰变常数的精确测定（1.66×10^{-11} a^{-1}）（Smoliar et al.，1996），Re-Os 同位素体系可以精确测定富有机质沉积岩的沉积年龄（在某些情况下，精确度可以达到 1%）（Selby et al.，2013）。目前，越来越多的学者将 Re-Os 同位素体系应用于富有机质沉积岩的形成年代的确定，其应用范围涵盖元古宇—中生界（表 3.1）。

表 3.1　元古宇—中生界 Re-Os 同位素定年数据总结表

样品	Re / (ng/g)	Os / (ng/g)	^{187}Re/^{188}Os	^{187}Os/^{188}Os	Rho	年龄	地层	数据来源
LL-1	16.61±0.08	0.678±0.003	24.2±0.3	0.667±0.038	—			
LL-7	17.21±0.03	0.725±0.004	36.1±0.7	0.847±0.030	—			
LL-59	18.23±0.01	0.727±0.001	79.6±0.8	1.593±0.040	—			
LL-8	31.85±0.03	8.13±0.01	39.8±0.6	0.934±0.030	—	(2 316±7) Ma	古元古界	Hannah 等（2004）
LL-61	40.20±0.02	30.82±0.05	317.9±2.8	6.167±0.070	—			
LL-9	51.17±0.03	6.28±0.01	269.9±2.4	4.654±0.053	—			
LL-62	40.27±0.02	8.088±0.008	601.2±5.2	12.207±0.139	—			
MASW03-36	0.30±0.001	64.8±1.2	205.1±4.2	3.628±0.103	0.705			
MASW03-38	0.36±0.001	52.7±1.0	114±12	1.490±0.004	0.705	(1 002±45) Ma		
MASW03-40	4.11±0.013	296.5±2.1	79.6±0.8	1.593±0.040	0.656			
MASW03-42	1.31±0.004	175.1±1.0	39.8±0.6	0.934±0.030	0.654		中元古界	Bertoni 等（2014）
VZCF001-6	18.7±0.06	507.2±5.2	317.9±2.8	6.167±0.070	0.656			
VZCF001-11	9.2±0.03	260.2±2.5	269.9±2.4	4.654±0.053	0.657			
VZCF001-13	28.3±0.09	584.6±7.0	601.2±5.2	12.207±0.139	0.656	(1 304±210) Ma		
VZCF001-3	4.0±0.01	136.8±2.2	205.1±4.2	3.628±0.103	0.699			
KU92-53	16.9	0.83	114±12	1.490±0.004	—			
KU92-57	5.48	0.65	51±1.6	2.240±0.021	—			
UK94-51	—	4.13		1.220±0.003	—			
UK94-66		0.65		2.702±0.021	—	—	新元古界	Singh 等（1999）
UK94-52	0.52	0.05	53±1.6	1.485±0.048	—			
UK94-53	3.56	0.13	171±8	2.515±0.013	—			
UK94-54	0.51	—	—	—	—			

样品	Re/(ng/g)	Os/(ng/g)	$^{187}Re/^{188}Os$	$^{187}Os/^{188}Os$	Rho	年龄	地层	数据来源
UK94-55	0.35	0.04	50±5	1.674±0.014	—			
UK94-56	1.55	0.08	116±8	2.088±0.096	—			
UK94-58	0.22	0.02	63±9	1.712±0.048	—			
KU92-51	6.41	—	—	—	—		新元古界	Singh 等 (1999)
KU92-50	3.54	—	—	—	—			
KU92-49	5.18	0.08	447±35	3.589±0.055	—	(839±138) Ma		
KU92-2	—	0.04	—	1.019±0.054	—			
KU92-6	—	0.51	—	3.211±0.012	—			
HP94-22	13.1	0.18	868±134	11.566±0.344	—			
HP94-24	1.16	0.05	152±16	2.999±0.054	—	(839±138) Ma	新元古界	Singh 等 (1999)
HP94-25	—	0.1	—	8.946±0.405	—			
HP94-26	0.87	0.05	104±6	2.137±0.026	—			
UK98-1	8.81	—	—	1.850±0.011	—			
UK98-2	69.7	—	—	3.670±0.020	—			
UK98-3	153	—	—	6.926±0.015	—			
UK98-4	3.16	—	—	1.916±0.053	—			
UK98-8	5.37	—	—	2.002±0.010	—	(554±16) Ma		
UK98-9	5.1	—	—	1.780±0.054	—			
UK98-11	13.4	—	—	2.574±0.020	—		新元古界	Singh 等 (1999)
KU92-56	264	—	—	2.167±0.016	—			
KU92-58	18.8	—	—	2.391±0.017	—			
UK98-17	115	2.84	286±13	3.834±0.022	—			
UK98-18	122	3.14	271±12	3.695±0.028	—			
UK98-19	7.22	0.34	130±5	2.319±0.022	—	(552±22) Ma		
UK98-28	3.05	0.31	57±2	1.739±0.019	—			
UK98-31	6.48	0.41	95±3	2.183±0.027	—			

续表

样品	Re /（ng/g）	Os /（ng/g）	$^{187}Re/^{188}Os$	$^{187}Os/^{188}Os$	Rho	年龄	地层	数据来源
JL-15-1	961.8	13.17	708.5±2.9	7.897±0.01	0.166			
JL-16-2	261.2	4.41	494.5±2.2	5.755±0.011	0.354			
JL-16-3	251	5.32	353.1±1.4	4.373±0.007	0.276			
JL-16-4	461.6	7.53	528.3±2.2	6.173±0.009	0.219			
JL-16-1	72.6	1.57	344.8±1.6	4.332±0.011	0.534			
JL-16-6	297.7	5.5	431.0±1.7	5.137±0.007	0.204			
JL-16-5	432.9	8.64	382.5±1.5	4.602±0.006	0.171			
JL-15-21	224.9	3.77	497.3±3.8	5.703±0.013	0.062			
JL-15-22	159.6	2.68	498.8±2.3	5.767±0.012	0.324		新元古界	Singh 等
JL-15-23	70.8	1.21	484.5±3.0	5.571±0.022	0.564	（591.1±5.3）~（604±31）Ma		（1999）
JL-15-23*rpt	70.4	1.19	487.3±2.7	5.573±0.012	0.107			
2008-16-A-1	3.8	0.12	213.4±6.2	3.592±0.089	0.9			
2008-16-D	3.8	0.11	236.6±7.9	3.075±0.082	0.82			
skp-9	3.6	0.62	30.6±0.2	0.841±0.003	0.447			
skp-10	3	0.93	17.5±0.1	1.205±0.003	0.421			
skp-11	1.7	0.52	17.0±0.1	0.710±0.003	0.427			
skp-12	3.6	0.49	38.8±0.2	0.898±0.004	0.501			
skp-13	2.8	0.56	26.7±0.4	0.872±0.003	0.054			
skp-14	6.8	0.5	75.5±1.3	1.273±0.006	0.113			
BK-01-014B*ar	15.57	0.238 7	588.4±2.57	6.813 8±0.019 2	0.457			
BK-01-014B*rpt	15.27	0.232 8	595.49±2.76	6.901 7±0.021 3	0.458			
BK-01-014B*cr	15.43	0.249 4	524.67±2.25	5.954 2±0.017 5	0.404		前寒武系	Kendall 等
BK-01-015A*ar	6.34	0.170 6	251.86±1.1	3.240 3±0.009 1	0.436	（607.8±4.7）Ma	新元古界	（2004）
BK-01-015A*cr	6.357	0.164 7	262.93±1.17	3.299 1±0.010 5	0.426		埃迪卡拉系	
BK-01-015B*ar	12.4	0.216 1	472.53±2.04	5.563 9±0.014 8	0.458			
BK-01-015B*rpt	12.12	0.206 4	490.26±2.33	5.744 3±0.020 1	0.454			

样品	Re/(ng/g)	Os/(ng/g)	^{187}Re/^{188}Os	^{187}Os/^{188}Os	Rho	年龄	地层	数据来源
BK-01-015B*cr	12.53	0.218 9	463.71±2.01	5.352 3±0.015 8	0.427			
BK-01-015C*ar	8.463	0.185 4	337.27±1.53	4.213 8±0.013 7	0.468			
BK-01-015C*cr	8.543	0.192	318.7±1.39	3.858 8±0.020 4	0.427	(607.8±4.7) Ma	前寒武系 新元古界 埃迪卡拉系	Kendall 等 (2004)
BK-01-015D*ar	7.299	0.129 6	468.01±2.33	5.680 4±0.020 4	0.615			
BK-01-015D*rpt	7.116	0.125 1	476.21±2.59	5.776±0.024 2	0.625			
BK-01-015D*cr	7.279	0.144 8	379.58±1.78	4.475±0.015 7	0.514			
HJW-1-1	—	—	731.2±4.2	7.397±14	—			
HJW-1-3	—	—	813.3±4.6	8.141±15	—			
HJW-2-3	—	—	736.5±4.2	7.451±14	—			
ZHL-7	—	—	700.9±4.0	7.027±13	—	(541±16) Ma	寒武系 纽芬兰统	Mao 等 (2002)
ZHL-7-1	—	—	726.3±4.1	7.326±14	—			
ZHL-7-2	—	—	673.2±3.8	6.876±13	—			
ZHL-7-3	—	—	705.9±4.0	7.165±13	—			
BZn-1	100.4	4.85	122.9±2.5	1.887 1±0.002	—			
BZn-2	624.2	20.88	188±3.8	2.508 3±0.003 2	—			
BZn-3	608.1	14.68	282.4±5.6	3.343 6±0.002 1	—	(535±11) Ma	寒武系 纽芬兰统	Jiang 等 (2007)
BZn-4	472.1	9.01	387±7.7	4.232 4±0.002 5	—			
BZn-5	685.5	13.96	353.3±7.1	3.939 8±0.004 9	—			
NF10-CH16（A）	14.012 6±0.095	0.341 6±0.002	270.036±2.19	2.913 6±0.018	0.39			
NF10-CH16（B）	14.133 6±0.085	0.344 6±0.002	268.986±2.02	2.885 6±0.019	0.42			
NF10-CH15（A）	10.023 6±0.068	0.281 6±0.001	227.916±1.85	2.620 6±0.017	0.39			
NF10-CH15（B）	9.094 6±0.057	0.256 6±0.001	227.326±1.76	2.623 6±0.017	0.41			
NF10-CH14（A）	16.616 6±0.098	0.458 6±0.002	229.936±1.71	2.542 6±0.016	0.42	(484±16) Ma	芙蓉统— 下奥陶统	Tripathy 等 (2014)
NF10-CH14（B）	17.208 6±0.103	0.459 6±0.002	242.336±1.82	2.737 6±0.017	0.42			
NF10-CH13（A）	8.539 6±0.065	0.536 6±0.002	90.046±0.79	1.460 6±0.009	0.36			
NF10/CH13（B）	4.650 6±0.037	0.301 6±0.001	87.406±0.79	1.471 6±0.009	0.34			
NF10/CH13（C）	8.514 6±0.062	0.520 6±0.002	92.606±0.79	1.460 6±0.010	0.37			

续表

样品	Re/(ng/g)	Os/(ng/g)	^{187}Re/^{188}Os	^{187}Os/^{188}Os	Rho	年龄	地层	数据来源
NF10/CH12（A）	7.641 6±0.050	0.486 6±0.002	89.136±0.71	1.478 6±0.009	0.4	（484±16）Ma	芙蓉统—下奥陶统	Tripathy 等（2014）
NF10/CH12（B）	7.923 6±0.060	0.495 6±0.002	90.646±0.81	1.475 6±0.011	0.32			
NF10/CH11	7.988 6±0.057	0.429 6±0.002	106.866±0.90	1.583 6±0.010	0.37			
NF10/CH10	10.416 6±0.064	0.351 6±0.002	182.356±1.39	2.232 6±0.014	0.41			
b5（Billings Co.）	56±7	0.91±0.01	—	—	—	（354±49）Ma	上泥盆统	Ravizza 等（1989）
b12（Billings Co.）	70±7	0.97±0.02	—	—	—			
b14（Billings Co.）	55±2	0.91±0.02	—	—	—			
b7（Dunn Co.）	259±7	3.69±0.07	—	—	—			
b8（Dunn Co.）	275±12	3.17±0.10	—	—	—			
b10（Dunn Co.）	285±11	3.45±0.06	—	—	—			
b3（Billings Co.）	135±5	1.49±0.03	—	—	—			
244	—	0.356	18.3	5.762+0.021	—	（～365）Ma	上泥盆统	Jaffe 等（2002）
252	0.89	—	—	—	—			
276	—	0.358	18.1	5.698+0.073	—			
245	—	0.627	10.3	6.434+0.018	—			
253	0.85	—	—	—	—			
277	—	0.615	10.5	6.434+0.011	—			
246	—	0.6	237	6.090+0.113	—			
254	17.7	—	—	—	—			
278	—	0.593	242	6.240+0.030	—			
247	—	0.592	1 335	6.528+0.026	—			
255	89.4	—	—	—	—			
279	—	0.596	1 324	6.502+0.109	—			
248	—	0.583	1 738	6.409+0.017	—			
256	115.6	—	—	—	—			
280	—	0.017	1 834	6.390+0.017	—			
249	—	0.649	1 006	6.386+0.051	—			

续表

样品	Re/(ng/g)	Os/(ng/g)	^{187}Re/^{188}Os	^{187}Os/^{188}Os	Rho	年龄	地层	数据来源
281	—	0.659	998	6.381+0.046	—	(~365) Ma	上泥盆统	Jaffe 等 (2002)
250	—	0.626	1 132	6.376+0.028	—			
282	81	0.624	1 131	6.303+0.026	—			
272	—	0.066	—	5.814+0.243	—			
274	—	0.078	—	5.327+0.753	—			
251	—	0.482	1 477	6.959+0.034	—			
283	—	0.493	1 429	6.824+0.026	—			
273	—	0.07	—	5.970+0.081	—			
275	—	0.073	—	5.871+0.071	—			
PEx7-O	211.2	4.604	318.4	3.563 3±16	—	(358±10) Ma	上泥盆统	Selby 等 (2003)
PEx7-WR*cr	69.96	0.69	487.1	3.517 1±13	—			
PEx8-O	265.1	6.505	265.1	2.650 2±05	—			
PEx8-WR*cr	88.75	1.616	350.7	2.655 7±04	—			
Pex10-WR*cr	31.69	0.482	441.1	3.219 9±35	—			
Pex10-O	76.62	2.012	25.7	3.301 7±37	—			
PEx11-WR*cr	47.9	0.642	518.3	3.546 4±32	—			
PEx12-O	112.7	2.857	259.1	2.965 2±15	—			
PEx12-WR*cr	68.94	1.112	408.9	2.986 6±13	—			
PEx13-WR*rpt1	31.24	0.17	860.1	5.666 8±17	—			
PEx13-WR*rpt2	30.95	0.17	895.8	5.904 5±25	—			
PEx13-O	55.4	1.722	261.3	5.533 9±51	—			
PEx13-O*rpt-1	80.55	2.825	230.9	5.456 2±42	—			
PEx13-WR*cr	31.3	0.289	916.8	5.967 9±105	—			
PEx14-WR*rpt1	42.19	0.787	337.2	2.515 6±33	—			
PEx14-WR*rpt2	42.24	0.789	337.1	2.521 5±45	—			
PEx14-O	63.78	5.582	72.2	2.561 8±59	—			
PEx14-WR*cr	42.28	0.802	327.8	2.388 7±42	—			

续表

样品	Re/（ng/g）	Os/（ng/g）	$^{187}Re/^{188}Os$	$^{187}Os/^{188}Os$	Rho	年龄	地层	数据来源
PEx20-O	357.9	6.244	405.8	3.780 0±18	—	（358±10）Ma	上泥盆统	Selby 等（2003）
Pex20-WR*cr	128.6	1.698	538.4	3.805 9±17	—			
PEx21-O	52.93	3.134	96	1.548 8±08	—			
Pex21-WR*cr	20.04	0.686	166.1	1.534 8±12	—			
Pex23-WR*cr	31.83	0.668	287.5	2.095±31	—			
PEx35-WR*cr	52.02	0.839	405.1	2.885 3±24	—			
PEx7	72.17	1.02	485.6	3.430 7	—	（358±10）Ma	上泥盆统	Creaser 等（2002）
PEx8	89.45	1.658	344.5	2.661 9	—			
PEx9	22.81	0.496	279.8	2.195 1	—			
PEx10	32.39	0.495	437.9	3.18	—			
PEx11	50.89	0.664	538.9	3.677	—			
PEx12	71.18	1.148	408.5	3.008 5	—			
PEx20	129	1.725	528.6	3.754 1	—			
PEx21	19.98	0.698	163.2	1.561 1	—			
PEx35	52.97	0.831	419.4	2.979 4	—			
PEx23	32.78	0.897	207.5	1.527	—			
PEx13	31.28	0.29	904.6	5.955	—			
PEx14	42.35	0.856	306.4	2.363	—			
01TL063	983.4	1.017	4 650	19.6±0.15	—	（234.2±7.3）Ma	上二叠统	Yang 等（2004）
01TL063-re	973.6	1.017	4 604	19.6±0.14	—			
01TL063	1 002	1.038	4 713	19.6±0.21	—			
01TL065	328	0.302 4	5 490	22.83±0.22	—			
01TL066	616.5	1.276	2 323	10.339±0.068	—			
01TL067	362.6	0.519 7	3 355	14.4±0.13	—			
01TL068	771.5	1.135	3 268	13.91±0.15	—			
01TL069	403.1	0.781 2	2 480	11.4±0.16	—			
01TL070	448.6	0.898 7	2 399	10.678±0.089	—			

续表

样品	Re /（ng/g）	Os /（ng/g）	$^{187}Re/^{188}Os$	$^{187}Os/^{188}Os$	Rho	年龄	地层	数据来源
ORG-481	12.643±0.04	0.189 4±0.001 0	414.9±1.4	2.35±414.9	0.14			
ORG-661	21.198±0.057	0.269 1±0.002 5	505.6±1.5	2.67±505.6	0.243			
ORG-482	11.823±0.029	0.195 7±0.001 4	368.1±1	2.156±368.1	0.224			
ORG-483	10.766±0.027	0.182 3±0.001 0	358.5±1	2.117±358.5	0.178			
ORG-484	22.501±0.063	0.256±0.0021 4	580.8±1.8	2.974±580.8	0.201			
ORG-662	18.67±0.047	0.218 3±0.001 3	563.4±1.5	2.94±563.4	0.178			
ORG-485	17.7±0.046	0.217 4±0.001 6	527±1.5	2.76±527	0.156			
ORG-663	26.195±0.07	0.253 5±0.001 8	720.9±2.1	3.559±720.9	0.191			
ORG-486	22.745±0.056	0.246 7±0.001 1	616.5±1.6	3.101±616.5	0.153			
ORG-487	26.955±0.076	0.249 2±0.001 9	767.1±2.3	3.745±767.1	0.121			
ORG-665	26.851±0.071	0.278 3±0.001 3	649.2±1.8	3.167±649.2	0.155			
ORG-664	25.765±0.064	0.255 4±0.002 2	690.8±1.9	3.354±690.8	0.213			
ORG-445	43.083±0.103	0.456 7±0.001 4	640.8±1.6	3.268±640.8	0.148	（236.5±3.6）～（238.41±1.47）Ma	中三叠统—上三叠统	Xu 等（2014）
ORG-446	41.589±0.098	0.459 3±0.002 1	606.2±1.5	3.111±606.2	0.154			
ORG-447	42.893±0.102	0.517 6±0.001 2	540.2±1.4	2.831±540.2	0.146			
ORG-448	43.3±0.12	0.475 2±0.002 3	612.2±1.8	3.149±612.2	0.145			
ORG-442	89.149±0.215	0.902 9±0.003 0	680±1.7	3.417±680	0.138			
ORG-443	92.321±0.221	0.885 2±0.004 5	731.8±1.8	3.623±731.8	0.145			
ORG-444	77.523±0.184	0.781 2±0.003 4	684.7±1.7	3.436±684.7	0.153			
ORG-421	59.576±0.194	0.551 7±0.002 9	766.9±2.6	3.759±766.9	0.153			
ORG-666	57.275±0.188	0.519 8±0.003 7	788.4±2.7	3.844±788.4	0.141			
ORG-422	42.775±0.124	0.428 9±0.003 0	689±2.1	3.452±689	0.217			
ORG-423	42.345±0.119	0.405±0.002 61	734.7±2.2	3.641±734.7	0.207			
ORG-424	45.289±0.13	0.433 1±0.002 2	735.1±2.2	3.645±735.1	0.165			
ORG-425	42.293±0.118	0.436 3±0.002 2	665.3±2	3.378±665.3	0.186			
ORG-426	47.065±0.145	0.482 5±0.003 5	669.6±2.2	3.382±669.6	0.208			
ORG-645	334.511±0.83	1.865 8±0.019 1	1678.9±4.4	7.359±1678.9	0.136			

续表

样品	Re /（ng/g）	Os /（ng/g）	^{187}Re/^{188}Os	^{187}Os/^{188}Os	Rho	年龄	地层	数据来源
ORG-646	74.967±0.186	1.329 4±0.016 1	340.6±1.3	2.069±340.6	0.469			
ORG-647	221.17±0.623	1.594±0.012 2 8	1 101±3.2	5.085±1 101	0.133			
ORG-648	250.075±0.661	1.739 8±0.012 6	1 161.2±3.2	5.313±1 161.2	0.126			
ORG-649	445.552±1.148	2.523 8±0.022 3	1 634.1±4.4	7.187±1 634.1	0.136			
ORG-650	40.394±0.097	1.113 8±0.001 2	207.2±0.5	1.549±207.2	0.134			
ORG-629	54.344±0.127	0.901 6±0.003 2	369.2±0.9	2.126±369.2	0.153			
ORG-630	187.191±0.596	1.037 5±0.031 6	1 691.1±5.6	7.373±1 691.1	0.131			
ORG-631	208.537±0.686	1.150 3±0.020 9	1 704.2±5.8	7.416±1 704.2	0.098			
ORG-632	204.342±0.687	1.198±0.015 2 9	1 529.5±5.3	6.726±1 529.5	0.092	（236.5±3.6） ～ （238.41±1.47）Ma	中三叠统— 上三叠统	Xu 等 （2014）
ORG-633	380.108±2.278	1.818 8±0.077 2	2 249.7±13.7	9.586±2 249.7	0.107			
ORG-634	78.235±0.199	1.028 7±0.003 3	483.3±1.3	2.571±483.3	0.116			
ORG-635	85.179±0.236	1.095 3±0.006 0	497.2±1.5	2.631±497.2	0.186			
ORG-651	110.901±0.278	2.482 5±0.009 5	263.4±0.7	1.839±263.4	0.198			
ORG-466	120.47±0.366	2.616 1±0.008 8	272.6±1	1.879±272.6	0.372			
ORG-467	71.905±0.173	1.161±0.004 4 8	383.7±1	2.317±383.7	0.131			
ORG-468	81.294±0.204	1.219 8±0.005 5	418.7±1.1	2.456±418.7	0.126			
ORG-667	82.041±0.218	1.141 8±0.006 2	459±1.3	2.622±459	0.19			
ORG-469	64.425±0.167	1.111 1±0.003 2	355±1	2.201±355	0.119			
ORG-470	62.847±0.148	1.223 7±0.003 9	308.5±0.8	2.017±308.5	0.147			
ORG-471	85.758±0.207	1.581 8±0.004 1	328.5±0.8	2.1±328.5	0.161			
Kpe96-45	37.85	0.400 8	575.2	2.146	—			
Kpe96-44	28.74	0.364 5	469.9	1.935	—			
Kpe96-43	91.72	0.842 1	680.5	2.396	—			
Khu96-42	50.28	0.471 1	668.7	2.425	—	（207±12）Ma	下侏罗统	Cohen 等 （1999）
Khu96-41	92.83	0.999	563.2	2.098	—			
Khu96-40	27.08	0.354 8	446	1.754	—			
Kwh96-35	69.62	0.833 5	492.1	1.828	—			

样品	Re / (ng/g)	Os / (ng/g)	^{187}Re/^{188}Os	^{187}Os/^{188}Os	Rho	年龄	地层	数据来源
Kwh96-34	2.652	0.110 6	140.5	1.78	—			
Kwh96-32	53.07	0.769 6	397.7	1.631	—			
Kwh96-30	56.87	0.898 8	360.4	1.518	—			
Kwh96-27	33.38	0.212 1	1 076	3.331	—			
Kwh96-25	49.75	0.281 3	1 264	3.829	—	(207±12) Ma	下侏罗统	Cohen 等 (1999)
Kwh96-24sa	64.98	0.615 5	653.4	2.302	—			
Kwh96-24	65.56	0.612 1	665.9	2.346	—			
Kwh96-23	96	0.711	891.3	2.958	—			
Kwh98-67	15.56	0.272 7	320.6	1.396	—			
Kwh98-65	11.04	0.281 5	214	1.14	—			
Kwh98-66	20.94	0.371 3	316.6	1.39	—			
Kau96-53	38.97	0.407 1	583.9	2.162	—	(207±12) Ma		
Keu96-55	15.7	0.649 4	125.6	0.721	—			
Keu96-54	11.45	0.174 4	379.4	1.646	—			
Tex97-27	13.84	0.261 1	309	1.73	—			
Tex97-28	17.54	0.256 9	412.1	2.059	—			
Tex97-29	19.36	0.246 9	485.1	2.297	—			
Tex97-32	10.8	0.253 5	243.4	1.541	—			
Tex97-35	14.24	0.238 7	354.5	1.91	—			
Tex97-36	10.47	0.196	311.3	1.724	—	—	下侏罗统	Cohen 等 (1999)
Tex97-37	7.98	0.212 9	211.7	1.44	—			
Tex97-38	11.52	0.213 1	311.7	1.631	—			
Tex97-39	9.82	0.209 4	271.9	1.68	—			
Tex97-41	18.84	0.271 2	421.5	2.108	—			
Sob96-14	60.05	0.579 9	672.5	2.788	—			
Sob96-12	133.4	0.685 7	1 388	3.807	—	(155±4.3) Ma		
Stu96-11	62.66	0.469 9	917.1	3.397	—			

续表

样品	Re/(ng/g)	Os/(ng/g)	$^{187}Re/^{188}Os$	$^{187}Os/^{188}Os$	Rho	年龄	地层	数据来源
Sbu96-9	203.1	1.224	1 278	4.715	—	(155±4.3) Ma		
Han97-110	166.1	2.243	424.8	1.583	—			
Han97-109	216	1.938	712.2	2.622	—			
Han97-108	279	1.458	1571	5.519	—			
Hli97-107a1	418.2	2.888	1 007	3.53	—			
Hli97-107a2	297.5	2.774	683.7	2.56	—			
Hli97-107b1	325.6	2.765	768.1	2.833	—		下侏罗统	Cohen 等
Hli97-107b2	348	2.717	847.8	2.988	—	(207±12) Ma		(1999)
Hli97-107c1	455.7	3.172	1 019	3.746	—			
Hli97-106	293.7	2.584	742.2	2.845	—			
Hpl97-105b	64.51	1.113	317.6	1.176	—			
Hpl97-105a	119.4	1.709	390.3	1.343	—			
Hpl97-104a	175.9	2.098	493.6	1.824	—			
Hpl96-6	188.9	2.297	496	2.051	—			
DT5	135.8±0.1	0.659±0.004	1 692±5	5.54±0.03	0.674			
DT4-4	291.5±0.3	0.915±0.005	4 049±8	12.74±0.04	0.641			
DT4-10	279.3±0.2	1.05±0.009	2 666±11	8.44±0.06	0.628			
DT4-16	206.7±0.2	0.867±0.008	2 169±13	6.96±0.06	0.633			
DT4-20	146.5±0.2	0.715±0.004	1 672±5	5.46±0.03	0.639			
DT3-12-15	59.5±0.1	0.448±0.002	874±5	2.96±0.02	0.82			Van Acken
DT3-15-18	88.4±0.2	0.441±0.004	1 613±12	5.3±0.06	0.605			等
DT3-18-21	95.6±0.2	0.448±0.003	1 801±7	5.94±0.03	0.529	(183.0±2.0) Ma	下侏罗统	(2019)
DT3-21-24	120.1±0.1	0.518±0.004	2 082±7	6.8±0.04	0.617			
DT3-24-27	114.3±0.1	0.492±0.008	2 107±28	6.91±0.07	0.622			
DT3-27-30	78.4±0.1	0.375±0.002	1 733±6	5.67±0.03	0.607			
DT2-46	24.4±0.2	0.292±0.002	493±4	1.88±0.02	0.429			

续表

样品	Re / (ng/g)	Os / (ng/g)	$^{187}Re/^{188}Os$	$^{187}Os/^{188}Os$	Rho	年龄	地层	数据来源
DT2-46*rpt	23.9±0.1	0.298±0.002	475±3	1.88±0.01	0.515			
4-AGM	5.1±0.1	0.105±0.001	254±3	0.84±0.01	0.179			Van Acken
3-SGS	26.6±0.1	0.435±0.002	334±1	1.18±0.01	0.53	(183.0±2.0) Ma	下侏罗统	等
2-TF	72.9±0.1	0.752±0.006	590±4	2.15±0.03	0.436			(2019)
1-BGM	3.8±0.1	0.085 6±0.000 4	234±3	0.89±0.01	0.258			
DS96-05	13.36±0.08	0.193 9±0.000 6	393.42±2.31	1.543 8±39	0.169			
DS98-05	13.20±0.04	0.199 1±0.000 8	376.41±1.69	1.490 4±64	0.47			
DS105-05	49.81±0.24	0.490 3±0.003 5	616.05±4.9	2.112 0±221	0.487			
DS102-05	16.98±0.08	0.257 5±0.000 7	374.16±1.85	1.485 6±28	0.167	(154.1±2.2) Ma	上侏罗统	Selby 等
DS103-05	32.70±0.16	0.287 3±0.001	705.70±3.58	2.325 2±54	0.204			(2007)
DS107-05	44.25±0.14	0.349 6±0.001	807.64±2.85	2.614 6±46	0.322			
DS108-2-05	47.09±0.15	0.340 9±0.001 3	901.63±3.34	2.843 6±72	0.352			
DS108-05	47.16±0.23	0.341 8±0.001 1	899.52±4.48	2.831 9±52	0.166			
70.44-70.61（A）	49.74±0.09	0.526±0.001	560±2	1.893±0.007	0.533			
70.44-70.61（B）	52.14±0.1	0.58±0.001	528±2	1.803±0.007	0.52			
70.44-70.61（C）	49.8±0.1	0.546±0.001	538±2	1.836±0.006	0.481	(142±2) Ma	下白垩统	
70.44-70.61（D）	54.38±0.14	0.595±0.001	538±2	1.821±0.008	0.467			
70.44-70.61（E）	51.6±0.09	0.568±0.000 48	533±1	1.791±0.004	0.37			
169.5-169.67（A）	27.6±0.06	0.794±0.000 47	187±1	1.006±0.002	0.272			
169.5-169.67（B）	21.68±0.08	0.787±0.001	146±1	0.902±0.002	0.183			Tripathy 等
169.5-169.67（C）	28.52±0.2	0.763±0.001	201±2	1.037±0.003	0.124			(2018)
169.5-169.67（D）	50.58±0.15	0.715±0.001	403±2	1.53±0.003	0.232			
169.5-169.67（E）	50.06±0.09	0.854±0.001	327±1	1.342±0.004	0.427	(144.5±1.4) Ma	上侏罗统	
169.5-169.67（F）	72.1±0.21	0.834±0.001	506±2	1.768±0.003	0.221			
169.5-169.67（G）	71.48±0.2	0.913±0.001	451±2	1.637±0.004	0.251			
169.5-169.67（H）	35.25±0.08	0.892±0.001	214±1	1.065±0.002	0.239			
169.5-169.67（I）	30.12±0.07	0.866±0.003	187±1	0.996±0.008	0.606			

样品	Re /（ng/g）	Os /（ng/g）	$^{187}Re/^{188}Os$	$^{187}Os/^{188}Os$	Rho	年龄	地层	数据来源
169.5-169.67（J）	27.03±0.07	0.779±0.001	186±1	1.003±0.002	0.249			
27.76-27.90（A）	68.03±0.16	0.392±0.001	1217±5	3.622±0.016	0.482			
27.76-27.90（B）	62.25±0.12	0.397±0.003	1 057±12	3.172±0.05	0.69			
27.76-27.90（C）	59.68±0.17	0.397±0.001	1 003±5	3.072±0.016	0.45			
27.76-27.90（D）	42.66±0.1	0.321±0.001	851±6	2.638±0.024	0.615			
27.76-27.90（E）	35.03±0.1	0.304±0.000 3	717±3	2.363±0.005	0.269	（144.5±1.4）Ma	上侏罗统	Tripathy 等（2018）
27.76-27.90（F）	41.16±0.07	0.383±0.000 4	657±2	2.178±0.005	0.42			
27.76-27.90（G）	47.92±0.08	0.387±0.000 4	772±2	2.396±0.005	0.396			
27.76-27.90（H）	42.56±0.1	0.385±0.001	680±4	2.249±0.014	0.551			
27.76-27.90（I）	46.64±0.11	0.436±0.000 4	651±2	2.138±0.005	0.313			
27.76-27.90（J）	41.23±0.08	0.316±0.001	840±4	2.692±0.016	0.579			
146.68-146.83（A）	1.89±0.02	0.039±0.000 1	286±5	1.892±0.007	0.112			
146.68-146.83（B）	1.69±0.02	0.033±0.000 1	304±5	2.038±0.008	0.113			
146.68-146.83（C）	3.12±0.04	0.052±0.000 1	353±6	1.791±0.007	0.114			
146.68-146.83（D）	3.91±0.05	0.04±0.0001	639±12	2.923±0.011	0.106	无 Re-Os 年龄	中侏罗统	Tripathy 等（2018）
146.68-146.83（E）	2.34±0.03	0.037±0.000 1	383±7	2.167±0.009	0.112			
146.68-146.83（F）	3.11±0.04	0.042±0.000 1	457±8	2.321±0.009	0.108			
146.68-146.83（G）	3±0.04	0.048±0.000 1	372±7	1.951±0.007	0.105			
Orui-10b	28.35±0.07	543.1±1.7	265±1.2	0.538±0.003	0.598			
Orui-10c	22.51±0.06	445.1±1.4	256.4±1.2	0.527±0.003	0.6			
Orui-10d	23.07±0.06	409.8±1.3	286.3±1.3	0.554±0.003	0.6			
Orui-11a	29.83±0.07	486.7±1.6	312.9±1.4	0.583±0.003	0.601			
Orui-11b	30.84±0.08	461.9±1.6	341.9±1.6	0.609±0.004	0.593	（57.5±3.5）Ma	古新统	Rotich 等（2020）
Orui-11c	25.11±0.06	397.9±1.3	322.5±1.5	0.592±0.003	0.601			
Orui-11d	30.64±0.08	478.2±1.6	327.6±1.6	0.597±0.004	0.583			
Orui-11e	26.91±0.07	425.5±1.4	323.5±1.5	0.598±0.003	0.599			
Orui-11f	36.89±0.09	547.8±1.8	345.1±1.6	0.612±0.003	0.596			

续表

样品	Re / (ng/g)	Os / (ng/g)	$^{187}Re/^{188}Os$	$^{187}Os/^{188}Os$	Rho	年龄	地层	数据来源
TW-51	56.31±0.14	589.3±1.9	498.9±2.1	0.767±0.004	0.574			
TW-51*rpt	56.26±0.14	587.2±1.9	496.7±2.0	0.764±0.004	0.571			
TW-49	36.42±0.09	578.7±1.8	322.1±1.4	0.602±0.003	0.57			
TW-49*rpt	36.35±0.09	651.1±1.9	283.7±1.2	0.545±0.003	0.271			
TW-48	35.58±0.09	503.6±1.6	363.2±1.6	0.64±0.003	0.586			
TW-47	31.6±0.08	400.2±1.3	408.7±1.8	0.697±0.004	0.584	(57.5±3.5) Ma	古新统	Rotich 等 (2020)
TW-38	23.51±0.06	418.3±1.3	286±1.2	0.559±0.003	0.571			
TW-29	72.92±0.18	538.7±1.6	688.4±2.9	0.551±0.003	0.57			
TW-25	26.21±0.06	413.7±1.3	324.5±1.4	0.609±0.003	0.582			
TW-17	85.86±0.21	455.4±1.4	963.2±4	0.588±0.003	0.571			
MT3.19	11.83±0.03	228.1±0.7	264.7±1.2	0.623±0.003	0.584			
MT3.18	4.95±0.01	162.9±0.5	153.7±0.7	0.502±0.003	0.599	(61.9±13.5) Ma		
MT3.17	3.64±0.01	151.7±0.5	121.1±0.6	0.484±0.003	0.609			

3.2.1 元古代黑色页岩 Re-Os 同位素定年

Bertoni 等（2014）对巴西圣弗朗西斯科（Sao Francisco）盆地新元古代 Paracatu 组泥质板岩 Re-Os 同位素分析，获得了（1 002±45）Ma 的 Re-Os 等时线年龄（图 3.1），与 Rodrigues 等（2010）研究得到的 Paracatu 组锆石 U-Pb 结果（1 040 Ma）具有良好的吻合性，共同指示了巴西圣弗朗西斯科盆地 Paracatu 组的沉积年龄。

在我国南方广大地区，震旦系陡山沱组占据了新元古代埃迪卡拉纪 90% 的时间跨度，由于缺乏生物化石及锆石等矿物的同位素年龄约束，地层的划分和对比工作受到了约束。Zhu 等（2013a）选择湖北省三峡地区九龙湾陡山沱组顶部和底部的黑色页岩样品开展了 Re-Os 同位素定年研究，获得了（595±22）Ma 的 Re-Os 等时线年龄，为我国新元古界的形成时代提供了定量的年龄约束（图 3.2）。

华南新元古界至早古生界的对比及精确定年，曾是一个多年未很好解决的棘手问题，许多学者都曾尝试运用不同的同位素定年体系对其年龄进行厘定，但只有来自地层中火山岩夹层的锆石 U-Pb 年龄令人信服（杨竞红 等，2005）。Mao 等（2002）对华南下寒武统黑色页岩中的夹层钼镍矿石进行了 Re-Os 同位素分析，获得了（541±16）Ma 的等时线年龄（图 3.3），与该套页岩的 Pb-Pb 等时线年龄[（531±24）Ma]吻合性较好。

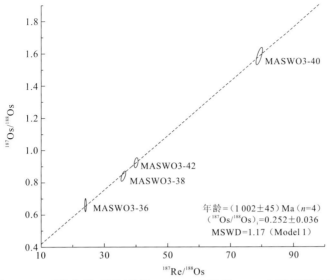

图 3.1　巴西圣弗朗西斯科盆地 Paracatu 组板岩 Re-Os 同位素等时线

（据 Bertoni et al.，2014 修改）

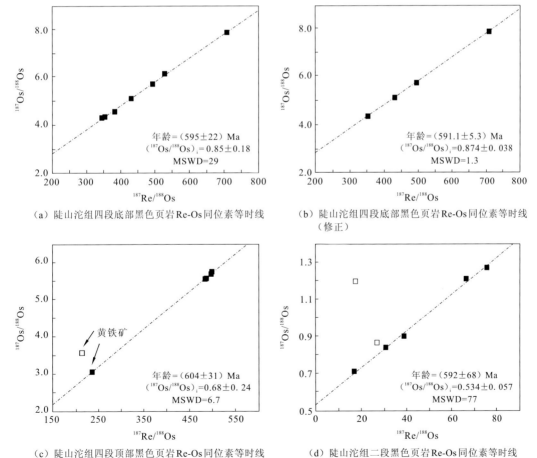

（a）陡山沱组四段底部黑色页岩 Re-Os 同位素等时线

（b）陡山沱组四段底部黑色页岩 Re-Os 同位素等时线（修正）

（c）陡山沱组四段顶部黑色页岩 Re-Os 同位素等时线

（d）陡山沱组二段黑色页岩 Re-Os 同位素等时线

图 3.2　三峡地区九龙湾陡山沱组黑色页岩 Re-Os 同位素等时线（据 Zhu et al.，2013a 修改）

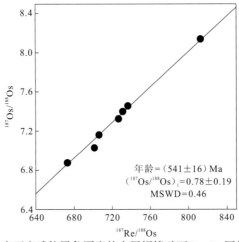

图 3.3 华南下寒武统黑色页岩的夹层钼镍矿石 Re-Os 同位素等时线
（据 Mao et al.，2002 修改）

3.2.2 古生代黑色页岩 Re-Os 同位素定年

Turgeon 等（2007）对美国纽约西部卡特罗格斯县（Cattaraugus County）西谷（West Valley）NX-1 钻井中一套泥盆系页岩样品进行了 Re-Os 同位素分析，获得了 Hanover 组黑色页岩中段与下段的 Re-Os 同位素年龄［（357±23）Ma、（374.2±4.0）Ma］，以及 Dunkirk 组黑色页岩 Re-Os 年龄［（367.7±2.5）Ma］，该 Re-Os 同位素定年为法门期—弗拉期（Frasnian—Famennian）地质界线提供了新的绝对年龄约束（图 3.4）。

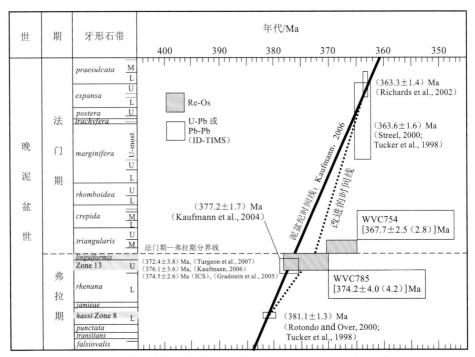

图 3.4 法门期—弗拉期地质界线时序（据 Turgeon et al.，2007 修改）

此外，Creaser 等（2002）对加拿大西部的艾伯塔盆地泥盆系 Exshaw 组黑色页岩开展了 Re-Os 同位素分析（图 3.5），获得的（358±10）Ma 年龄与已知的沉积年龄较为吻合（Tucker et al.，1998）。Yang 等（2004）对安徽铜陵老鸦岭钼矿体中的二叠系大隆组黑色页岩进行了 Re-Os 同位素定年（图 3.6），得到的 Re-Os 等时线年龄[（234.2±7.3）Ma]与晚二叠世的沉积时代吻合性较好。Tripathy 等（2014）分析了加拿大纽芬兰（Newfoundland）西部绿点寒武系—奥陶系全球层型剖面黑色页岩的 Re-Os 年龄，获得（484±16）Ma 的界面年龄，与前人通过生物地层获得的年龄在误差范围内相一致。

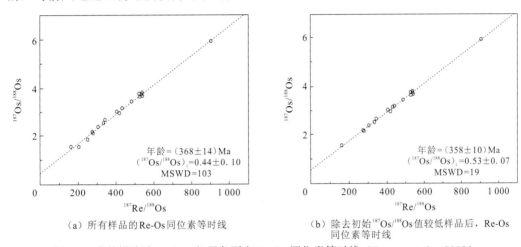

（a）所有样品的 Re-Os 同位素等时线　　（b）除去初始 ^{187}Os/^{188}Os 值较低样品后，Re-Os 同位素等时线

图 3.5　艾伯塔盆地 Exshaw 组黑色页岩 Re-Os 同位素等时线（Creaser et al.，2002）

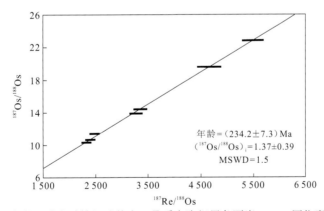

图 3.6　安徽铜陵老鸦岭钼矿体中二叠系大隆组黑色页岩 Re-Os 同位素等时线

（据 Yang et al.，2004 修改）

3.2.3　中生代黑色页岩 Re-Os 同位素定年

Xu 等（2014）对挪威卡尔王地群岛（Kong Karls Land）东部 7831/02-U-01 和 7831/02-U-02 钻井钻遇的 Botneheia 组与 Tschermakfjellet 组黑色页岩开展了细致的 Re-Os

同位素分析（图 3.7），获得了精确的地层年龄，提出了基于 Re-Os 同位素年代学划分的安尼阶—拉丁阶—卡尼阶（Anisian—Ladinian—Carnian）界限的绝对时标。Tripathy 等（2018）开展了挪威北部近海地区上侏罗统页岩 Re-Os 年代学的研究，获得地层底部和顶部年龄分别为（153.2±7.3）Ma 和（144.5±1.4）Ma，为侏罗系—白垩系的界线提供了新的年龄证据（图 3.8）。Van Acken 等（2019）对德国西南部早侏罗世波西多尼亚（Posidonia）页岩进行 Re-Os 年代学分析，获得了（183.0±2.0）Ma 的年龄。

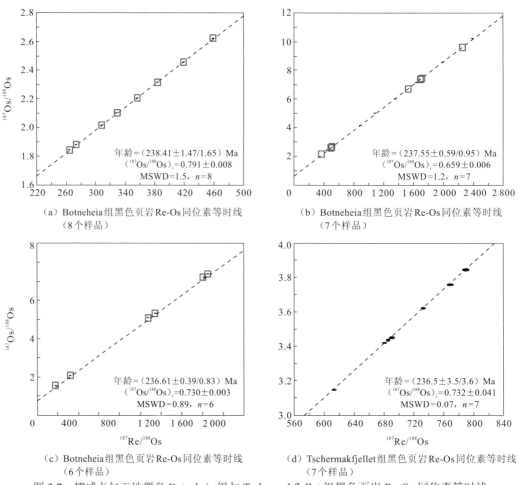

图 3.7　挪威卡尔王地群岛 Botneheia 组与 Tschermakfjellet 组黑色页岩 Re-Os 同位素等时线

（据 Xu et al.，2014 修改）

Selby 等（2007）对英国斯凯岛（Isle of Skye）斯塔芬湾（Staffin bay）侏罗系黑色页岩进行了 Re-Os 同位素定年，获得了（154.1±2.2）Ma 的等时线年龄，相比之前的认识（Gradstein et al.，2005）该年龄结果为钦莫利阶（Kimmeridgian）的起始时间提高了 45%（1.8 Ma）的精度（图 3.9）。

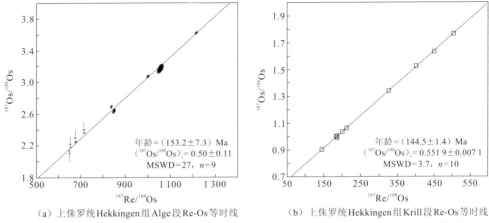

（a）上侏罗统 Hekkingen 组 Alge 段 Re-Os 等时线　　　　（b）上侏罗统 Hekkingen 组 Krill 段 Re-Os 等时线

图 3.8　挪威北部近海上侏罗统页岩 Re-Os 同位素等时线（据 Tripathy et al.，2018 修改）

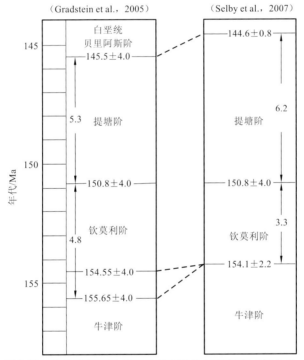

图 3.9　页岩 Re-Os 同位素年龄数据修正侏罗系钦莫利阶地层年代表（据 Selby et al.，2007 修改）

3.3　Re-Os-PGE 同位素体系及油源示踪

3.3.1　锇同位素–铂族元素联合油源示踪

　　传统的油源示踪技术利用生物标志化合物和碳同位素指示油源关系，在石油勘探领域得到了广泛的应用，但是生物降解作用会优先去除石油中的轻烃，从而增大油源示踪分析的难度。如世界上储量最大的加拿大西部油砂，研究人员对其石油的来源经过了几十年的研究也未能达成统一共识。锇同位素-铂族元素（Os-PGE）联合油源示踪法主要是利用石油和烃源岩中 Pt/Pd 值与 $^{187}Os/^{188}Os$ 值对其进行特征识别，并依此进行油源示踪。如果石油和烃源岩中 Pt/Pd 值与 $^{187}Os/^{188}Os$ 值具有较好的相似性（图 3.10），则说明两者之间存在一定的亲缘关系。Finlay 等（2012）对英国大西洋边缘区域（United Kingdom Atlantic Margin，UKAM）已知油源关系的油样与烃源岩样品进行了铂族元素

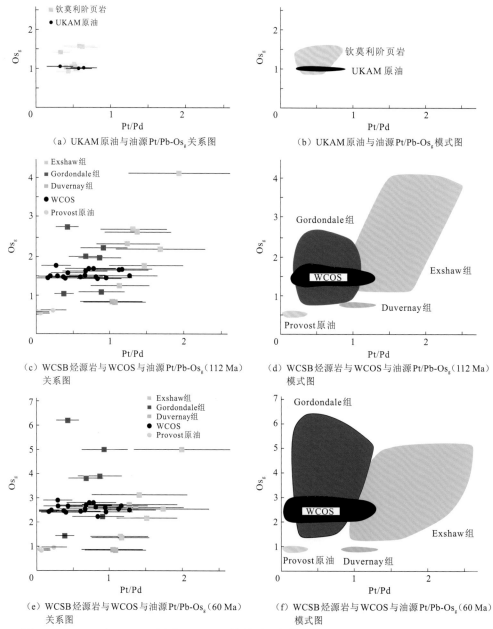

（a）UKAM 原油与油源 Pt/Pb-Os_g 关系图

（b）UKAM 原油与油源 Pt/Pb-Os_g 模式图

（c）WCSB 烃源岩与 WCOS 与油源 Pt/Pb-Os_g（112 Ma）关系图

（d）WCSB 烃源岩与 WCOS 与油源 Pt/Pb-Os_g（112 Ma）模式图

（e）WCSB 烃源岩与 WCOS 与油源 Pt/Pb-Os_g（60 Ma）关系图

（f）WCSB 烃源岩与 WCOS 与油源 Pt/Pb-Os_g（60 Ma）模式图

图 3.10　WCOS 与 UKAM 原油 Pt/Pd-Os_g 的关系图与模式图（据 Finlay et al.，2012 修改）

WCOS 为加拿大西部油砂，West Canadian oil sands；WCSB 为加拿大西部沉积盆地，

West Canadian sendimentary basin

（platinum group element，PGE）分析和 Os 同位素组成分析，证实了 PGE 分析与 Os 同位素组成在油源示踪研究中应用的可行性，并利用该方法对加拿大西部沉积盆地油砂的油源关系进行了研究，识别出了下侏罗统 Gordondale 组页岩烃源岩为加拿大西部油砂的主要油源（图 3.10）。

此外，单独利用 Re-Os 同位素体系进行油源示踪也在国外相对简单的油气系统中得到了一定的应用。Finlay 等（2011）对英国北海油田不同地区同一储层的 18 个油样进行了 Re-Os 同位素定年，得到了 Re-Os 同位素等时线年龄[(68±13)Ma]与初始 $^{187}Os/^{188}Os$ 值（1.05±0.05），Re-Os 同位素年龄结果与区域油藏演化的认识相互吻合，指示了烃源岩成熟、原油生成的时间；结合该生烃时间及烃源岩 Re-Os 同位素分析结果，获得烃源岩生烃时刻的 $^{187}Os/^{188}Os$ 值[（$^{187}Os/^{188}Os$）$_g$，Os_g]，从而开展油源对比示踪工作。通过对比分析，Finlay 等（2011）认为，英国北海油田研究区原油的主力烃源岩为上侏罗统页岩。Liu 等（2018）对加拿大西部杜维纳（Duvernay）盆地的沥青质进行 Re-Os 同位素定年，通过原油（$^{187}Os/^{188}Os$）$_i$ 与油田附近多套潜在烃源岩（$^{187}Os/^{188}Os$）$_g$ 结果对比，研究认为原油主要来源于上泥盆统 Duvernay 组页岩（图 3.11）。

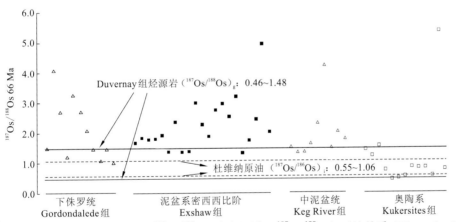

图 3.11　加拿大西部沉积盆地原油（$^{187}Os/^{188}Os$）$_i$ 与烃源岩（$^{187}Os/^{188}Os$）$_g$ 对比关系（Liu et al.，2018）

3.3.2　铂族元素在沥青-烃源岩对比中的应用

雪峰隆起西缘及其邻区是我国南方海相油气聚集的有利区带，漫长的地质演化过程中曾具备优越的大地构造位置和良好的生、储、盖配套组合（邓大飞 等，2014）。然而印支-燕山构造控制的隆升、剥蚀使大部分油藏遭受强烈的改造、破坏，形成一系列的古油藏，大量的沥青暴露在地表，现今发现的古油藏主要沿扬子地块边缘成带分布。此外，区域内多套有机质黑色岩系分布广泛、有机质含量高（王剑 等，2012）。古油藏沥青-烃源岩亲缘关系的确定是油气成藏改造过程分析的关键因素。

1. 样品选取信息

固体沥青样品采自雪峰隆起西缘下奥陶统红花园组和中寒武统敖溪组，烃源岩主要为下寒武统牛蹄塘组的泥岩（表 3.2，图 3.12）。5 个烃源岩样品分别采集于南山坪地区（NSP-S2）、王村地区（WG-S4-S）、万山地区（WS-S11-S）、凯里地区（KT-S1-S）和南皋地区（NG-S1-S）。7 个固体沥青样品，除万山地区样品采自中寒武统敖溪组外，其余地区的样品均采自下奥陶统红花园组。7 个沥青样品采自坡脚寨地区 4 个（PJZ-S5-B、MJ1-1、MJ1-1、MJ2-4）、火把寨地区 2 个（HBZ-S6-B、HBZ-S7-B）、万山地区 1 个（WS-S3-B）（图 3.13）。

表 3.2　雪峰隆起西缘烃源岩、固体沥青取样信息表

样品编号	经度/（°）	纬度/（°）	性质	位置	层位
NSP-S2	110.90	29.30	烃源岩	南山坪	$\epsilon_1 n$
WG-S4-S	109.84	28.49	烃源岩	王村	$\epsilon_1 n$
WS-S11-S	109.24	27.5	烃源岩	万山	$\epsilon_1 n$
KT-S1-S	108.15	26.69	烃源岩	凯里	$\epsilon_1 n$
NG-S1-S	107.88	26.38	烃源岩	南皋	$\epsilon_1 n$
PJZ-S5-B	107.74	26.23	固体沥青	坡脚寨	$O_1 h$
MJ1-1	107.74	26.23	固体沥青	麻江	$O_1 h$
MJ2-4	107.74	26.23	固体沥青	麻江	$O_1 h$
HBZ-S6-B	107.56	26.24	固体沥青	火把寨	$O_1 h$
HBZ-S7-B	107.56	26.24	固体沥青	火把寨	$O_1 h$
WS-S11-S	109.22	27.52	固体沥青	万山	$\epsilon_2 a$

$\epsilon_1 n$ 为下寒武统牛蹄塘组；$\epsilon_2 a$ 为中寒武统敖溪组；$O_1 h$ 为下奥陶统红花园组

（a）南山坪地区泥岩　　　　　　（b）万山地区泥岩
图 3.12　雪峰隆起西缘下寒武统黑色泥岩露头照片

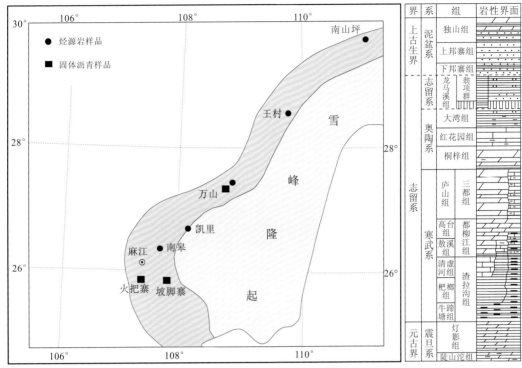

图 3.13　取样位置及层位图

2. 沥青–烃源岩对比结果

铂族元素常常用于示踪 Cu-Ni-PGE 矿床的成矿岩浆来源（宋谢炎 等，2009；倪善芹 等，2007），其在矿–源对比领域的广泛应用对固体沥青–烃源岩的对比不失借鉴意义。生烃母质的铂族元素特征极有可能被生成的油气保存下来，而且不因油藏破坏、氧化和生物降解作用而变化，具有比常规对比参数更高的稳定性。对采集的固体沥青和烃源岩样品进行铂族元素分析，测得了 Au、Pt、Pd 三种元素的含量（表 3.3），综合铂族元素及下奥陶统红花园组（O_1h）储层沥青的 R_o 数据（表 3.4），开展沥青–烃源岩示踪研究。

表 3.3　研究区固体沥青、烃源岩样品元素含量

样品	Au/(ng/g)	±2σ/(ng/g)	Pd/(ng/g)	±2σ/(ng/g)	Pt/(ng/g)	±2σ/(ng/g)
HBZ-S6-B	6.000	0.180	1.700	0.051	0.800	0.024
HBZ-S7-B	5.000	0.150	1.200	0.036	0.600	0.018
PJZ-S5-B	8.000	0.240	2.700	0.081	0.800	0.024
MJ1-1	6.000	0.180	0.500	0.015	<0.100	0.003
MJ1-2	7.000	0.210	1.000	0.030	0.400	0.012
WS-S3-B	21.000	0.630	9.300	0.279	0.700	0.021
MJ2-4	20.000	0.600	2.800	0.084	1.000	0.030

续表

样品	Au/(ng/g)	$\pm 2\sigma$/(ng/g)	Pd/(ng/g)	$\pm 2\sigma$/(ng/g)	Pt/(ng/g)	$\pm 2\sigma$/(ng/g)
NSP-S2-S	10.000	0.300	9.400	0.282	2.800	0.084
WG-S4-S	16.000	0.480	7.300	0.219	4.400	0.132
WS-S11-S	25.000	0.750	13.000	0.390	4.200	0.126
KT-S1-S	11.000	0.330	9.200	0.276	5.200	0.156
NG-S1-S	11.000	0.330	7.800	0.234	1.700	0.051

表 3.4　研究区下奥陶统红花园组（O_1h）储层沥青 R_o 数据统计表

层位	地点	样品类型	R_o/%	数据来源
O_1h	凯里	沥青	0.97	周锋（2006）
O_1h	坡脚寨	炭沥青	2.38	高波等（2012）
O_1h	麻江	炭沥青	1.80	杨平等（2014）
O_1h	火把寨	炭沥青	2.10	Fang 等（2011）

储层沥青 Pt/Pd-R_o 关系图（图 3.14）中可以看出，Pt/Pd 值并未随 R_o 呈现规律性的变化，而是整体趋于一致。因此，铂族元素随热成熟度的增加仍然具有良好的稳定性。依据样品采集位置统计的 Pt/Pd 值分布情况显示，在研究区范围内沥青和烃源岩 Pt/Pd 值具有良好的相似性（图 3.15），推测研究样品中的铂族元素不存在区域性的分异。综合以上分析，Pt、Pd 元素的富集受有机碳含量的控制，能够用于识别烃类来源；热演化作用并未破坏铂族元素的稳定性；Pt/Pd 值在雪峰隆起西缘地区不存在分异现象，保持着一定的区域稳定性。铂族元素（Pt/Pd）满足了油源对比的几个前提，可以将 Pt/Pd 值作为有效对比参数应用于古油藏中沥青来源的识别。

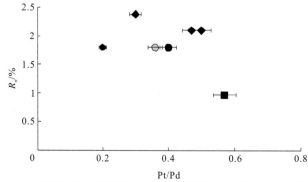

图 3.14　下奥陶统红花园组（O_1h）储层固体沥青的 Pt/Pd-R_o 关系图

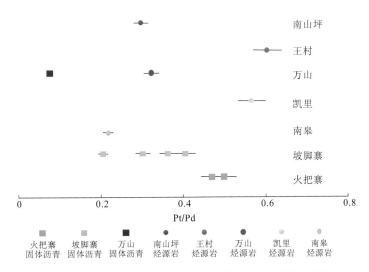

图 3.15　研究区烃源岩和固体沥青的 Pt/Pd 区域分布图

在此基础上，根据由检测下限值计算的铂族元素特征参数（Pt/Pd）与样品层位信息，绘制出了研究区烃源岩和固体沥青样品的 Pt/Pd 地层分布图（图 3.16）。结果显示，来自下奥陶统红花园组和中寒武统敖溪组的 7 个固体沥青样品，其 Pt/Pd 值为 0.08～0.50。下寒武统牛蹄塘组 5 个烃源岩样品 Pt/Pd 值为 0.22～0.60。固体沥青与烃源岩的 Pt/Pd 值具有较高的重合性，指示了储层沥青对其烃源岩中铂族元素的继承性。综上认为，麻江地区下奥陶统红花园组、万山地区中寒武统敖溪组的沥青与下寒武统牛蹄塘组的烃源岩具有亲缘关系。

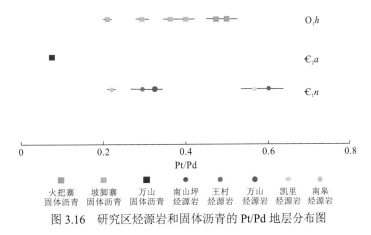

图 3.16　研究区烃源岩和固体沥青的 Pt/Pd 地层分布图

3.3.3　烃源岩 Re-Os 同位素定年实例分析

早期的研究，团队也尝试对雪峰隆起西缘下寒武统牛蹄塘组黑色页岩、南海北部珠江口盆地恩平组泥岩岩屑、塔里木盆地前寒武系黑色页岩开展了 Re-Os 同位素分析。对雪峰隆起西缘的 9 个下寒武统牛蹄塘组烃源岩样品进行了 Re-Os 同位素分析（表 3.5，图 3.17），获得的等时线年龄为（575±140）Ma[（$^{187}Os/^{188}Os$）$_i$=0.51±0.54，MSWD=3 846]，非常大的 MSWD 值可能与泥岩样品采集于相对零星分布的地区有关。根据样品在等时线中的分布，将其划分为两组，其中 5 个样品和 4 个样品分别获得（538±23）Ma[（$^{187}Os/^{188}Os$）$_i$=0.81±0.11，MSWD=11.3]和（537±31）Ma[（$^{187}Os/^{188}Os$）$_i$=0.81±0.15，MSWD=16]等时线年龄（图 3.18）。这两个年龄与 Mao 等（2002）获得的华南下寒武系黑色页岩（541±16）Ma 的年龄近于一致，揭示了华南下寒武统黑色页岩的形成时代。

表 3.5 雪峰隆起西缘下寒武统牛蹄塘组烃源岩 Re-Os 同位素测试数据表

样品号	Re±2σ /（ng/g）	Os±2σ /（ng/g）	^{187}Re±2σ /（ng/g）	^{187}Os±2σ /（ng/g）	$^{187}Re/^{188}Os$±2σ	$^{187}Os/^{188}Os$±2σ	Rho
WG-S2-S	1.009±0.007	44.570±0.336	0.634±0.003	5.629±0.74	135.714±1.435	1.998±0.022	0.543
WG-S3-S	0.200±0.006	8.882±0.370	0.125±0.003	1.094±0.141	134.022±12.783	1.918±0.232	0.707
WG-S4-S	14.480±0.048	827.153±3.428	9.1±0.034	25.143±15.364	94.627±0.505	1.060±0.006	0.553
WS-S9-S	0.536±0.006	87.378±1.321	0.337±0.003	5.576±1.562	34.385±1.003	1.365±0.052	0.648
WS-S11-S	64.413±0.211	1404.645±6.849	40.483±0.148	339.245±20.394	316.836±1.382	3.453±0.013	0.494
KT-S1-S	125.752±0.411	2062.964±10.054	79.035±0.289	711.146±25.869	487.538±1.986	5.185±0.016	0.466
NG-S1-S	32.519±0.110	926.943±5.950	20.437±0.075	186.032±14.176	229.994±1.414	2.890±0.020	0.609
HQ-S1-S	13.319±0.044	468.345±2.614	8.37±0.031	77.228±7.481	178.459±0.990	2.444±0.015	0.579
NSP-S2-S	29.749±0.101	1810.368±6.148	18.695±0.069	127.022±35.674	83.853±0.451	0.579±0.003	0.551

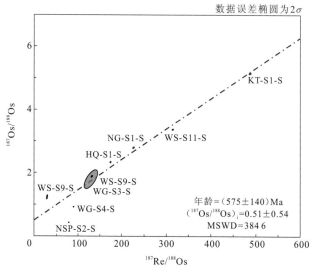

图 3.17 雪峰隆起西缘下寒武统牛蹄塘组烃源岩 Re-Os 同位素等时线

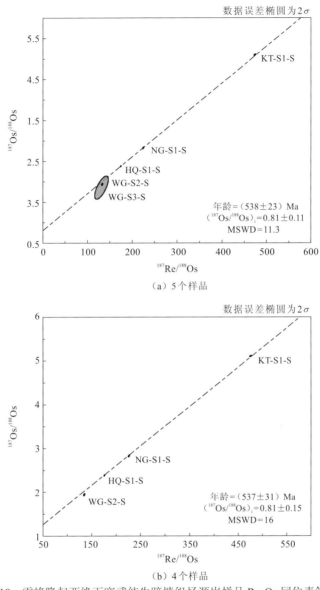

图 3.18　雪峰隆起西缘下寒武统牛蹄塘组烃源岩样品 Re-Os 同位素等时线

塔里木盆地前寒武系烃源岩 Re-Os 同位素分析未能获得相应的等时线年龄[(13±49) Ma，$(^{187}Os/^{188}Os)_i=1.16±0.29$，MSWD=397]。总结认为：实验的失败与早期研究过程中，对烃源岩 Re-Os 同位素封闭性理解不透，导致采集测试的泥岩样品质量低（泥岩样品风化作用较强、有些样品中甚至可以发现石英等热液作用脉体）密切相关（图 3.19）。南海北部珠江口盆地恩平组泥岩岩屑开展的 Re-Os 同位素测试[(68.4±28.2) Ma，$(^{187}Os/^{188}Os)_i=0.648±0.830$，MSWD=1.65]获得的偏老且具有较大年龄误差的等时线年龄指示钻井岩屑样品可能受到钻井过程中多种不确定因素的影响，不适合 Re-Os 同位素测试（图 3.20），需要严格按照要求进行采样。

图 3.19 塔里木盆地前寒武系烃源岩样品照片

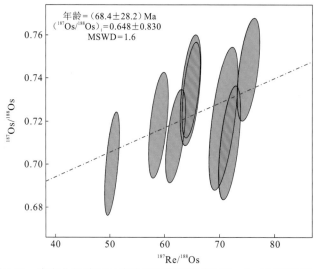

图 3.20 南海北部珠江口盆地恩平组泥岩岩屑 Re-Os 同位素等时线

第 4 章

原油 Re-Os 同位素
定年与示踪

4.1 原油中 Re-Os 的赋存状态

石油的成分主要有油质、胶质、沥青质、碳质。石油中的烃类按其结构不同，大致可分为烷烃、环烷烃、芳香烃和不饱和烃等几类。不同烃类对各种石油性质的影响各不相同。正确解释原油 Re-Os 等时线年龄的意义需要了解 Re、Os 在原油中的赋存状态，以及各种过程对 Re、Os 元素的影响及其关键控制因素。Selby 等（2007）通过对世界范围内 12 个原油样品进行 Re-Os 同位素分析，结果表明：原油中的 Re 和 Os 主要富集于沥青质中，以金属卟啉络合物的形式存在，与沥青质的含量成正比，相关系数分别为 0.98 和 0.97（图 4.1）。在沥青质含量<1%的轻质油中基本检测不到 Re 或 Os，大于 90%的 Re 和大于 83%的 Os 富集于原油中的沥青质中，极少量的 Re 和 Os 富集于低分子饱和烃中。因此，原油中沥青质组分的 Re、Os 同位素组成能够近似代表原油的 Re、Os 同位素组成。基于此，对原油进行 Re-Os 同位素分析实质就是对原油中的沥青质组分进行 Re-Os 同位素分析。

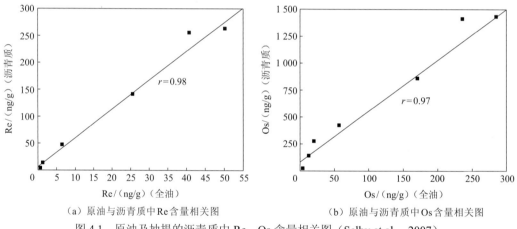

（a）原油与沥青质中Re含量相关图　　　　　（b）原油与沥青质中Os含量相关图

图 4.1　原油及抽提的沥青质中 Re、Os 含量相关图（Selby et al.，2007）

为了进一步证明沥青质是原油中 Re 和 Os 的主要载体，同时为了检验单个原油样 Re-Os 同位素测年法确定成藏年龄的可能性，Liu 等（2019）利用正庚烷和一系列正构烷烃溶液（从 n-C_5 到 n-C_{10}）等，将 6 种不同原油分成了不可溶的沥青质和可溶低分子饱和烃两个组分，然后对不同的组分进行了 Re-Os 同位素测定，探讨了多种原油不同馏分中 Re、Os 元素的地球化学行为。研究表明：Re、Os 元素及其同位素体系与沥青质的聚集和沉淀过程密切相关，随着沥青质的沉淀，Re 和 Os 含量会降低，$^{187}Re/^{188}Os$ 和 $^{187}Os/^{188}Os$ 组分呈现不同趋势，可以保持不变、减少或增加——没有观察到一致的模式（图 4.2），这意味着这些性质可能和特定的石油性质有关，如来源、成熟度和蚀变等（Liu et al.，2019）。根据原油中 Re 和 Os 的结合点和沥青质的结构，有学者认为原油中 Re 和 Os 位于多个自由化合物中，如稳定的卟啉和带有多个杂原子配体的分子，它们可能以自由分子的形式存在，最初被沥青质团聚体吸收和封闭，在正构烷烃的作用下与沥青质一起沉淀（DiMarzio et al.，

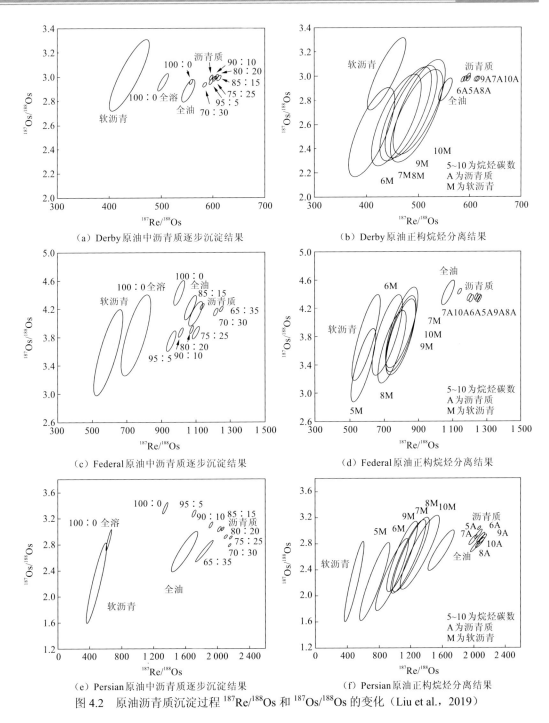

（a）Derby 原油中沥青质逐步沉淀结果　　　　（b）Derby 原油正构烷烃分离结果

（c）Federal 原油中沥青质逐步沉淀结果　　　　（d）Federal 原油正构烷烃分离结果

（e）Persian 原油中沥青质逐步沉淀结果　　　　（f）Persian 原油正构烷烃分离结果

图 4.2　原油沥青质沉淀过程 $^{187}Re/^{188}Os$ 和 $^{187}Os/^{188}Os$ 的变化（Liu et al.，2019）

2018；Selby et al.，2007）。DiMarzio 等（2018）研究还表明螯合 Re-Os 的络合物可能与吸收 Mo 和 Cd 的络合物相似，因为它们具有很强的相关性和相同的变化规律，Re 和 Os 与 Mo 和 Cd 可能在络合物中占据了相似的化合物结合位置。因此，原油中 Re、Os 元素和同位素体系行为可能主要表现为 Re 和 Os 载体参与沥青质的聚集和沉淀及原油的化学组成。使用单一原油进行 Re-Os 同位素测试来获得与含油气系统演化有关的有意义的年龄数据可能并不容易。因此,目前利用全油中沥青质组分开展 Re-Os 同位素测试,代替原油 Re-Os 分析进行油气成藏年代学研究,是获得有价值的含油气系统演化年代学信息的主要途径。

4.2　原油 Re-Os 同位素研究现状

由 4.1 节原油中 Re-Os 的赋存状态可知,原油中 Re 和 Os 主要以杂原子配体或金属卟啉等有机复合物的形式存在于沥青质组分中,且同位素体系不易被后期改造作用破坏而保持良好的封闭体系。即使在还原-氧化环境相互变化的过程中,Re 和 Os 也能稳定地保存在干酪根、沥青和原油中,保持同位素体系的封闭性(Selby et al.,2007;Selby and Creaser,2005a)。Creaser 等(2002)研究表明,在油气生成和运移过程中,烃源岩中的 Re 和 Os 会随着含烃流体一起发生迁移,原油中 Os 同位素比值发生均一化重新达到平衡,并且 Re/Os 值会发生一定程度的分异,因而可以构成同位素等时线。

Re-Os 同位素分析首次应用于对加拿大艾伯塔地区巨型油砂矿及重油分布区。油砂含有较高的有机质,具有较强的富集 Re、Os 的能力,是开展 Re-Os 同位素体系研究的理想对象。Selby 和 Creaser(2005a)对采自加拿大艾伯塔地区巨型油砂矿中 7 个矿区的油砂和重油样品进行了 Re-Os 同位素研究(图 4.3):样品中 Re、Os 的含量分别为 3～50 ng/g 和 25～290 pg/g,$^{187}Os/^{188}Os$ 值高达 350～1450,Os 同位素组成表现出高放射性特征;获得的 Re-Os 等时线年龄为(111.3±5.3)Ma,被笼统地解释为油气生成和运移的时间(图 4.3);初始 $^{187}Os/^{188}Os$ 值[($^{187}Os/^{188}Os$)ᵢ]为 1.43±0.11,指示油气来源于太古宙烃源岩,排除了白垩系黑色页岩的可能性。这一开拓性的研究对指导同类型资源的勘查和确定含油气系统油气生成的绝对年龄具有重要的意义。

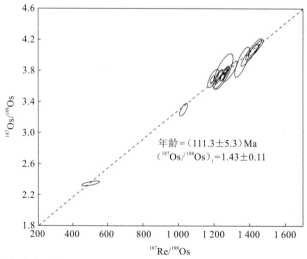

图 4.3　加拿大艾伯塔地区油砂 Re-Os 等时线年龄(Selby and Creaser,2005a)

Finlay 等（2011）对原油开展了 Re-Os 同位素直接定年的工作。选择英国苏格兰东北部大西洋边缘西设得兰群岛含油气系统中 18 个原油样品进行了有机地球化学和 Re-Os 同位素分析。结果表明：原油中沥青质含量 0.4%～8.0%，Re 的含量为（0.74±0.04）～（20.8±0.1）ng/g，Os 的含量为（45.4±0.7）～（349.2±3.1）pg/g，Re-Os 等时线年龄为（68±13）Ma[MSWD=20，图 4.4（a）]。该年龄近似于通过生排烃法、盆地模拟法和 ^{40}Ar/^{39}Ar 定年获得的油气大量生成的时间[图 4.4（b）]，进而认为原油的 Re-Os 同位素年龄记录了油气生成的时间。基于等时线年龄 68 Ma 计算初始 ^{187}Os/^{188}Os 值[（^{187}Os/^{188}Os）$_i$]为 1.05±0.05（18 个样品分布于 0.92～1.12），介于上侏罗统海相页岩的 ^{187}Os/^{188}Os 分布范围内（0.9～2.4），而小于中侏罗统页岩的 ^{187}Os/^{188}Os 分布（1.28～1.77），据此推断原油中的 Os 最可能继承于上侏罗统海相页岩，该结论与有机地球化学的研究结果相一致。因此，原油中的 Os 同位素组成可以用来进行油源对比，不同的 Os 同位素组成代表了不同烃源岩的贡献。

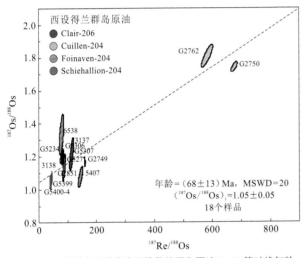

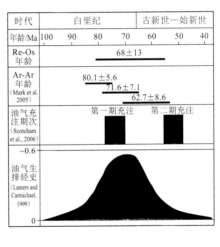

（a）英国大西洋边缘西设得兰群岛原油 Re-Os 等时线年龄　　　（b）Re-Os 年龄与其他定年结果的比较分析

图 4.4　英国大西洋边缘西设得兰群岛原油 Re-Os 年龄及其与

其他结果的对比（Finlay et al.，2011）

Lillis 和 Selby（2013）对美国比格霍恩盆地 Phosphoria 原油中的沥青质进行了 Re-Os 同位素定年分析，基于大部分样品的分析结果获得了（232±43）Ma [（^{187}Os/^{188}Os）$_i$ = 0.93±0.61，MSWD=1 596]的等时线年龄，这一结果与 Phosphoria 原油开始形成和运移的大致时间（约晚三叠世）基本吻合，但是偏差较大，具有很大的离散性（MSWD=1596）。为了降低数据点的离散性，减小年龄的误差，Lillis 和 Selby（2013）也探讨了水洗淋滤作用和生物降解作用、TSR 对测试结果的影响，发现生物降解作用或水洗淋滤作用并不会影响 Re-Os 同位素体系的封闭性，而 TSR 能够扰动 Re-Os 同位素体系，使得 Re-Os 同位素体系发生重置。

4.3　塔北哈拉哈塘原油 Re-Os 同位素定年

4.3.1　原油的地球化学特征

塔里木盆地是中国最大的含油气盆地，蕴藏了丰富的石油和天然气资源。塔北哈拉哈塘油藏是近年来勘探发现的一个大型油藏（图 4.5），研究认为它具有超过 6 亿 t 的原油储量（Zhu et al.，2013b）。对前期的原油及潜在烃源岩的地球生物标志化合物分析，认为寒武系玉尔吐斯组和奥陶系良里塔格组泥岩是该地区的主力烃源岩（Xiao et al.，2016；Zhu et al.，2013b；Chang et al.，2013；Lu et al.，2008）（图 4.6）。现今的埋藏历史模拟结果及流体包裹体数据指示，在塔北哈拉哈塘地区存在晚志留世、晚二叠世和新近纪等多期次的油气运聚过程（Zhu et al.，2013b；Chang et al.，2013；斯尚华，2013；肖晖 等，2012）。因此，塔北哈拉哈塘油气的演化仍然存在原油的烃源岩归属、原油的生成时间及油气藏的运移聚集时间三个主要问题。

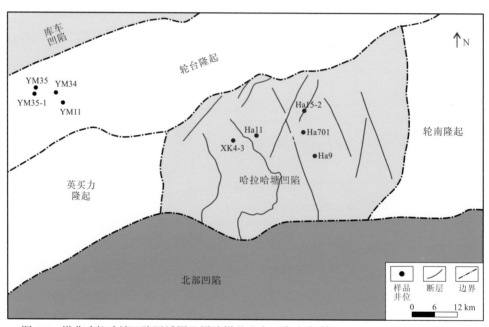

图 4.5　塔北哈拉哈塘凹陷区域图及原油样品分布（朱光有 等，2013；Zhu et al.，2012）

1. 原油样品与实验方法

选取塔北哈拉哈塘地区 5 口油井（Ha9、Ha11、Ha15-2、Ha701 及 XK4-3）中的原油开展生物标志化合物及原油的 Re-Os 同位素分析。所有的原油样品均来自奥陶系一间房组，埋藏深度为 6 550～6 850 m（表 4.1）。原油的密度、黏度、API 度分别为 0.833～1.011 g/cm^3、3.15～342.3 mPa·s、8.46～38.37。关于原油的组成，其中石蜡、硫、饱和

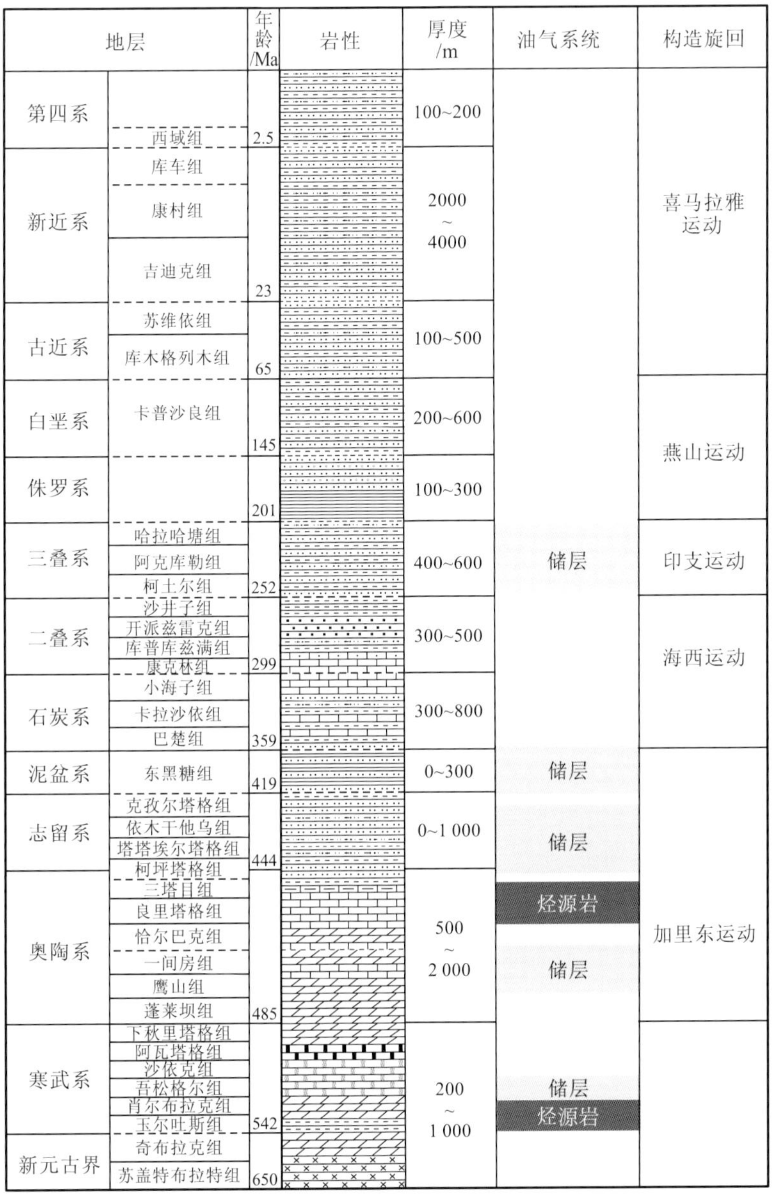

地层		年龄/Ma	岩性	厚度/m	油气系统	构造旋回
第四系		2.5		100~200		喜马拉雅运动
	西域组					
新近系	库车组			2000~4000		
	康村组					
	吉迪克组	23				
古近系	苏维依组			100~500		
	库木格列木组	65				
白垩系	卡普沙良组	145		200~600		燕山运动
侏罗系		201		100~300		
三叠系	哈拉哈塘组			400~600	储层	印支运动
	阿克库勒组					
	柯土尔组	252				
二叠系	沙井子组			300~500		海西运动
	开派兹雷克组					
	库普库兹满组					
	康克林组	299				
石炭系	小海子组			300~800		
	卡拉沙依组					
	巴楚组	359				
泥盆系	东黑糖组	419		0~300	储层	加里东运动
志留系	克孜尔塔格组			0~1 000	储层	
	依木干他乌组					
	塔塔埃尔塔格组					
	柯坪塔格组	444				
奥陶系	三塔目组			500~2 000	烃源岩	
	良里塔格组					
	恰尔巴克组				储层	
	一间房组					
	鹰山组					
	蓬莱坝组	485				
寒武系	下秋里塔格组			200~1 000		
	阿瓦塔格组					
	沙依克组				储层	
	吾松格尔组					
	肖尔布拉克组					
	玉尔吐斯组	542			烃源岩	
新元古界	奇布拉克组					
	苏盖特布拉特组	650				

图 4.6 塔北地区地层序列、油气系统及构造事件图

（Lin et al.，2015；Zhang and Huang，2005）

烃、芳香烃、树脂和沥青质组分的含量分别约为 6.0%、0.6%、56.1%、16.5%、4.7% 及 18.7%。除了 Ha701 井中获取的原油，其余原油样品表现出较低的成熟度（<0.90）、高 API 度（>29）及较低的沥青质含量（<25%）（表 4.1），这些结果表明哈拉哈塘原油为轻质原油。Ha701 井中获取的原油具有较高的黏度（约 342）及高沥青质含量（约 34%）和 API 度特征（8.46），具有稠油的表现形式（Schenk et al.，2006；Manning and Thompson，1995；张鹏举等，1990）。

表 4.1　塔北哈拉哈塘油藏原油的物理性质

井号	深度/m	层位	密度/ (g/cm³)		黏度/(mPa·s)，50 ℃	API度	石蜡含量/%	硫含量/%	饱和烃含量/%	芳香烃含量/%	树脂含量/%	沥青质含量/%
			20 ℃	50 ℃								
Ha9	6 598~6 710	奥陶系一间房组	0.879	0.859	6.92	29.48	3.80	0.84	57.33	10.00	6.67	23.33
Ha11	6 658~6 748	奥陶系一间房组	0.833	0.812	2.62	38.37	6.10	0.50	64.67	14.33	3.67	14.33
Ha15-2	6 559~6 598	奥陶系一间房组	0.844	0.822	3.15	36.15	8.60	0.63	56.00	18.00	4.33	18.67
Ha701	6 557~6 618	奥陶系一间房组	1.011	0.992	342.3	8.46	—	0.67	46.92	13.36	3.42	33.56
XK4-3	6 834~6 850	奥陶系一间房组	0.880	0.86	7.96	29.30	5.90	0.59	55.49	26.55	5.24	3.56

原油的生物标志化合物分析、Re-Os 同位素分析分别在中国地质大学（武汉）及英国杜伦大学完成。双面抛光的 Ha9 井奥陶系一间房组生物碎屑灰岩流体包裹体晶片（约 100 μm）被用来进行含烃流体的包裹体分析，实验在法国南希矿业学院流体包裹体实验室完成。

2. 生物标志化合物特征

5 个原油样品中检测到了丰富的生物标志化合物（如烷烃、萜烷和甾族）信息（表 4.2）。Ha9、Ha701、XK4-3 三口井上原油的色质谱图上表现出明显的鼓包（unresolved complex mixture，UCM）特征（图 4.7）。这一特征表明来自 Ha9、Ha701、XK4-3 的原油曾经经历过一定程度的生物降解。这一发现也同时与在原油色质谱分析中检测出的 25-降藿烷相互吻合（Wenger and Isaksen，2002）（表 4.2）。尽管这些原油遭受了一定程度的生物降解作用，生物标志化合物分析仍然检测出了丰富的烷烃（图 4.7）。色质谱特征显示，原油的碳优势指数（carbon preference index，CPI）为 0.58~1.20（表 4.2）。5 个原油样品的 Pr/Ph 值（0.68~0.97）特征显示原油来自缺氧环境（Peters et al.，2005；Didyk et al.，1978）。所有油样品中都检测到了三环萜烷和藿烷（$m/z=191$）（图 4.7）。C_{19}~C_{30} 三环萜烷均检测获得，其中 C_{20}、C_{21} 和 C_{23} 三环萜烷呈现逐渐上升的趋势（图 4.7）。C_{19}/C_{23} 三环萜烷值（0.12~0.20）、C_{23}/C_{21} 三环萜烷值（1.78~2.37）及 C_{24} 四环萜烷/C_{26} 三环萜烷值（0.42~0.49）显示原油样品来源于海相沉积环境（Zumberge，1987；Peters and Moldowan，1993）（表 4.2）。实验检测到 C_{27}~C_{35} 藿烷，藿烷峰值为 C_{29} 或 C_{30}。藿烷丰度在 C_{31}~C_{35} 呈现逐渐下降趋势（图 4.7）。此外，还检测出 C_{30} 重排藿烷（DH_{30}）、Ts（18α（H）-22，29，30-三降藿烷）、Tm（17α（H）-22，29，30-三降藿烷）、伽马蜡烷、C_{29} 25-降藿烷（25-nor-hopane）等化合物。其中，除了 Ha15-2 原油具有较低的

Ts/（Ts＋Tm）值（约 0.03），其余样品的 Ts/（Ts＋Tm）值为 0.37～0.55。DH_{30}/H_{30} 和伽马蜡烷/H_{30} 分别为 0.03～0.13 和 0.05～0.19，均值分别为约 0.09 和 0.12（表 4.2）。25-降藿烷/藿烷为 0.15～2.61（表 4.2）。实验还检测到了丰度高的甾烷，如 C_{21} 孕甾烷、C_{22} 甾烷、重排甾烷、C_{27}～C_{29} 规则甾烷（图 4.7）。其中，孕甾烷/升孕甾烷（S_{21}/S_{22}）为 2.98～5.69，均值为 4.03。所有原油的 C_{27}、C_{28}、C_{29} 规则甾烷丰度表现出相似的 V 形分布，各个组分的含量分别为 50.2%、14.6% 及 35.1%，其中 C_{27} 规则甾烷具有最高的丰度。$C_{29}\alpha\alpha\alpha20S/（20S＋20R）$ 甾烷及 $C_{29}\beta\beta/（\beta\beta＋\alpha\alpha）$ 甾烷分别为 0.30～0.48 和 0.55～0.58，对应于成熟度指标 R_o 为 0.5～0.8，显示原油具有中等偏低的成熟度（Peters et al.，2005；Seifert and Moldowan，1986），这一结论也与 CPI 结果相吻合（Marzi et al.，1993）。此外，有机地球化学参数显示哈拉哈塘原油具有较低的盐度，经历过生物降解作用，有机质来源为缺氧海洋条件下沉积的低等藻类化合物（Peters et al.，2005）。

表 4.2　塔北哈拉哈塘油田原油样品生物标志化合物参数结果

样品	Ha9	Ha11	Ha701	XK4-3	Ha15-2
Pr/C_{17}	0.27	0.39	0.23	0.47	0.04
Pr/C_{18}	0.55	0.51	0.64	0.56	0.07
Pr/Ph	0.87	0.94	0.68	0.97	0.93
CPI	0.58	1.18	1.20	0.65	1.04
TR23/TR21	2.02	2.17	2.37	1.78	1.91
TR23/TR24	1.75	1.67	1.93	1.60	1.72
TR19/TR23	0.13	0.20	0.12	0.20	0.16
tT24/TR26	0.49	0.46	0.42	0.47	0.42
Ts／（Ts+Tm）	0.38	0.55	0.37	0.38	0.03
Gam/H_{30}	0.19	0.12	0.15	0.05	0.07
DH_{30}/H_{30}	0.10	0.03	0.13	0.10	0.10
$Nor_{25}H/H_{30}$	1.15	0.35	2.61	0.64	0.15
S_{21}/S_{22}	3.12	2.98	4.20	5.69	4.15
$C_{27}R$/%	56.69	37.40	65.37	49.64	42.20
$C_{28}R$/%	7.56	20.07	7.02	15.96	22.70
$C_{29}R$/%	35.75	42.53	27.60	34.39	35.11
$C_{29}\alpha\alpha\alpha20S/(20S+20R)$	0.30	0.44	0.48	0.47	0.48
$C_{29}\beta\beta/(\beta\beta+\alpha\alpha)$	0.57	0.55	0.57	0.57	0.58

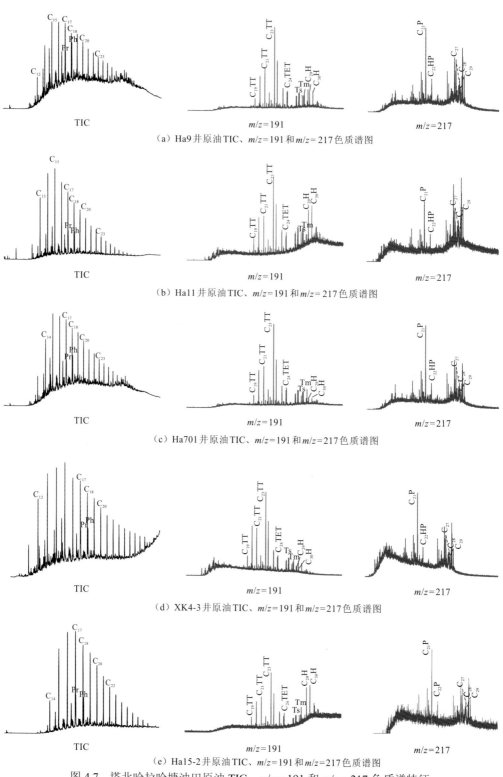

（a）Ha9井原油TIC、$m/z=191$和$m/z=217$色质谱图

（b）Ha11井原油TIC、$m/z=191$和$m/z=217$色质谱图

（c）Ha701井原油TIC、$m/z=191$和$m/z=217$色质谱图

（d）XK4-3井原油TIC、$m/z=191$和$m/z=217$色质谱图

（e）Ha15-2井原油TIC、$m/z=191$和$m/z=217$色质谱图

图4.7　塔北哈拉哈塘油田原油TIC、$m/z=191$和$m/z=217$色质谱特征

TIC为总离子流谱图（total ion chromatogram）

3. 原油的成熟度及来源

原油的生物标志化合物分子组成（正构烷烃、萜烷、甾烷）记录了有关原油来源、变迁、演化等重要信息（Wu et al.，2012；Peters and Moldowan，1993；Zumberge，1987）。Ha9、Ha701 及 XK4-3 井上原油的气相色谱分析显示的鼓包，C_{29} 25-降藿烷的存在都显示哈拉哈塘原油经历过弱生物降解作用（Wenger and Isaksen，2002）（图 4.7，表 4.2）。根据正构烷烃组成计算的 CPI 来反映原油的成熟度，通常来讲，原油成熟度越高，CPI 越接近 1（Marzi et al.，1993）。哈拉哈塘原油的 CPI 为 0.58～1.20，其中 Ha15-2 原油 CPI 为～1.04，Ha9 和 XK4-3 原油样品 CPI 较低（0.58～0.65），而 Ha11 和 Ha701 的 CPI 较高（1.18～1.20）。CPI 显示哈拉哈塘原油成熟度不均一，其中 Ha15-2 原油具有最高的成熟度而其他原油为低-中等成熟度（表 4.2），Ts/Ts＋Tm 和 DH_{30}/H_{30} 也能够反映原油的成熟度，较小的比值一般对应较低的成熟度（Peters and Moldowan，1993）。本次测试获得的较低的 Ts /（Ts＋Tm）（约 0.34）及 DH_{30}/H_{30}（约 0.09）也反映哈拉哈塘原油具有低-中等的成熟度（表 4.2）。C_{29} 甾烷是表征烃类成熟度的一个重要指标（Peters and Moldowan，1993；Brooks and Welte，1984）。实验测试获得的 $C_{29}\alpha\alpha\alpha S/(S+R)$（约 0.43）和 $C_{29}\beta\beta/(\beta\beta+\alpha\alpha)$（约 0.57）对应的镜质体反射率（$R_o$）约为 0.8，这一结果也显示哈拉哈塘原油具有低-中等的成熟度。三环萜烷是重要的油源对比及油-油对比的指标，来自同一套烃源岩的原油具有相似的三环萜烷特征（Zumberge，1987）。哈拉哈塘原油具有很高的三环萜烷丰度（图 4.7），此外，油样的三环萜烷比值［如 TR23/TR21（约 2.05）、TR23/TR24（约 1.73）、TR19/TR23（约 0.16）及 tT24/TR26（约 0.45）］具有很强的相似性（表 4.2），这些结果指示原油为同一母系来源。同时，哈拉哈塘地区相似的孕甾烷/升孕甾烷（S_{21}/S_{22}）也可以印证这一结论。

姥鲛烷/植烷（Pr/Ph）是一种有效判断烃源岩沉积环境的正构烷烃参数，其中较小的比值（＜1.0）和较大的比值（＞3.0）分别指示缺氧环境和陆相环境（Hunt，1979）。哈拉哈塘原油较低的 Pr/Ph 值（0.68～0.97）指示原油来自海相缺氧还原条件。C_{27}、C_{28}、C_{29} 规则甾烷的相对含量也用来反映烃源岩类型，其中 C_{27} 规则甾烷来自海相浮游生物，而 C_{29} 规则甾烷来自陆相高等植物（Peters and Moldowan，1993）。C_{27}、C_{28}、C_{29} 规则甾烷的 V 形分布特征及 C_{27} 规则甾烷较高的物质组成特征显示哈拉哈塘原油主要是低等藻类来源（Peters et al.，2005）（图 4.7）。原油气相色谱的鼓包及降藿烷的存在反映哈拉哈塘原油曾经经历过生物降解作用。然而，鼓包上方相对完整的正构烷烃组成暗示在哈拉哈塘地区生物降解作用不强或者存在原油的二次运移聚集过程（朱光有 等，2013；肖晖 等，2013；Zhu et al.，2012；Lu et al.，2008）（图 4.7）。对于 Ha15-2 原油，尽管大多数生物标志化合物参数与其他四口井具有相似的特征，但是异常的成熟度参数指标［CPI＝约 1.04，Ts/（Ts＋Tm）=0.03］及生物降解指标（$Nor_{25}H/H_{30}$＝约 0.15）（表 4.2），指示 Ha15-2 原油可能遭受过弱裂解或者更为强烈的生物降解作用。

总之，气相色质谱分析显示哈拉哈塘原油来自同一套海相环境烃源岩，原油具有低-中等成熟度，经历过生物降解作用。Ha15-2 原油地球化学结果的差异可能指示原油经历过原油裂解及剧烈的生物降解等后期改造作用。

4.3.2 原油 Re-Os 同位素定年及意义

1. Re-Os 同位素实验结果

五口井中原油的沥青质的 Re、Os 同位素丰度分别为 0.06～9.47 ng/g 和 4.9～57.2 pg/g（表 4.3）。所有原油的 Re、Os 丰度均高于地壳丰度（Re 为 0.198 ng/g，Os 为 31 pg/g）（Rudnick and Gao，2003；Esser and Turekian，1993），而与前人测试获得的原油及沥青质的 Re、Os 同位素丰度相似或者偏低（Ge et al.，2016；Georgiev et al.，2016；Cumming et al.，2014；Lillis and Selby，2013；Finlay et al.，2011；Selby et al.，2005）。原油的 $^{187}Re/^{188}Os$ 为 78～1 655，放射性 $^{187}Os/^{188}Os$ 组成为 1.48～4.68（表 4.3）。对 Ha9 井及 Ha12 井原油沥青质的重复样分析，得到了几乎相同的 $^{187}Re/^{188}Os$（125.4、125.2、1 655.2、1 636.7）及 $^{187}Os/^{188}Os$ 实验结果（1.66、1.74、2.25、2.25）（表 4.3）。相似的重复样分析报告也被早期的实验所验证（Lillis and Selby，2013；Selby et al.，2005）。较低的 Re 和 Os 同位素丰度及有限的沥青质增加了 Re-Os 分析的难度。所有 5 个 Re-Os 同位素数据没有得到有意义的年龄结果，究其原因是样品 Ha15-2 有特殊的 Re-Os 同位素组成。去除 Ha15-2 样品，其余 4 个样品（含 1 个重复样）得到了一个较好的 Re-Os 同位素等时线年龄，（285±48）Ma（$n=5$，MSWD=6.1），其中初始 $^{187}Os/^{188}Os$ 值为 1.08±0.20（图 4.8）。

表 4.3 塔里木盆地哈拉哈塘油田原油 Re-Os 同位素数据结果

样品	Re /(ng/g)	±2σ /(ng/g)	Os /(pg/g)	±2σ /(pg/g)	^{192}Os /(pg/g)	±2σ /(pg/g)	$^{187}Re/^{188}Os$	±2σ	$^{187}Os/^{188}Os$	±2σ	Rho
Ha9	0.81	0.01	37.4	0.4	12.9	0.2	125.4	2.8	1.66	0.04	0.723
Ha9rpt	1.23	0.02	57.2	0.7	19.5	0.4	125.2	3.2	1.74	0.04	0.732
Ha11	0.56	0.02	12.1	0.5	3.9	0.4	283.3	30.4	2.30	0.24	0.920
Ha701	0.07	0.01	4.9	0.3	1.7	0.2	78.7	16.0	1.48	0.19	0.612
XK4-3	0.85	0.02	8.8	0.6	2.3	0.5	736.8	147.9	4.68	0.93	0.989
Ha15-2	9.47	0.02	35.2	0.5	11.4	0.2	1 655.2	39.7	2.25	0.05	0.970
Ha15-2rpt	5.86	0.02	22.0	0.4	7.1	0.3	1 636.7	59.9	2.25	0.08	0.983

2. Re-Os 同位素等时线年龄的意义

除了 Ha15-2 原油，其余所有原油的 Re-Os 数据得到一组（285±48）Ma[$(^{187}Os/^{188}Os)_i$=1.08±0.20，MSWD=6.1]的等时线年龄。其中较大的年龄误差（约 17%）及 MSWD 与较低的 Re、Os 同位素丰度及有限的 $^{187}Os/^{188}Os$ 值变化范围有关（表 4.3）。然而，约 285 Ma 的 Re-Os 等时线年龄与前人关于塔里木盆地北缘原油生成时间的认识较为吻合（Zhu et al.，2013b，2012）。塔里木盆地北部哈拉哈塘和英买力油藏的盆地埋藏历史模拟显示，古生代的烃源岩在晚石炭世至早二叠世埋深至 3 000 m，达到生烃门限开始生

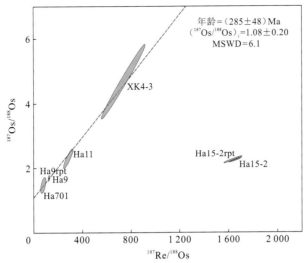

图 4.8　哈拉哈塘油田原油（Ha9，Ha9rpt，Ha11，Ha701，XK4-3）

Re-Os 同位素等时线年龄

油（Zhu et al.，2013b，2012）。尽管具有较大的年龄误差，相比于约束油气运聚时间的流体包裹体、盆地模拟、储层伊利石 K-Ar 年龄结果，整体偏老的 Re-Os 同位素年龄（约 285 Ma）显示其很可能代表哈拉哈塘凹陷原油的生成时间。

不同于其他原油样品，Ha15-2 样品在 Re-Os 同位素等时线图上显示出异常大的 $^{187}Re/^{188}Os$ 值（图 4.8）。此外，地球化学指标[CPI=1.04，Ts/（Ts+Tm）=～0.03，$C_{29}Nor_{25}H/H_{30}=0.15$]也显示 Ha15-2 原油样品具有更高的成熟度或者遭受过严重的生物降解作用。流体包裹体结果中显示的含有少量较高的均一温度（＞120℃）及较高的甲烷体积（约 90 μm³）也显示哈拉哈塘凹陷中的原油可能经历过热裂解作用。更重要的是，哈拉哈塘地区单井的埋藏历史结果显示，古生界新近系上层埋深至 7 km 以上（Zhu et al.，2012），储层温度已经达到 150℃，虽然储层在该温度条件下的时间较短（约 10 Ma），但仍然可能导致少量的原油发生热裂解作用。美国比格霍恩盆地南曼德尔森地区的原油（Lillis and Selby，2013）及中国麻江-万山地区的焦沥青（Ge et al.，2016）的 Re-Os 同位素分析都显示，受高温控制的原油裂解作用会破坏乃至重置烃类（原油、沥青）的 Re-Os 同位素系统。虽然还有其他的可能性，但是 Ha15-2 原油显示的高成熟度地球化学参数、Ha9 井流体包裹体分析显示的高均一温度、高甲烷含量的结果及现今的单井埋藏历史结果都显示，哈拉哈塘凹陷可能遭受了一定程度的原油裂解作用（Hill et al.，2003；Huc et al.，2000），从而导致了 Ha15-2 原油较为迥异的 Re-Os 同位素特征（Ge et al.，2016；Lillis and Selby，2013）。

4.3.3　成藏的关键时刻及演化过程

1. 流体包裹体分析

流体包裹体反映了微米尺度流体（油、气、液）在沉积盆地烃类演化过程中与流经的围岩的相互作用（Cooley et al.，2011）。流体包裹体在分析含油气盆地流体活动中流体的温度、压力、组成等方面发挥着重要作用。此外，流体包裹体分析对于理解油气的运移聚集过程、预测烃类的分布特征等也具有重要的帮助（Bourdet et al.，2010；Pironon，2004；Teinturier et al.，2002）。

Ha9 井流体包裹体晶片由微晶和粗方解石胶结物组成的颗粒物（鲕粒，棘皮动物和软体动物）充填。实验分析了胶结物及方解石颗粒中的流体包裹体。含烃流体包裹体及盐水包裹体主要分布于方解石胶结物和方解石替代颗粒的热作用微裂缝中。含烃流体包裹体（长轴 2～10 μm，图 4.9）为富含液体的两相（L＋V，L＞V）包裹体。这些包裹体在紫外荧光下呈现出蓝色、绿色、黄色荧光，在透射光下为棕色。同一晶体内的一些流体包裹体具有较高的气液比，指示存在可能泄漏或收缩等后期扰动。不同成熟度或者经历了多期次运移的烃类经常有不同的荧光颜色（陈红汉，2014；Stasiuk and Snowdon，1997；McLimans，1987；Burruss et al.，1985）。不同于哈拉哈塘西部英买力地区流体包裹体的结果（Zhu et al.，2013b），哈拉哈塘流体包裹体特征显示该地区经历了更为复杂的烃类演化过程。例如，含烃流体包裹体中表现出少量具有高成熟度蓝色荧光特征，这可能与晚期的烃类运移有关（Guo et al.，2016；Shi et al.，2015；苏爱国 等，1991；Bodnar，1990）。

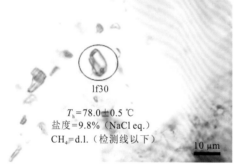 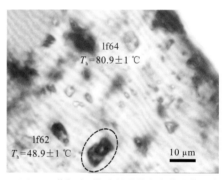

（a）Ha9井气液两相盐水流体包裹体显微照片　　　　（b）Ha9井气液两相含烃流体包裹体显微照片

图 4.9　Ha9 井盐水包裹体及含烃流体包裹体显微照片

大多数的盐水包裹体为两相包裹体（L＋V，L＞V）（图 4.9）。此外，也发现了少量单一相的盐水包裹体。所有的盐水包裹体长为 2～15 μm。盐水包裹体和含烃流体包裹体经常共同存在于同一个微裂缝中，指示它们具有共生关系。

含烃流体包裹体的均一温度为 24.6～122 ℃，其中大部分包裹体均一温度为 24.6～79.9 ℃［图 4.10（a）］。盐水包裹体的均一温度为 61.2～141.0 ℃［图 4.10（b）］。与盐水包裹体共生的含烃流体包裹体的均一温度为 61.2～102.3 ℃，平均值为 82.1 ℃［图 4.10（a）］。计算获得的流体盐度为 6.7%～20.4%（NaCl eq.）（Dubessy et al.，2002），其中绝大多数位于 12%～16%（NaCl eq.）。与含烃流体包裹体共生的盐水包裹体盐度为 8.6%～15.1 %（NaCl eq.）［图 4.10（b）］。

对 14 个盐水包裹体进行了激光拉曼光谱分析。一个均一温度为 83.2 ℃的共生含烃流体包裹体，由于其与所有样品的均一温度平均值相近，被用来进行估算流体包裹体捕

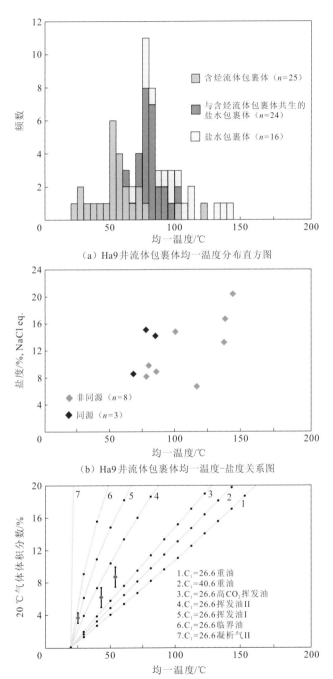

（a）Ha9 井流体包裹体均一温度分布直方图

（b）Ha9 井流体包裹体均一温度-盐度关系图

（c）Ha9 井流体包裹体均一温度-气体体积分数关系图

图 4.10　Ha9 井流体包裹体均一温度分布直方图、均一温度-盐度关系图、
含烃流体包裹体均一温度-气体体积分数关系图

获条件（图 4.11）。选取方解石中 11 个流体包裹体开展甲烷组成及盐度测试。实验结果显示，只有两个样品的甲烷浓度超过了检出限（0.017 mol/L 和 0.075 mol/L）。流体包裹体热力学模拟使用 CH_4-H_2O-NaCl 系统（Duan et al.，1992），含烃流体热力学模拟用来估计液态烃及含烃流体包裹体的捕获条件（Pironon，2004）（图 4.11）。

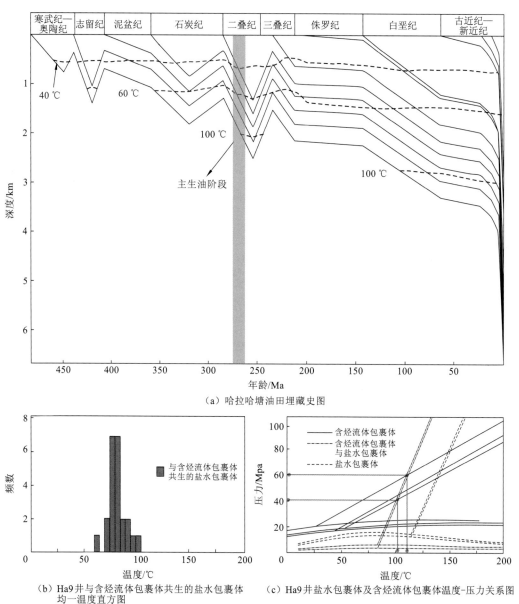

（a）哈拉哈塘油田埋藏史图

（b）Ha9 井与含烃流体包裹体共生的盐水包裹体均一温度直方图

（c）Ha9 井盐水包裹体及含烃流体包裹体温度-压力关系图

图 4.11　哈拉哈塘油田含油气系统关键时刻厘定图

2. 关键时刻解析

根据盐水包裹体的均一温度与盐度关系图[图 4.10（b）]，可以将流体分为两组：①具有均一温度小于 100 ℃和盐度小于 15%的流体；②均一温度大于 110 ℃，而盐度为 6%～

22%的流体。这一分类也显示至少存在两次的流体充注过程。含烃流体较为宽泛的均一温度[24～122 ℃]也反映流体曾经经历过后期的改造破坏。这一认识也与流体包裹体气体体积分数和均一温度（T_h）的正相关关系相互支持[图 4.10（c）]（Bourdet et al.，2008）。

首先，较高均一温度（＞100 ℃）流体包裹体具有较高的气体体积分数（13.9％），指示流体包裹体存在后期的改造作用。流体包裹体后期的热裂解能够导致均一温度的降低（Okubo，2005），本次研究中，两个具有最低均一温度的含烃流体包裹（25 ℃和43 ℃）具有最大的甲烷体积（约 95 μm³ 和 84 μm³），这一结果与 Ha15-2 井原油地球化学指标指示的哈拉哈塘原油可能遭受过热裂解作用相吻合。由于含烃流体包裹体的均一温度也可以被破坏作用和重新平衡作用等改造或者破坏（Larson et al.，1973），与烃类流体共生的盐水包裹体被用来限定流体的捕获温度（Nedkvitne et al.，1993；Visser，1982）。流体包裹体的等容线以虚线的形式呈现在温度-压力图上[图 4.11（c）]。为了进行比对，在图 4.11（c）上也投影了不与含烃流体包裹体共生的盐水包裹体。与含烃流体包裹体共生的盐水包裹体的均一温度呈单峰分布（61～102 ℃；均值＝82.1 ℃，n＝23）[图 4.11（b）]。选取与含烃流体包裹体共生的盐水包裹体均一温度（83.2 ℃）及盐水包裹体平均均一温度（～82.0 ℃），两个均一温度值来进行流体包裹体捕获条件分析[图 4.11（c）]。图 4.11（c）的实线是图 4.10（c）中三个含烃流体包裹体的等容线。这些含烃流体包裹体等容线[图 4.11（c）]中的实线和与含烃流体包裹体共生的盐水包裹体的交点，指示流体包裹体的捕获温度为 100～110 ℃，捕获压力为 39～59 MPa[图 4.11（c）]。

盆地模拟与流体包裹体结合分析油气系统的充注历史已经被广泛应用（Guo et al.，2012；Cao et al.，2006；Roberts et al.，2004）。在哈拉哈塘盆地，基于 Ha601 井和 Ha9 井的盆地模拟结果，显示早古生代烃源岩在石炭纪—二叠纪曾经埋藏至 3 500 m，并且经历过一期烃源岩成熟及原油生成。将本次流体包裹体分析获得的均一温度数据投影至盆地模拟结果上，结果显示在二叠纪存在一期持续的原油运移[图 4.11（a）]。这一结果与早期前人在哈拉哈塘地区开展的流体包裹体分析结果类似，进一步证实在该地区存在一期发生在晚二叠世的油气运移事件（肖晖 等，2012）。

自生伊利石矿物是油气运移至储层之前最后一期形成的矿物（Hamilton et al.，1989）。如果烃类流体进入储层，烃类的注入会导致伊利石停止生长。基于这一发现，最后一期伊利石形成的时间可以用来确定烃类充注或运移的最老年龄（Hogg et al.，1993）。由于伊利石富含丰富放射性同位素 ⁴⁰K，从而可以通过放射性定年约束其形成时间（Hamilton et al.，1989）。尽管在哈拉哈塘地区没有砂岩储层，然而位于哈拉哈塘油藏西北部约 30 km 的英买力油藏，与奥陶系烃源岩直接接触的志留系柯坪组砂岩发育良好（李玉胜 等，2009）。前人发表志留系柯坪组砂岩储层伊利石 K-Ar 同位素数据也可以间接地帮助理解哈拉哈塘油藏的油气演化（Zhu et al.，2012；张有瑜和罗修泉，2011；张有瑜 等，2007）。实验结果显示，来自不同井位（YM11、YM34、YM35、YM35-1）、不同深度的 7 个砂岩样品呈现从北西[（293±2）Ma]向南东[（255±3）Ma]方向，伊利石 K-Ar 年龄不断减小的趋势（Zhu et al.，2012；张有瑜和罗修泉，2011；张有瑜 等，2007）。相比于志留系柯坪组沉积年龄，年轻的伊利石 K-Ar 年龄指示这些砂岩样品没有或者较少遭受碎屑伊利石的干扰，而测定的伊利石 K-Ar 年龄总体上指示伊利石形成的时间。除了距离哈拉哈塘油藏较近的英买力油藏，在塔里木盆地的其他地区，如哈拉哈塘油藏以南 50 km 和 100 km 的北部拗陷地区和塔中地区，自生伊利石 K-Ar 年龄分别显示约 250 Ma 和约 230 Ma。值得注意的是，塔里木盆地中部及北部所有这些自生伊利石年龄结果（230～280 Ma）与流体包裹体分析及盆地模拟结果具有良好的一致性，都指示原油的运移及聚集主要发生在中-晚二叠纪。

3. 成藏演化过程

综合原油的 Re-Os 同位素定年结果、流体包裹体分析测试结果，以及早期的哈拉哈塘地区乃至整个塔里木盆地北缘的盆地模拟结果和自生伊利石 K-Ar 同位素定年结果，哈拉哈塘油藏油气演化过程总结如下（图4.12）。加里东运动以后，志留系遭受剥蚀（Lin et al.，2015）；塔里木盆地在石炭纪—二叠纪进入拉张性沉积环境（张光亚 等，2007），在此期间持续的沉降导致古生界寒武系—奥陶系烃源岩持续埋深（＞3 500 m）并达到生油窗，原油也正是在早二叠世生成（原油的 Re-Os 同位素年龄为 285 Ma）；随后，天山洋盆的闭合引起的晚期海西运动导致塔里木盆地在中-晚二叠世存在一期隆升剥蚀作用，后期的抬升作用也导致了原油生成作用停滞（Lin et al.，2015）；与此同时，构造不稳定区域及由构造作用而形成的断层为油气运移聚集提供了良好的运移路径（Zhu et al.，2013d）。盆地模拟及流体包裹体的分析结果及早期涵盖整个塔里木盆地的自生伊利石 K-Ar 同位素定年结果（280～230 Ma）（Zhu et al.，2013c，2012；张有瑜和罗修泉，2011；张有瑜 等，2007）都指示烃类的主要运移聚集时间为晚二叠世，部分发生在早三叠世。中生代以来，塔里木盆地进入陆相沉积环境（Zhang and Huang，2005）。盆地埋藏历史结果显示哈拉哈塘凹陷自晚三叠世以来经历了持续的沉积，并在新近纪存在一期十分迅速的沉积过程[图4.12（d）]。这一作用导致了奥陶系储层巨大的埋深（～7 000 m）。这样一种深埋藏、高温（＞150 ℃）的储层条件很容易导致原油发生裂解作用。流体包裹体分析发现的少数高均一温度、高甲烷含量的含烃流体包裹体，Ha15-2 井原油特殊的 Re-Os 同位素特征都指示在哈拉哈塘地区可能存在热裂解作用。然而，整体上较为统一的原油地球化学指标（图4.7，表4.2）、流体包裹体分析结果（图4.9）及原油 Re-Os 同位素数据（图4.8）也都指示哈拉哈塘地区的原油仅仅少量发生裂解作用。这也与哈拉哈塘地区多为油井，大多数井产气量较低，且基本属于原油伴生气（Zhu et al.，2013c）相一致。从天然气的地球化学特征来，哈拉哈塘地区奥陶系天然气碳同位素总体上表现为 $\delta^{13}C_1 < \delta^{13}C_2 < \delta^{13}C_3 < \delta^{13}C_4$ 的正常系列分布特征，表明天然气为典型的有机成因气（Dai et al，2004），$\delta^{13}C_2 < 28‰$ 指示其为腐泥型天然气。其中，甲烷碳同位素 $\delta^{13}C_1$ 为-53‰～-46.3‰，$\delta^{13}C_2$ 为-41.1‰～-36.1‰，属于典型海相原油伴生成因天然气（Zhu et al.，2013c）。

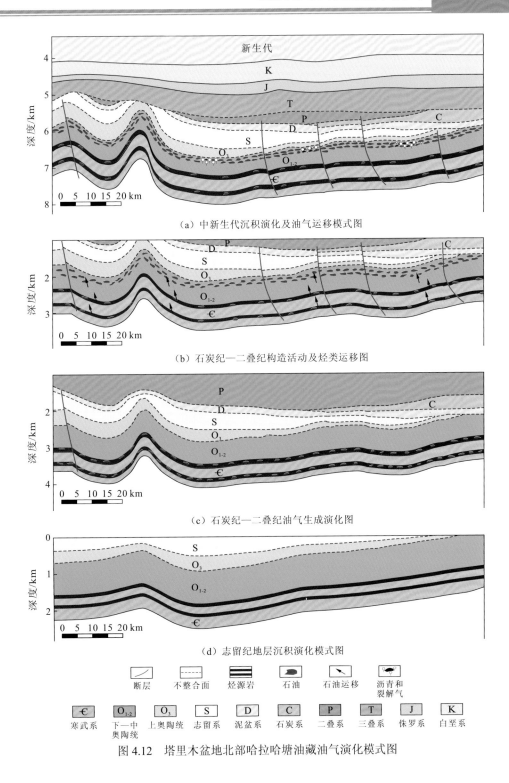

（a）中新生代沉积演化及油气运移模式图

（b）石炭纪—二叠纪构造活动及烃类运移图

（c）石炭纪—二叠纪油气生成演化图

（d）志留纪地层沉积演化模式图

图 4.12　塔里木盆地北部哈拉哈塘油藏油气演化模式图

第 5 章

沥青 Re-Os 同位素定年与示踪

5.1 沥青的类型及成因

油气藏是生、储、盖、圈、运、保等多因素有机结合的产物，成藏的关键在于成藏要素在时间和空间的配置是否恰当，特别是烃源岩生烃史、储层孔隙形成史和圈闭形成史的有机结合。地质历史时期曾经形成的油藏，经后期地质作用破坏会留下各种迹象，最常见的就是以沥青的形式存在，一般称为古油藏（韩世庆 等，1982）。古油藏的宏观标志就是储层中的沥青，这些沥青为石油热裂解、氧化或生物降解作用的产物。储层沥青在世界各地储层中广泛分布，其形成、演化与油气藏的演化历史息息相关（张敏，1996），对正确认识油气藏的形成、演化具有举足轻重的作用，可为油气藏的成因研究提供重要依据（肖贤明 等，2000），对客观认识整个油气成藏规律并指导油气勘探部署具有重要的意义。

5.1.1 沥青的分类及产状

1. 沥青的定义与分类

Rogers 等（1974）最早研究和定义储层沥青（reservoir bitumen），通过系统地研究加拿大西部盆地储层的热成熟作用，认为储层沥青由石油衍生而来，存在于晶洞或粒间孔隙中，是石油热变质过程中天然裂解的产物，随着埋藏深度的增加，固体沥青不断发生聚合或增碳缩合作用，沥青的物理化学性质发生有规律的变化。

目前，对沥青的分类没有统一的认识。Rogers 等（1974）根据沥青现今的位置，将沥青分为原位沥青（自生）及运移沥青（储层）。原位沥青包括煤和沥青母源，主要与烃源岩相关；运移沥青来自原油的热改造、气侵、水洗和生物降解等复杂演化作用生成的不同形式和不同特征的沥青，可溶及不溶沥青均有可能存在。根据天然沥青在二硫化碳（CS_2）中的溶解性及化学特征，可分为可溶的沥青质沥青和不溶的焦沥青，这些都可以是储层沥青。焦沥青主要来自原油热裂解后期甲烷生成阶段（Huc et al.，2000）。Jacob（1989）根据反射率、荧光和浸油或苯中的显微溶解度及不同化学性质划分出地（软）沥青、硬沥青、辉沥青、脆沥青、韧沥青、黑沥青和地蜡等类型（表5.1）。Wu 等（2000）根据沥青的形成阶段，将沥青分为原地沥青、自生沥青和二次沥青三类；并根据沥青成熟度的差异，将自生沥青又划分为前油沥青及后油沥青。傅家谟等（1989）在对我国南方碳酸盐岩和北方燕山地区碳酸盐岩储层沥青进行研究的基础上，根据沥青的产出特点，将其划分为原生-同层沥青、后生-储层沥青、岩浆热变质沥青和表生-浅层氧化沥青四大类。邱蕴玉和黄华梁（1994）根据储层沥青的演化（水洗、生物降解、热演化等作用）特征，将储层沥青分为热演化型、先氧化后演化型、脱沥青作用型、氧化型、先氧化后期叠加热解解的氧化型三大类五小类。Xiao 等（2007）认为沥青质沥青是可以溶解于有机溶剂的部分，与油更为亲近；焦沥青则是后期演化作用的产物，不溶于有机溶剂，属于储层沥青。无论是自生沥青还是储层沥青，它们的根本来源都是烃原岩中的有机质干酪根。烃原岩的热解生油模拟结果显示，干酪根生油过程存在不同的演化阶段，分别生

表 5.1　沥青的分类表（Jacob，1989）

项目	参数	地沥青	地（软）沥青	硬沥青	辉沥青	脆沥青	韧沥青	黑沥青	焦沥青 浅成	焦沥青 中成	焦沥青 深成	注
物理性质	颜色	—	黑褐	黑	—	黑	—	黑	黑	黑	黑	
	条痕	—	褐	黑	—	黑	—	黑褐	黑	黑	黑	
	密度	0.8~0.9	1.0~1.1	1.0~1.1	1.1~1.15	1.15~1.25	1.0~1.1	1.1~1.2	1.2	—	1.7	
	R_o/%	(<0.01)~0.02	0.02~0.07	0.07~0.11	0.11~0.3	0.3~0.7	(<0.01)~0.1	0.1~0.7	0.2~2.0	2.0~3.5	3.5~10	标准=1%
	荧光	(9.0~)>50	(0.4~)>4.0	0.05~0.4	0.05~0.2	<0.05	0.1>2.0	<0.1	<0.02	<0.01	<0.01	
	微溶解性	可溶	可溶	可溶	可溶	微溶~不溶	不溶	不溶	不溶	不溶	不溶	油浸和石油醚
	微流点/℃	(30~)>90	<104	104~164	104~164	(>164)~287	不流	不流	不流	不流	不流	
	软化点/℃	~110	~110	110~177	110~177	177~316	—	—	177~316	177~316	177~316	
化学性质	C/%	84~89	75~86	85~86	80~85	83~90	72~84	(93~)>92	88	—	93	C 高/H 低~C 低/H 高
	H/%	11~17	11~13	9~11	7~11	6~9	8~13	6~13	2	—	6	C 高/H 低~C 低/H 高
	O/%	(<0.1)~0.8	(<0.1)~1.0	(<0.1)~1.0	(<0.1)~1.0	0.5~1.0	0.7~1.0	0.1~1.0	0.7	—	2.0	
	N/%	(<0.1)~0.5	1.0~3.0	2.0~4.0	(<0.1)~2.0	0.1~2.0	2.0~5.0	0.1~3.0	0.7	—	2.0	
	S/%	(<0.1)~1.5	0.2~6.0	0.1~3.0	(<0.1)~8.0	1.0~8.0	1.0~6.0	<0.1~7.0	1.0	—	4.0	
	C/H	7.6~5.3	6.8~6.6	9.4~7.8	11~7.7	13.8~10	9~6.5	13.8~7.1	44	—	15.5	
	C/H	7.1~5.3	7.8~5.8	9.0~7.7	12.1~7.3	15~9.2	10.5~5.5	15.3~6.4	46.5	—	14.7	
	饱和烃/%	58~80	9~18	1~7	1~7	<1~3	2~9	1~12	—	—	—	
	芳烃/%	7~14	18~31	2~18	2~18	2~13	1~9	9~28	—	—	—	
	非烃/%	1~7	13~38	15~38	15~38	5~25	6~45	15~53	—	—	—	
	沥青质/%	1~8	7~38	12~68	12~68	50~90	22~55	15~54	—	—	—	
	挥发物/%	>99	>99	80~90	65~80	45~65	75~95	45~75	19~45	8~19	<8	

成低成熟沥青（bitumen）、石油以及高成熟度的焦沥青（pyrobitumen），焦沥青可来自石油及自生沥青。虽然对沥青的分类还存在一些争议，但是目前普遍的观点大都认为储层沥青是聚集在储层中的原油经历后生蚀变作用的产物。

2. 沥青的产状

沥青的产状是指岩石中的烃类与围岩的成因联系、赋存状态与分布特征（郭汝泰 等，2002）。储层沥青普遍充填于各类孔隙空间中，尤以裂缝、晶洞、晶间孔、溶蚀孔缝洞、缝合线、化石体腔、粒间孔隙及次生孔隙中常见，呈脉状、团块、条带状、环状、斑点、浸染状、粒状和不规则状等（Huc et al.，2000；Lomando，1992）。根据储层沥青的产状及分布特征并结合成岩作用，就可以对烃源岩生排烃期进行有效分析，也可以结合构造演化史，分析沥青的形成时期，并以此来判断油气藏的演化史（肖贤明 等，2000，张敏和蔡春芳，1997）。例如，普光气田飞仙关组和长兴组储层普遍含有沥青，岩心检测固体沥青有多种产出形态，粒间孔、晶间孔、溶蚀孔洞及各种裂缝中均可见到沥青（图5.1）。荧光观察结果表明，飞仙关组储层见红色荧光和不发荧光两种沥青（图5.2），表明储层曾为原油普遍充注，后期原油发生裂解，形成残留沥青；并且沥青至少形成于两个时代，也说明普光气田飞仙关组储层中至少经历过两期油气成藏。

（a）粒间孔、晶间孔沥青　　　　　　　　　　（b）溶蚀孔洞沥青

图5.1　储层沥青的产出状态图（沈传波，2006）

（a）不发荧光的沥青　　　　　　　　　　　（b）发红色荧光的沥青

图5.2　沥青的荧光颜色（沈传波，2006）

5.1.2　沥青的物化特征

沥青的描述参数主要包括溶解性、硬度、颜色、密度、黏度、条纹、裂缝、光泽、质地、放射性、产状、分布、类型等（Meyer and De Witt Jr，1990；Rogers et al.，1974）。区分不同类型的沥青主要根据溶解性、H/C 原子比、反射率及生物标志化合物特征等来进行。

1. H/C 原子比

H/C 原子比是有机地球化学中用以研究有机质演化程度比较常用的成熟度指标（Hwang et al.，1998；傅家谟 等，1989；Rogers et al.，1974）。储层沥青的 H/C 原子比是反映热蚀变增强的敏感指示剂，它和储层沥青的碳稳定同位素值一起用来判别蚀变过程。随着储层沥青演化（变质）程度的增加，储层沥青的 H/C 原子比减小。Rogers 等（1974）曾将储层沥青的 H/C 原子比作为研究加拿大西部盆地储层沥青热演化程度的主要指标。Jacob（1989）的沥青分类方案中，H/C 原子比也是一个重要的指标（表 5.1）。

2. 沥青反射率

自 20 世纪 70 年代，沥青反射率被用作成熟度指标（Bertrand，1993；Jacob，1989；丰国秀和陈盛吉，1988）。沥青反射率与镜质体反射率相似，它们之间的换算关系虽然目前还没有取得统一的认识（高志农，1999），但现有几个相关关系式被广泛应用。沥青反射率作为有机成熟度指标的可靠性取决于沥青的形成时间、期次和成因类型（王飞宇 等，1995）。沥青的反射率一般随温度升高而增大，因此热裂解成因的储层沥青的反射率一般高于非热裂解成因的储层沥青的反射率。储层沥青的反射率记录的是储层沥青形成以后所经历的埋藏史与热史，因此根据盆地的埋藏史与热史，可推断储层沥青形成的地质时间，进而确定相关油气生成与运移的地质时间。肖贤明 等（2000）用改进后的 Karweil 方法以塔里木盆地塔中地区为例提出了应用沥青反射率推算油气生成与运移地质时间的原理与方法，为沥青的地质应用提供了新的思路。例如，实测川东北地区庙坝古油藏吴家坪组沥青反射率为 1.65%，换算成 R_o 为 1.42%，达到了成熟晚期生气阶段。根据庙坝地区的埋藏史和热史，将其热成熟作用划分为两个阶段：第一阶段为三叠纪－中侏罗世末，此阶段的特点是地层快速埋藏，升温快，达到最大古地温，热成熟作用明显，有效受热时间约 60 Ma；第二阶段为晚侏罗世－始新世，此阶段地层整体抬升剥蚀，地温逐渐下降，热成熟作用达到平衡，经历的有效时间为 102 Ma。设以上两个阶段的成熟度作用标尺分别为 Z_1 和 Z_2，对应温度分别为 T_1 和 T_2，受热时间分别为 t_1 和 t_2，则总成熟度作用标尺 $Z = Z_1 + Z_2$。其中 Z 由沥青反射率（R_b）换算成镜质体反射率（R_o）后在改进的 Karweil 图解中获得，$Z = 0.323$，Z_1 和 Z_2 可根据受热温度与有效受热时间在改进的 Karweil 图解中计算求得。据此，结合庙坝地区地质背景，应用上述原则与公式，对沥青形成时代进行推算（图 5.3）：Z_1（90 ℃，60 Ma）= 0.028；Z_2（98 ℃，102 Ma）= 0.295。进而推算沥青形成的地质时代为 162 Ma（中侏罗世末），代表了油气生成与运移的主要时间。

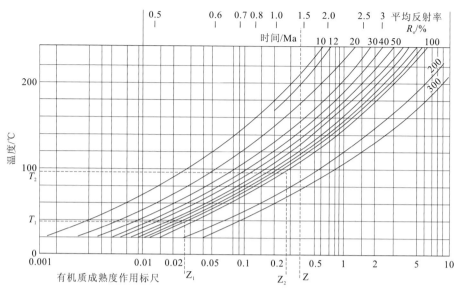

图 5.3　Karweil 图解法计算庙坝古油藏储层沥青形成的地质时间（肖贤明 等，2000）

此外，还可以通过沥青的拉曼光谱分析揭示沥青的演化程度。例如，普光气田飞仙关组储层沥青的激光拉曼光谱分析具有两个一级峰（图 5.4），即与有机质分子结构中的双碳原子伸缩振动频率有关的"石墨峰"（拉曼位移约 1 600.5 cm^{-1}）和属于非晶质石墨不规则六边形晶格结构的振动模式且与分子结构单元间的缺陷有关的"缺陷峰"（拉曼位移约 1 323.8 cm^{-1}）（何谋春 等，2005），这表明飞仙关组储层沥青的演化程度非常高，部分已接近石墨阶段。这与沥青反射率（表 5.2）揭示的热演化程度非常吻合。

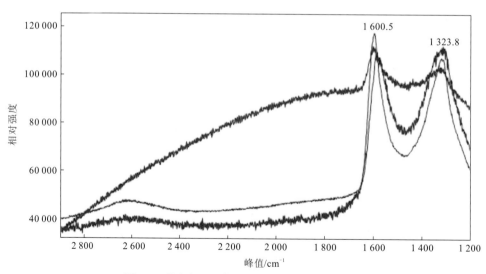

图 5.4　普光气田飞仙关组储层沥青拉曼光谱图

表 5.2　普光气田 PG-2 井储层沥青反射率实测值

样品号	深度/m	层位	岩性	R_b/%	测点数	R_o/%	沥青产状
PG2-1	2 550.15	J_1z	砂岩	1.41	24	1.27	断裂
PG2-2	3 409.70	T_3x	砂岩	2.09	27	1.71	裂缝
PG1-2	3 433.15	T_3x	砂岩	1.99	27	1.64	裂缝
PG1-3	3 436.85	T_3x	砂岩	2.07	24	1.70	断裂
PG3-1	3 738.36	T_3x^5	砂岩	2.14	22	1.74	裂缝
PG4-1	3 809.50	T_3x^4	砂岩	2.06	22	1.69	裂缝
PG2-4	4 828.77	T_1f^3	灰岩	3.60	20	2.70	孔洞
PG2-6	4 873.00	T_1f^2	灰岩	3.11	14	2.38	孔洞
PG2-7	4 928.30	T_1f^2	灰岩	3.47	19	2.62	孔洞
PG2-9	4 942.46	T_1f^2	灰岩	3.55	25	2.67	孔洞
PG2-10	4 983.91	T_1f^2	灰岩	2.94	9	2.27	溶蚀孔
	4 983.91	T_1f^2	灰岩	5.19	13	3.75	溶蚀孔
PG2-12	5 014.79	T_1f^1	灰岩	3.52	22	2.65	溶蚀孔
PG2-13	5 094.20	T_1f^1	灰岩	3.33	5	2.53	孔洞
PG2-14	5 104.71	P_2ch	灰岩	4.19	20	3.09	孔洞
PG1-4	5 299.78	T_1f^3	灰岩	6.60	26	4.67	孔洞

注：$R_o=0.336\,4+0.656\,9R_b$（丰国秀和陈盛吉，1988）；J_1z. 自流井组；T_3x. 须家河组；T_1f. 飞仙关组；P_2ch. 长兴组

3. 生物标志化合物

　　储层沥青的生物标志化合物主要研究饱和烃、甾烷、藿烷等（胡守志 等，2003；陈世加 等，1993），它们的特征既可以用于气源、油源对比，也可以用来判断储层沥青的来源、成熟度及是否经历过生物降解作用和成因类型（王建宝 等，2002；刘洛夫和赵建章，2000）。例如，川东北庙坝地区吴家坪组含沥青灰岩正构烷烃总的分布特征是峰形前高后低，以低碳数（nC_{18}～nC_{20}）主峰碳 nC_{18}，呈单峰形分布为主（图 5.5），表明海相沉积环境中烃源岩有机质的生源构成是以细菌和藻类等低等水生生物、浮游植物为主[图 5.5（a）]。二叠系龙潭组煤系烃源岩和栖霞组碳酸盐岩烃源岩的正构烷烃分布与庙坝地区吴家坪组储层沥青正构烷烃的分布具有相似的特征[图 5.5（b）]，而二叠系梁山组、大隆组及志留系烃源岩正构烷烃的分布则迥然不同[图 5.5（c）～（f）]，表明烃源岩最可能来自二叠系龙潭组和栖霞组。甾、藿等生物标志化合物的分析结果也表明，吴家坪组含沥青灰岩甾烷（$m/z=217$）和藿烷（$m/z=191$）分布与二叠系栖霞组烃源岩甾烷（$m/z=217$）和藿烷（$m/z=191$）的分布最相似，与龙潭组烃源岩甾烷（$m/z=217$）和藿烷（$m/z=191$）的分布也比较相似，显示了它们具有亲源性。

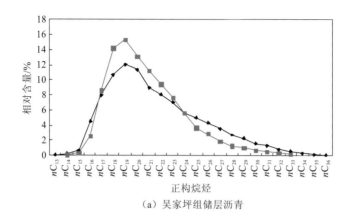

（a）吴家坪组储层沥青

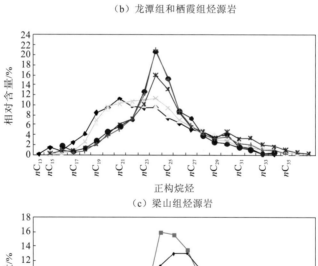

（b）龙潭组和栖霞组烃源岩

（c）梁山组烃源岩

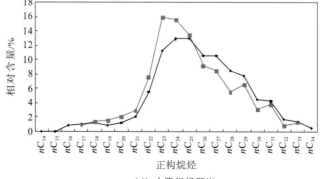

（d）大隆组烃源岩

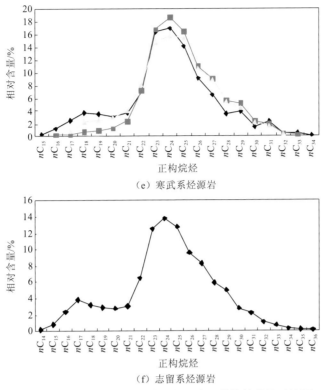

图 5.5　庙坝古油藏储层沥青及烃源岩正构烷烃曲线对比图

5.1.3　沥青的成因

1. 沥青的演化模式

通常所讲的沥青可以由沉积有机质经强烈的成岩作用产生并富集在岩石的各种空隙中，也可由储层中的原油经热演化、气体脱沥青、水洗和生物降解等作用形成。一般含油气系统所要研究的沥青属于后者，是石油变质的产物，被称为储层沥青。储层沥青的成因主要可归纳为两种：热裂解成因与非热裂解成因。热裂解成因的储层沥青是原油因埋深过大、温度较高、火山活动等热事件影响，使得原油处于较高温地热系统中，轻组分链烷化最终生成甲烷，重组分经缩合作用形成以高碳化合物为特征的焦沥青（Agirrezabala et al.，2008）；而非热裂解成因的储层沥青是原油由于氧化、生物降解、水洗淋滤作用和脱沥青作用所形成的（图 5.6）。油藏形成后在构造作用下抬升至近地表或暴露地表，储层中的原油主要在氧化作用下发生冷变质作用而遭受破坏，形成氧化型储层沥青（凡元芳，2009；秦建中 等，2007）。埋深加大，储层中的原油可以发生脱沥青作用形成轻质油和沥青质沥青，进一步深埋，由于热力作用，原油发生歧化作用形成甲烷和焦沥青（马力 等，2004）。

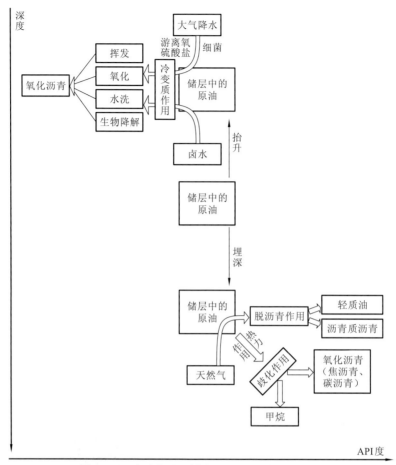

图 5.6 沥青演化成因模式图（马力 等，2004）

地质条件下，石油处于热动力的亚稳态，成藏后的石油在储层中也很容易遭受次生变化，主要的次生变化包括热蚀变、脱沥青质、生物降解、水洗、气侵和硫化等（李水福 等，2019）。与干酪根的热成熟类似，储层中的石油蚀变会随着温度的影响而持续进行。不同类型的烃类处在更高的温度中，会向着分子结构更稳定、自由能降低的方向继续演化，最终形成在该温度、压力下稳定的混合物。随着埋深和温度的增加，储层中原油的密度变轻，烃类重组分裂解，轻组分增加，在更高的温度下储层中最终只出现甲烷和焦沥青。

2. 古油藏沥青成因

古油藏是指在地质历史上曾经是一个油藏，但后期由于地质作用，储层中的原油发生了次生热蚀变作用（包括水洗、气侵、生物降解、热裂解等作用），油藏被破坏。目前在储层孔隙或裂缝中残存有大量的石油次生蚀变产物，如稠油、沥青质或焦沥青等（王飞宇 等，2006）。因此，与古油藏有关的沥青可以是原始油藏遭受水洗氧化成因、生物降解成因（赵泽恒 等，2008；张俊 等，2004；张敏和蔡春芳，1997）、气侵（脱溶）沥青成因、热裂解成因（刘华，2008）及不同期油气充注形成的沥青垫（胡守志 等，2008）。赵孟军 等（2003）认为与古油藏最为相关的有两种沥青：一是抬升破坏形成的生物降解沥青，二是深埋原油发生热裂解作用形成的焦沥青，它们分别对应着油藏演化的两个极端过程。焦沥青在已热裂解化的古油藏中最为常见。

综合 5.1.1 小节关于沥青分类的论述，本书根据古油藏遭受的次生变化作用及其主要烃类产物，将古油藏储层沥青分为溶于有机溶剂（苯、石油醚、$CHCl_3$、CCl_4 等）的低熟沥青质沥青和不溶于有机溶剂、高演化的焦沥青。沥青质沥青与原油相伴生，多为脆性固体黑色粉末，结构是多环的，以缩合芳香核为主，是由烷基支链和含杂原子的多环芳核或环烷芳核形成的复杂结构（李水福 等，2019），结构中有空位，可以络合重金属，如 V 和 Ni 等。沥青质与干酪根具有相似的热演化途径，其热解产物与石油的组成相似（李水福 等，2019）。沥青质沥青的形成可以是脱沥青质、生物降解、水洗、氧化和硫化等作用，低演化，与油的生成有关，对应生油窗阶段，是干酪根热作用的产物。一般具有黄色荧光、H/C＞0.5、R_0 为 1%、在 CS_2 中的溶解性高等特点。焦沥青的生成演化过程从热解结果看与气体的生成密切相关，原油裂解及天然气生成时，焦沥青生成速率及生成量迅速变化，是油及沥青质沥青二次裂解的产物。焦沥青一般具有无荧光、H/C＜0.53、$\delta^{13}C$ 值变重、R_0 约为 2%、不溶于 CS_2 溶剂等特点。Rogers 等（1974）也发现沥青质沥青的碳同位素组成类似于原生原油，而热成熟作用形成的焦沥青具有比原生原油更重的碳同位素值。

5.2　沥青 Re-Os 同位素研究现状

5.2.1　沥青中 Re-Os 的赋存状态

和原油一样，沥青中 Re 和 Os 主要以杂原子配体或金属有机络合物的形式存在于沥青质组分中（Selby et al.，2007），烃源岩的成熟过程和后期的各种作用（脱沥青、水洗、氧化和生物降解等）可能影响沥青，但是并不会明显地影响 Re-Os 同位素体系的封闭性。即使在还原-氧化环境相互变化的过程中，Re 和 Os 也能稳定地保存在沥青中，保持同位素体系的封闭性（Selby et al.，2005）。但是，TSR、热液流体作用、幔源岩浆混染及热裂解作用等会重置 Re-Os 同位素体系（Ge et al.，2016；沈传波 等，2015）。Mahdaoui 等（2013）的人工脱沥青实验表明，在沥青质组分不断沉淀的过程中，Re 和 Os 的绝对含量会逐渐降低，但是并不会明显地影响 Re 和 Os 同位素的相对含量，具体表现为沥青沉淀作用的早期和中期，Re/Os 值基本保持不变（图 1.14）。并且该实验指出，Re 和 Os 与 Vi 和 Ni 并不是富集在沥青质的相同组分中，Re 和 Os 更倾向于富集在极性大的组分中，并且该极性较大的组分在脱沥青过程中不易受到影响（Mahdaoui et al.，2013）。

Rooney 等（2012）的烃类加水热解实验表明：大于 95% 的 Re 和 Os 富集在干酪根组分中，并且很可能以有机螯合物的形式存在。在富有机质沉积岩的成熟过程中，只有很少的 Re 和 Os（6% 和 5%）转移到可溶沥青中（图 5.7），同时，在这个过程中 Re/Os 值并不会发生明显的变化，$^{187}Re/^{188}Os$ 值与 $^{187}Os/^{188}Os$ 值变化更小（6.3% 和 2.2%）。在可溶沥青中 Re 和 Os 可能富集在沥青质中的杂原子配体中（Selby et al.，2007）。

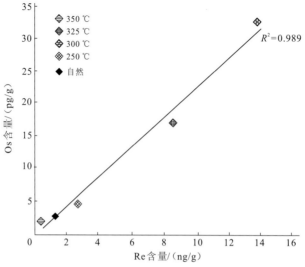

图 5.7　热解产生的沥青与自然沥青中 Re、Os 的含量

5.2.2　沥青 Re-Os 同位素定年实例分析

目前，可借鉴的沥青 Re-Os 同位素研究的实例还比较少。Selby 等（2005）最早开展这方面的研究，他对加拿大努纳武特地区 MVT 铅锌矿伴生的沥青进行了 Re-Os 同位素定年，获得了（374.2±8.6）Ma 的 Re-Os 等时线年龄（图 5.8），该年龄与闪锌矿 Rb-Sr 定年和古地磁定年在误差范围内具有较好的一致性，证实了沥青 Re-Os 同位素定年的可能性，并将其年龄意义解释为油气大量生成运移的时间。同时，沥青 Os 同位素组成（$^{187}Os/^{188}Os$）也可以用来示踪油源。这一研究揭示了沥青 Re-Os 同位素体系在含油气系统成藏定年方面的重要应用潜力。陈玲 等（2010）对麻江古油藏储层沥青的 Re-Os 同位素分析，获得的模式年龄为 28～144 Ma，集中于 85 Ma，等时线年龄为（87.0±3.3）Ma，

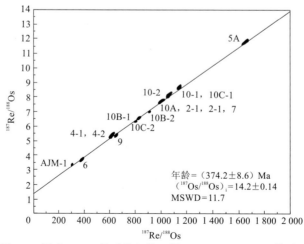

图 5.8　沥青 Re-Os 等时线年龄（据 Selby et al.，2005 修改）

两者具有较好的吻合性，将其解释为沥青形成的时间，对应于古油藏遭受破坏的时间。由此可见，对于沥青 Re-Os 同位素年龄地质意义的解释，两者存在差异，这主要与沥青的不同类型及成因有关。前者的沥青为低熟的，是与原油的生成相关的沥青质沥青，因此其年龄代表了原油生成的时间；后者为高演化的焦沥青，与原油的裂解及天然气的生成密切相关，因此可能代表了天然气生成的时间。

5.3　不同成因沥青 Re-Os 同位素定年

为了进一步论证古油藏中两种不同类型和成因沥青的 Re-Os 同位素等时线年龄的成藏意义，本节开展江南-雪峰隆起西缘麻江-凯里-万山地区低熟和高演化的两种沥青的 Re-Os 同位素定年分析，建立焦沥青 Re-Os 同位素等时线年龄的成藏意义的解释模型，进一步拓展沥青 Re-Os 同位素体系在含油气系统中的应用。

5.3.1　沥青样品与实验方法

1. 研究区地质背景与样品采集

样品主要采自江南-雪峰隆起西缘的麻江-凯里-万山等古油藏区。江南-雪峰隆起早古生代处于盆地相沉积环境，是早古生代有利的生烃凹陷，早寒武世初期的缺氧事件，形成了一套厚达 100 余米、有机碳含量高达 2%以上的高效烃源岩；而江南-雪峰隆起西缘早古生代存在台地边缘相带，是有利储层的发育区。现今江南-雪峰隆起西缘已发现许多油气显示点和大型古油藏，如贵州丹寨（ϵ_3）、贵州麻江（$O_1 \sim S_{1-2}$）、贵州翁安（ϵ_1）、贵州铜仁（ϵ_2）、慈利南山坪（Z_2）、通山半坑（S）、浙江泰山（Z_2）等。麻江古油藏是现今地表所见的最早发现并被证实，并且为中国南方最大的古油藏，沥青含量高达 10 亿～16 亿 t（周峰，2006；王守德 等，1997）。此外，在凯里还发现了残余油气藏，如虎 48 井自 20 世纪 50 年代起即涌冒天然气，90 年代仍久续不断，点之即燃，表明深部沿断层有气源长期供给（邓大飞 等，2014）。可见江南-雪峰隆起西缘是一个巨型的油气成藏带，地质历史时期曾经有过原生油气的成藏，而后期遭受改造破坏形成了许多大型古油藏和大量的油气显示。

根据地面及井下共 141 处沥青、油、气显示点的统计分析（表 5.3，图 5.9），表明江南-雪峰隆起西缘油气显示活跃，具有分布层位多、范围广的特点，显示层位包括震旦系、古生界和中生界（Deng et al.，2014；周锋，2006）；沥青显示点最多，其次是油显示，而气显示点最少；油气显示的产状主要是孔隙、裂缝、晶洞、溶孔和溶洞等（表 5.4，图 5.10）。除凯里沥青的演化程度较低外，其他地区的沥青演化程度一般较高，沥青普遍充填于碳酸盐岩、碎屑岩的各类孔隙空间中，尤以裂缝、晶洞、晶间孔、溶蚀孔缝洞、缝合线、化石体腔、粒间孔隙及次生孔隙常见，常呈脉状、团块、条带状、环状、斑点、浸染状、不规则状等。沥青产出状态主要有裂缝形、溶孔+溶洞形、孔隙形（表 5.4）。

表 5.3　江南-雪峰隆起西缘沥青、油、气显示统计表

层位		类型及数量						总量/个
		沥青		油		气		
		数量/个	占该层比例/%	数量/个	占该层比例/%	数量/个	占该层比例/%	
中生界	T	8	16.67	14	29.16	26	54.17	48
古生界	P	7	23.33	10	33.33	13	43.33	30
	C	4	26.67	6	40.00	5	33.33	15
	D	5	45.45	3	27.28	3	27.27	11
	S	11	73.33	2	13.33	2	13.34	15
	O	11	78.57	3	21.43	0	0	14
	€	35	89.74	0	0	4	10.26	39
新元古界	Z	7	87.50	1	12.50	0	0	8
总显示点数/个		77		47		33		

注：同一个显示点可以有不同的显示类型和多个显示层位，故总显示点数不是各数量的加和

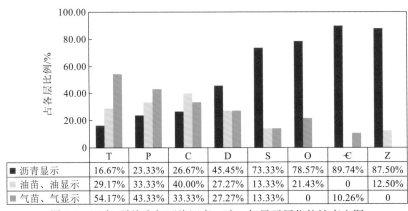

	T	P	C	D	S	O	€	Z
沥青显示	16.67%	23.33%	26.67%	45.45%	73.33%	78.57%	89.74%	87.50%
油苗、油显示	29.17%	33.33%	40.00%	27.27%	13.33%	21.43%	0	12.50%
气苗、气显示	54.17%	43.33%	33.33%	27.27%	13.33%	0	10.26%	0

图 5.9　江南-雪峰隆起西缘沥青、油、气显示层位统计直方图

表 5.4　江南-雪峰隆起西缘沥青、油、气显示产状统计表

类型	产状及数量分布								总数/个
	晶洞形		孔隙形		裂缝形		溶孔＋溶洞形		
	数量/个	占该显示比例/%	数量/个	占该显示比例/%	数量/个	占该显示比例/%	数量/个	占该显示比例/%	
沥青	7	6.31	18	16.22	70	63.06	16	14.41	111
油显示	30	35.29	2	2.36	47	55.29	6	7.06	85
气显示	5	12.50	2	5.00	32	80.00	1	2.50	40
总显示点数/个	36		19		133		22		

注：同一显示点可以有不同的显示产状

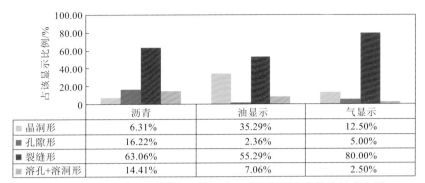

图 5.10　江南-雪峰隆起西缘沥青、油、气显示产状统计直方图

采集的古油藏储层沥青样品有两种类型（图 5.11，表 5.5）：一种沥青与原油共生（Type A），在野外含沥青的岩石新鲜面，可见原油渗出[图 5.12（a）（b）]，进行 CHCl₃ 溶解实验，可部分溶解；另一种沥青（Type B）不溶于 CHCl₃，敲开岩石表面，无原油渗出，表明两者沥青的类型和成因存在差异。

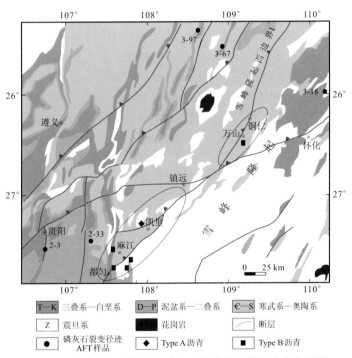

图 5.11　古油藏沥青样品与磷灰石裂变径迹样品分布位置图

具体的沥青采样位置如图 5.11 所示，仅在凯里地区发现 Type A 沥青出露点，距离凯里县城以西约 20 km，位于汪家村-老君寨公路旁，在一个长约 20 m 的下奥陶统红花园组形成的隆起小山包上采集了 5 个沥青样品。Type B 沥青在雪峰隆起西缘北东—南西走向构造带中的早古生界中广泛分布。在麻江古油藏地区的奥陶系红花园组采集了 9 个样品。样品 MJ-S1-B、MJ-S2-B 和 MJ-S4-B 采集于麻江县城南部约 2 km 的 S309 公路旁，沥青主要产于红花园组断裂带和孔隙中[图 5.12（c）（d）]，每个样品间隔约 10 m。样品

表 5.5 雪峰隆起西缘麻江-万山古油藏 Type A 和 Type B 沥青 Re-Os 同位素数据

沥青类型	样品名	纬度	经度	Re / (ng/g)	±2σ	Os / (pg/g)	±2σ	187Re/188Os	±2σ	187Os/188Os	±2σ	Rho	(187Os/188Os)i430	(187Os/188Os)i170	(187Os/188Os)i80
Type A 沥青	WL-B01	26°40'48"	107°49'09"	4.32	0.03	206.4	1.1	121.2	1.7	1.66	0.020	0.824	0.79		
	WL-B02	26°40'48"	107°49'09"	1.67	0.03	84.4	1.0	113.6	3.7	1.62	0.046	0.847	0.80		
	WL-B04	26°40'49"	107°49'09"	2.73	0.03	131.2	1.1	120.4	2.5	1.66	0.031	0.845	0.79		
	WL-B05	26°40'49"	107°49'09"	2.67	0.03	134.9	1.1	113.6	2.3	1.60	0.029	0.833	0.79		
	WL-B06	26°40'48"	107°49'10"	1.52	0.03	76.5	1.0	114.2	4.1	1.62	0.051	0.848	0.80		
Type B 沥青	MJ1-2	26°14'02"	107°45'05"	8.19	0.05	98.5	1.6	497.0	13.8	1.97	0.076	0.689		1.39	1.31
	MJ-S1-B	26°29'25"	107°34'42"	6.14	0.04	217.7	3.6	163.4	4.9	1.68	0.066	0.711		1.49	1.46
	MJ-S4-B	26°29'26"	107°34'42"	15.28	0.28	423.7	4.7	206.3	5.2	1.56	0.036	0.489		1.32	1.29
	HBZ-S1-B	26°14'43"	107°33'53"	4.86	0.04	314.8	6.7	88.4	3.7	1.56	0.089	0.697		1.46	1.45
	HBZ-S4-B	26°14'44"	107°33'53"	7.93	0.05	323.8	4.2	140.4	3.1	1.58	0.046	0.700		1.42	1.39
	HBZ-S6-B	26°14'43"	107°33'54"	5.36	0.04	354.0	5.6	86.8	2.5	1.58	0.060	0.687		1.47	1.46
	HBZ-S7-B	26°14'44"	107°33'54"	8.44	0.05	498.1	7.8	97.3	2.7	1.58	0.060	0.697		1.47	1.45
	XR-S1-B	26°19'42"	107°46'45"	6.56	0.04	255.5	4.2	149.0	4.3	1.70	0.066	0.706		1.52	1.50
	WS-S3-B	27°31'29"	109°13'41"	6.43	0.05	135.7	2.4	280.2	9.2	1.86	0.078	0.749		1.54	1.49
	WS-S4-B	27°31'28"	109°13'41"	7.44	0.12	131.8	2.0	333.4	10.6	1.86	0.063	0.682		1.47	1.41
	WS-S4-B6	27°31'29"	109°13'42"	2.51	0.04	40.0	0.9	373.9	16.5	1.95	0.112	0.662		1.52	1.45
	MJ-S2-B	26°29'25"	107°34'43"	9.43	0.11	340.3	3.8	157.9	3.3	1.53	0.036	0.608		1.34	1.31

注：所有误差以 2σ 表示；Rho 为误差校正系数（Ludwing, 1999）；（187Os/188Os）i430、（187Os/188Os）i170、（187Os/188Os）i80 分别为 430 Ma、70 Ma、80 Ma 时的初始 187Os/188Os 值

（a）凯里地区与原油共生的沥青

（b）凯里地区与原油共生的沥青

（c）麻江县城南断裂带中的沥青

（d）麻江县城南断裂与孔隙中的沥青

（e）兴仁镇古油藏沥青露头

（f）火把寨地区沥青野外露头照片

图 5.12　麻江和凯里古油藏沥青样品野外露头照片

XR-S1-B 采集于兴仁镇以西约 3 km 的野外露头[图 5.12（e）]。样品 HBZ-S1-B、HBZ-S4-B、HBZ-S6-B 和 HBZ-S7-B 采集于火把寨东北方向约 1 km 的一个采石场[图 5.12（f）]，地层剖面约 20 m 长，样品间隔约 4 m。样品 MJ1-2 采集于坡脚寨北东约 1 km 的地质露头上，也就是麻江古油藏最著名的坝固显示点[图 5.13（a）（c）]，沥青主要赋存于下奥陶统红花园组（O_1h）灰岩和中-下志留统翁项群（$S_{1-2}w$）砂岩中，可见到两套地层的接触关系[图 5.13（b）]。下奥陶统红花园组灰岩中沥青为亮黑—黑色，具贝壳状断口，污手，块状及颗粒状，风化后可成粉末状，产于孔、洞和缝中或与方解石脉共生，非均质性强；中-下志留统翁项群中沥青为黑色，颗粒或浸染状，产于砂岩孔隙中，产出稳定，均质性强（图 5.13）。万山古油藏的三个样品 WS-S3-B、WS-S4-B 和 WS-S4-B6，采集于距离万山市南东方向约 5 km 公路旁的一个约 30 m 长的寒武系敖溪组剖面中[图 5.13（d）]，样品间隔约 5 m。

（a）麻江古油藏坝固显示点

（b）麻江坝固地区红花园组灰岩和翁项群砂岩的接触关系

（c）麻江古油藏坝固地区沥青露头照片

（d）万山古油藏沥青露头照片

图 5.13　坝固和万山地区沥青样品野外露头照片

此外，为了分析后期构造改造作用对古油藏形成演化的影响，还对采集的样品进行了磷灰石裂变径迹分析。样品采集于下奥陶统大湾组（样品 2-33，麻江古油藏）、下侏罗统自流井组（样品 2-3，麻江古油藏）、中志留统石牛栏组（样品 3-67，万山古油藏）、中三叠统关岭群（样品 3-97，万山古油藏）和上三叠统小江口组（样品 3-18，雪峰隆起）（图 5.11，表 5.6）。其中，样品 3-97、样品 3-67 和样品 3-18 沿燕山构造运动活动的北西—南东方向的剖面采集；样品 2-33 和样品 2-3 采集于麻江古油藏西侧地区，与样品 3-97、样品 3-67 相距约 50 km，与样品 3-18 相距约 200 km（图 5.11）。

表 5.6　江南-雪峰隆起西缘磷灰石裂变径迹测试结果

编号	采样位置		层位	海拔 /m	岩性	颗粒数	池年龄 /Ma	95%-Cl /Ma	95%+Cl /Ma	长度测量数目	径迹长度 ±SD/μm	Dpar /μm
	纬度	经度										
3-18	27°57'03"	110°07'11"	T_3	166	砂岩	36	70.98	5.56	6.02	204	12.66±2.21	2.28
3-67	28°28'24"	108°55'42"	S_2	408	砂岩	36	97.67	6.62	7.09	205	12.91±1.69	2.56
3-97	28°37'48"	108°35'28"	T_2	441	砂岩	35	155.79	12.40	13.46	202	12.87±1.67	2.56
2-3	26°26'36"	106°42'24"	J_1	1 090	砂岩	38	149.60	8.59	9.11	206	13.20±2.08	2.54
2-33	26°34'37"	107°19'02"	O_1	1 140	砂岩	38	123.43	7.29	7.75	200	13.71±1.43	2.52

T_3. 上三叠统小江口组；S_2. 中志留统石牛栏组；T_2. 中三叠统关岭群；J_1. 下侏罗统自流井组；O_1. 下奥陶统大湾组

2. 实验方法及结果

　　沥青样品的 Re-Os 同位素分析测试在杜伦大学烃源岩和硫化物地质年代学与地球化学实验室完成，具体实验方法见第 2 章。磷灰石裂变径迹测试在美国 Apatite to Zircon 公司测试完成，详细的实验方法和流程见 Shen 等（2012a，2012b）。Re-Os 同位素和磷灰石裂变径迹的测试结果见表 5.5 和表 5.6。

5.3.2　研究区沥青的地球化学特征及成因

1. 研究区沥青的地球化学特征

　　前人对麻江和凯里古油藏开展了大量的分析，总结沥青 R_o、H/C 和 T_{max} 值见表 5.7，发现两种沥青的这些值有较大的差异。凯里地区的沥青（Type A）具有较低的成熟度（$R_o<1.0$）、低 T_{max}（约 450 ℃）、黄色荧光和较高的 H/C 原子比（>0.8）（表 5.7）。相反，除凯里外，麻江地区的沥青（Type B）具有较高的成熟度（$R_o>2.0$）、高 T_{max}（约 550 ℃）、低 H/C 原子比（<0.6）、无荧光及高金刚烷浓度（50～300 ppm）的特征，这些参数指示沥青属于高成熟度的焦沥青。尽管焦沥青的形成方式多样（Lewan，1997），但是原油及低熟沥青（Type A）热裂解作用导致天然气和焦沥青生成是含油气系统中焦沥青形成的主要方式（Huc et al.，2000）。为了评估这两种类型沥青的 Re-Os 同位素等时线年龄的成藏意义，以及与相关石油及天然气形成时间的关系，开展了两种类型沥青的 Re-Os 同位素分析。

表 5.7　麻江和凯里地区古油藏油苗、沥青 R_o、H/C 原子比和 T_{max} 总结表

地区	类型	层位	R_o	H/C 原子比	T_{max}	数据来源
凯里	沥青	$S_{1-2}w$	0.88	—	—	周锋（2006）
	沥青	$S_{1-2}w$	0.77	—	—	徐言岗（2010）
	油苗	$S_{1-2}w$	0.67	—	—	Fang 等（2014，2011）
	沥青	$S_{1-2}w$	1.05	—	—	林家善（2008）
	油	$S_{1-2}w$	—	—	447	林家善等（2011）
	油	$S_{1-2}w$	—	—	440	林家善等（2011）
	油	$S_{1-2}w$	—	—	447	林家善等（2011）
	油苗	$S_{1-2}w$	0.85	—	447	杨平等（2014）
	油苗	$S_{1-2}w$	0.78	—	440	杨平等（2014）
	油苗	$S_{1-2}w$	0.80	—	447	杨平等（2014）
	沥青	O_1h	0.94	0.85	—	韩世庆等（1982）
	沥青	O_1h	0.97	—	—	周锋（2006）
	沥青	O_1h	0.95	0.88	—	周锋（2006）

续表

地区	类型	层位	R_o	H/C 原子比	T_{max}	数据来源
凯里	沥青	O_1h	0.94	—	—	徐言岗（2010）
	沥青	O_1h	0.90	—	—	林家善（2008）
兴仁	焦沥青	O_1h	2.24	0.75	—	韩世庆等（1982）
	焦沥青	O_1h	2.20	0.73	—	周锋（2006）
坡脚寨	焦沥青	$S_{1-2}w$	1.90	—	—	高波等（2012）
	焦沥青	O_1h	—	—	529	林家善等（2011）
	焦沥青	O_1h	—	—	525	林家善等（2011）
	焦沥青	O_1h	—	—	525	杨平等（2014）
	焦沥青	O_1h	2.38	—	—	高波等（2012）
	焦沥青	O_1h	2.77	0.48	—	韩世庆等（1982）
	焦沥青	O_1h	2.80	0.48	—	周锋（2006）
	焦沥青	$S_{1-2}w$	2.22	—	—	徐言岗（2010）
麻江县城	焦沥青	$S_{1-2}w$	—	—	485	林家善等（2011）
	焦沥青	$S_{1-2}w$	—	—	480	林家善等（2011）
	焦沥青	$S_{1-2}w$	1.75	—	487	杨平等（2014）
	焦沥青	$S_{1-2}w$	1.67	—	486	杨平等（2014）
	焦沥青	O_1h	2.23	0.71	—	周锋（2006）
	焦沥青	O_1h	2.23	0.73	—	韩世庆等（1982）
	焦沥青	O_1h	—	—	486	林家善等（2011）
	焦沥青	O_1h	—	—	586	林家善等（2011）
	焦沥青	O_1h	2.31	—	—	周锋（2006）
	焦沥青	O_1h	1.99	—	—	Fang 等（2014，2011）
	焦沥青	O_1h	1.60	—	486	杨平等（2014）
	焦沥青	O_1h	1.80	—	586	杨平等（2014）
火把寨	焦沥青	$S_{1-2}w$	2.07	0.69	—	韩世等（1982）
	焦沥青	$S_{1-2}w$	2.10	0.69	—	周锋（2006）
	焦沥青	$S_{1-2}w$	2.34	—	—	高波等（2012）
	焦沥青	O_1h	2.27	0.47	—	韩世庆等（1982）
	焦沥青	O_1h	3.03	0.50	—	韩世庆等（1982）
	焦沥青	O_1h	2.10	—	528	Fang 等（2014，2011）
	焦沥青	O_1t	2.52	—	—	高波等（2012）

O_1h. 下奥陶统红花园组；$S_{1-2}w$. 中-下志留统翁项群

2. 研究区沥青的成因

对万山古油藏，利用 LEICA 及 Axio Imager 显微镜进行了储层薄片镜下观察，可识别出 4 种矿物：白云石、方解石、石英和沥青（图 5.14）。沥青发育有两期，主要表现有两点。①产状不同。早期沥青多与围岩呈混染状接触、侵染接触；晚期沥青呈块状充填于方解石、白云石等矿物生长剩余空间或呈网状切割石英脉。②分布规模不同。早期沥青含量少，只在晶间孔、晶间溶孔或微裂缝中充填，在显微镜下才可以辨认；晚期沥青以团

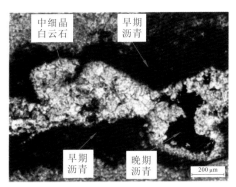

（a）单偏光下沥青、白云石、方解石生长关系，100×

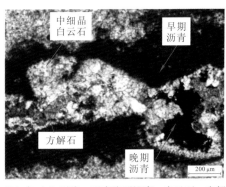

（b）与（a）对应，正交光下沥青、白云石、方解石生长关系，100×

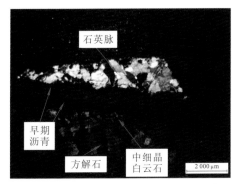

（c）正交光下白云石、沥青、石英、方解石生长关系，12.5×

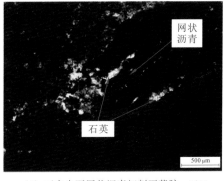

（d）正交光下网状沥青切割石英脉，50×

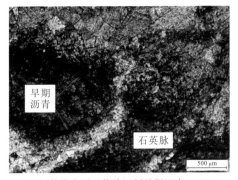

（e）单偏光下石英脉切割早期沥青，50×

（f）与（e）对应，正交光下石英脉切割早期沥青，50×

图 5.14　万山古油藏储层沥青特征及矿物生长顺序

块状产出，分布范围广。沥青与矿物的充填序列为：早期沥青→白云石→石英→方解石→晚期沥青。这两种沥青可能代表了早期的沥青质沥青和晚期高熟的焦沥青，以焦沥青为主。

万山古油藏和麻江坡脚寨（坝固）储层沥青元素分析结果（表 5.8）表明：沥青的含碳量大于 84%；H/C 原子比为 0.44～0.51，O/C 原子比为 0.01～0.02。根据 Jacob（1989）提出的分类方法，万山和麻江储层沥青属于高演化程度的焦沥青，而凯里储层沥青属于低熟的沥青质沥青。沥青富碳，而贫氢，也主要是沥青高变质改造作用所致。

表 5.8　万山-麻江沥青成熟度与有机元素组成及比值

样号	层位	R_b/%	N/%	C/%	H/%	O/%	H/C 原子比	O/C 原子比	备注
PJZ-S5-B	奥陶系	3.52	0.97	84.62	3.14	8.45	0.51	0.08	本次实测
PJZ-S9-B	奥陶系	2.85	0.8	85.89	2.57	7.61	0.47	0.05	本次实测
WS-B5	寒武系	2.58	0.67	90.74	3.42	2.09	0.45	0.02	本次实测
WS-B7	寒武系	2.74	0.64	87.66	3.24	1.55	0.44	0.01	本次实测
凯里卡房	奥陶系	0.86	—	—	—	—	0.85	—	周锋（2006）
凯里洛棉	志留系	0.78	—	—	—	—	0.83	—	周锋（2006）

5.3.3　沥青 Re-Os 同位素定年及意义

1. 沥青 Re-Os 同位素年龄

Type A 沥青样品 Re 元素丰度为 1.5～4.3 ng/g，Os 元素丰度为 76.4～206.4 ng/g，^{187}Re/^{188}Os 值及 ^{187}Os/^{188}Os 值分别为 113～121 和 1.60～1.66（表 5.5）。Type A 沥青的 Re-Os 同位素数据结果得到一组年龄为（429±140）Ma 的模式 1（数据的误差仅仅由原始误差组成）等时线年龄，其中（^{187}Os/^{188}Os）$_i$ 为 0.79±0.27，MSWD=0.41[图 5.15（a）]。如果计算这 5 个样品的模式年龄并进行加权平均，得到（433±36）Ma 的一组年龄，MSWD 为 0.006（图 5.16）。这一年龄与等时线年龄基本一致，但是精度相对更高。

相比于 Type A 沥青，Type B 沥青具有元素丰度较高的 Re（2.5～15.2 ng/g）和 Os（40.0～498.1 pg/g），以及较为宽泛的 ^{187}Re/^{188}Os 值（87～497）和 ^{187}Os/^{188}Os 值（1.52～1.97）（表 5.5）。所有 Type B 沥青 Re-Os 同位素数据得到一组（69±24）Ma 的模式 3 等时线年龄，其中（^{187}Os/^{188}Os）$_i$ 为 1.45±0.09，MSWD 为 9.6[图 5.15（b）]。

2. Re-Os 同位素年龄的成藏意义

Type A 沥青 Re-Os 同位素年龄结果指示，沥青形成于晚志留世—早泥盆世[（433±36）Ma][图 5.16]。其中，Type A 型沥青元素丰度较低的 Re 和 Os 及有限的 ^{187}Re/^{188}Os 和 ^{187}Os/^{188}Os 值范围导致测试结果有较大的误差。然而，Type A 沥青的 Re-Os 同位素等时线年龄与盆地埋藏历史模拟、流体包裹体测试结果（T_h 约为 100）（白森舒 等，2013）及麻江地区 Rb-Sr 同位素结果（405±20 Ma）（Tang and Cui，2011）指示的雪峰山西缘

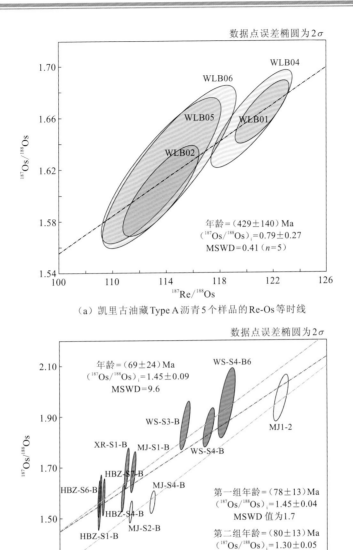

（a）凯里古油藏Type A 沥青5个样品的Re-Os等时线

（b）麻江古油藏Type B沥青12个样品的Re-Os等时线

图 5.15　Type A 沥青和 Type B 沥青的 Re-Os 同位素年龄

麻江地区在志留纪开始生烃的结果相互吻合。Type B 沥青的 Re-Os 同位素年龄值（69 ± 24 Ma，MSWD $= 9.6$）与雪峰隆起内部磷灰石裂变径迹年龄（70 Ma）结果一致 [图 5.15（b）]。如前所述，Type B 沥青与 Type A 沥青相比，具有完全不同的地球化学特征。Type B 沥青无荧光、色质谱分析显示存在金刚烷等特征，都指示其为高成熟焦沥青。原油及沥青质在地下深部大于 150 ℃环境下可以发生热裂解而形成焦沥青（Huc et al.，2000）。沿雪峰山西缘构造带，晚三叠世以来持续的埋藏导致古生界埋深至 5 000 m 以下，而地层温度也在侏罗纪—白垩纪达到 150℃以上（白森舒 等，2013；韩世庆 等，1982）。在这样的条件下，焦沥青和以甲烷为主的干气得以同时形成（周锋，2006）。尽管与 Type B

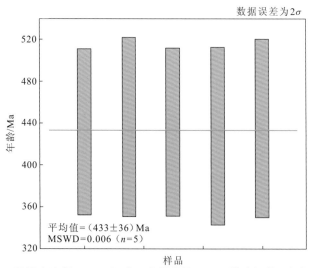

图 5.16 凯里古油藏 Type A 沥青 5 个样品的 Re-Os 模式年龄及加权平均值

沥青具有很近的空间距离（约 40 km），但是凯里地区在加里东期就已经处于构造高部位，麻江凸起以南地区为向南倾的斜坡，奥陶纪之后地层自南向北超覆，造成南北沉积厚度的巨大差异（图 5.17），进而导致烃源岩热演化的差异。凯里地区的烃源岩在古生代进入了生油窗，但因一直处于隆起的高部位，在中生代没有经历高温热裂解作用（张江江，2010）。

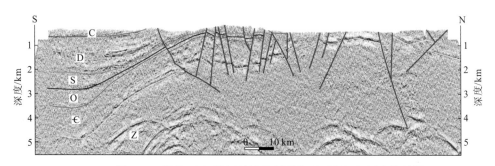

图 5.17 凯里-麻江地区的地震剖面指示两者沉积厚度的差异

磷灰石裂变径迹年龄为（155.79±13）Ma（样品 3-97）、（97.67±7）Ma（样品 3-67）、（149.60±7）Ma（样品 2-3）、（123.43±7）Ma（样品 2-33）和（70.98±6）Ma（样品 3-18）（表 5.6）。所有样品的平均径迹长度为 12.66～13.71 μm（SD=1.43～2.21 μm；表 5.6）。磷灰石裂变径迹的热历史模拟结果指示，在江南-雪峰隆起西缘存在约 160 Ma 和约 70 Ma 的两次冷却抬升过程（图 5.18）。裂变径迹结果指示，燕山运动引起的隆升剥蚀作用导致麻江-万山古油藏在约 70 Ma 的储层温度低至生烃门限以下（120～60℃），生烃作用停止。裂变径迹年龄、麻江-万山地区盆地埋藏历史、流体包裹体分析、烃类组成模拟分析（C_{14}^{+} 至 C_1 演化过程分析）指示，烃类（Type A 沥青及原油）的裂解作用可能在晚侏罗世—晚白垩世进行，持续了约 75 Ma（向才富 等，2008；Huc et al.，2000）。尽管 Type B 沥青 Re-Os 同位素年龄与雪峰山地区磷灰石裂变径迹年龄一致，然而等时线拟合参数显示的较大的 MSWD（9.6）及较大的年龄误差（34%）指示这些 Re-Os 同位素数据并没有完全满足获取准确等时线年龄的三个条件：①样品同时形成，②具有相同的同位素初始比值，③Re-Os 同位素系统在后期演化过程中没有遭受干扰破坏。此外，磷灰石裂变径迹年龄与 Type B 沥青 Re-Os 同位素年龄的吻合性更是指示了原油/沥青质的热裂解作用可能重置了烃类中的 Re-Os 同位素系统，从而导致 Type B 沥青 Re-Os 同位素测年记录了与焦沥青和干气形成时间相关的年代。磷灰石裂变径迹年龄和 Type B 沥青 Re-Os 同位素年龄上的吻合性也指示，烃类的 Re-Os 同位素系统可能与磷灰石裂变径迹具有相似的封闭温度范围（120～60℃）（Kohn and Green，2002）。这一温度范围与前人提出的另外一种可能干扰或者破坏原油 Re-Os 同位素体系的 TSR 的温度条件相当（100～140℃）（Lillis and Selby，2013；Machel，2001）。假设燕山运动期间 Type B 沥青形成以后没有对 Re-Os 同位素系统产生干扰的因素，Type B 沥青样品年龄的波动性及较大的误差可能主要受初始 $^{187}Os/^{188}Os$ 值影响。计算样品在 70 Ma 的 $(^{187}Os/^{188}Os)_i$ 发现，数据结果为 1.32～1.54（表 5.5），仔细分析发现，这些样品存在 $(^{187}Os/^{188}Os)_i$ 为 1.32～1.39（n=3）和 1.42～1.53（n=9）（图 5.15）两个组别。

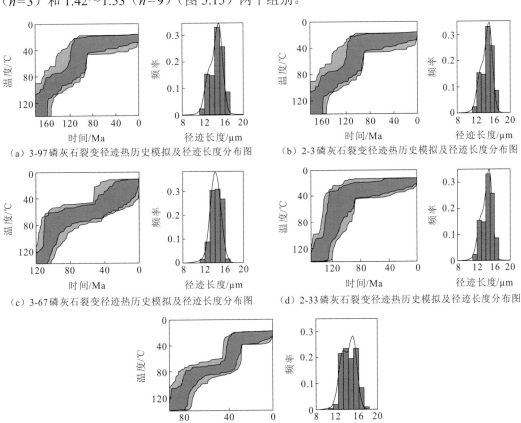

（a）3-97磷灰石裂变径迹热历史模拟及径迹长度分布图　　（b）2-3磷灰石裂变径迹热历史模拟及径迹长度分布图

（c）3-67磷灰石裂变径迹热历史模拟及径迹长度分布图　　（d）2-33磷灰石裂变径迹热历史模拟及径迹长度分布图

（e）3-18磷灰石裂变径迹热历史模拟及径迹长度分布图

图 5.18　磷灰石裂变径迹热历史模拟结果图

对这两个组别的样品分别进行Re-Os 同位素等时线分析发现，两组样品得到了近乎一致，并且较小误差（±16%）的模式 1 年龄结果（Group 1=（78±13）Ma，$(^{187}Os/^{188}Os)_i$=

1.45±0.04，MSWD=1.7；Group 2=（80±13）Ma，$(^{187}Os/^{188}Os)_i$=1.30±0.05，MSWD=1.3）
［图 5.15（b）］。尽管更为精确，Re-Os 同位素年龄仍然与江南-雪峰隆起区约 70 Ma 的磷灰石裂变径迹年龄和热历史模拟结果相互吻合。两种不同的同位素年龄共同记录了江南-雪峰隆起区最后一期构造活动的时间及与该地区天然气形成相关的年龄。持续的燕山运动控制了江南-雪峰隆起区烃类的后期演化过程，并且使原油裂解形成的焦沥青抬升暴露至地表。与之相对应，在江南-雪峰隆起及其周缘地区构造活动较弱的深部地区，如前陆盆地的斜坡和前渊地区有可能还存在天然气的富集，是天然气勘探的潜力区。此外，在断层的下部隐伏背斜也有可能存在天然气藏。

综上所述，与古油藏最为相关的两种类型的沥青：溶于有机溶剂、低成熟度的沥青质沥青的 Re-Os 同位素等时线年龄记录的是原油大量生成的时间；不溶于有机溶剂、高演化的焦沥青的 Re-Os 同位素等时线年龄记录的是原油热裂解、天然气生成的时间。

第 6 章

Re-Os 同位素在川西矿山梁含油气系统的应用

6.1 区域地质背景

复杂构造条件下烃源岩的埋藏演化历史及石油天然气的生成运移过程分析，一直是含油气系统研究的重要问题（Bordenave and Hegre，2005；Yahi et al.，2001；Moretti et al.，1996）。油气系统关键时刻（生烃、排烃、聚集）的精确获取对理解复杂地质条件下油气成藏演化具有重要的作用。四川盆地油气储量巨大，现有的勘探认为盆地具有 40 亿 t 原油以及 5 万亿 m³ 的天然气储量（邹才能 等，2014；Zou et al.，2014；马永生 等，2010；张水昌和朱光有，2006）。四川盆地西缘龙门山构造带内广泛发育固体沥青（图 6.1），前人估算沥青的总储量相当于近 1 亿 t 原油（刘光祥 等，2003）。该地区的沥青主要赋存于新元古界至二叠系中，常常与逆冲断层及孔隙裂缝体系伴生（代寒松 等，2009；黄第藩和王兰生，2008；刘光祥 等，2003）。关于龙门山构造带古油藏的演化过程目前还存在一些争议：盆地埋藏历史及流体包裹体分析指示存在奥陶—志留纪（Wei et al.，2008；王顺玉和李兴甫，1999）、晚三叠世（刘树根 等，2009）及新生代（饶丹 等，2008；刘光祥 等，2003）三期可能的油气生成及运聚时间。为了更好地了解龙门山冲断带的油气成藏演化过程，选取龙门山冲断带北段矿山梁古油藏的沥青及原油样品开展 Re-Os 同位素分析测试，探讨 Re-Os 同位素年代学在矿山梁含油气系统中的应用，分析矿山梁含油气系统油气藏演化过程及其与构造演化的相互关系。

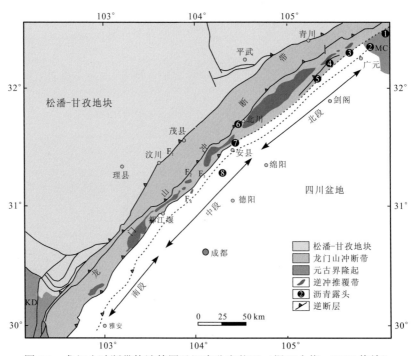

图 6.1 龙门山冲断带构造简图及沥青分布状况（据田小彬，2009 修编）

F₁.茂县—汶川断裂；F₂.北川—映秀断裂；F₃.安县—都江堰断裂；F₄.广元—大邑断裂；MC.米仓山；KD.康滇

北东—南西走向的龙门山冲断带长约 500 km，宽约 50 km。龙门山冲断带北接米仓山隆起，南抵康滇古隆起，西至松潘-甘孜地块，东接四川盆地（Jin et al.，2010；Burchfiel et al.，1995；Dirks et al.，1994）。从东向西，龙门山冲断带被茂县—汶川断裂、北川—映秀断裂、安县—都江堰断裂及广元—大邑断裂四条主干断裂分为三个次级构造带（图 6.1）。从南至北，龙门山冲断带又分为南段、中段及北段（Liu et al.，2016；Deng et al.，2012；Li et al.，2008）。

受古特提斯洋闭合作用的影响，龙门山地区在早古生代地层中发育大量不整合现象（Jin et al.，2010）。加里东运动以后，龙门山地区进入被动大陆边缘环境，泥盆纪—二叠纪受张性构造作用控制（Zhou et al.，2013；李娟 等，2012；田小彬，2009；Jia et al.，2006）。晚三叠世—早白垩世，华北与华南板块北西—北西西向的逆冲推覆作用使龙门山冲断带遭受了最为剧烈的变形作用（Yan et al.，2011；Jin et al.，2010，2009a，2009b；代寒松 等，2009；Liu et al.，2005；Chen and Wilson，1996）。该构造作用在三叠系内部及上三叠统和下侏罗统之间造成了明显的角度不整合（田小彬，2009），形成了一系列的断层及褶皱（Wilson et al.，2006；Arne et al.，1997；Chen et al.，1995），白垩系遭受抬升剥蚀（Li et al.，2008）。同位素分析指示，存在约 200 Ma、约 160 Ma 及约 120 Ma 三个年龄组（Yan et al.，2011；Jin et al.，2010；金文正 等，2008，Huang et al.，2003），限定了该时期构造活动的时间。此外，龙门山冲断带中部石榴石 $^{40}Ar/^{39}Ar$ 及锆石裂变径迹年龄 [（110～130）Ma]（刘树根 等，2001）以及龙门山冲断带北段的基底杂岩、拆离断层及韧性变形带中的白云母及绢云母的 $^{40}Ar/^{39}Ar$ 年龄 [（237～183）Ma]（Yan et al.，2011）也反映了三叠纪—白垩纪的构造活动。龙门山冲断带最新一期的构造作用受新生代印度板块与亚洲板块碰撞作用的控制（戴建全，2011；Yan et al.，2011；Li et al.，2008），这期构造活动激活了先存逆冲断层，造成了沿造山带的剥蚀作用，磷灰石裂变径迹（apatite fission track，AFT）、（U-Th）/He 定年等低温热年代测年结果记录了晚白垩世以来一系列的构造抬升剥蚀事件（Deng et al.，2012；Lei et al.，2012；Yan et al.，2011；Arne et al.，1997）。现今，龙门山冲断带仍然在持续活动中，2008 年汶川地震及 2012 年雅安地震都与龙门山构造活动密切相关。

龙门山冲断带北段位于安县以北，长约 200 km（图 6.1）。构造上，龙门山北段由若干向东南方向逆冲岩席和一个前缘逆冲推覆带组成（Jin et al.，2010，2009a，2009b；Jia et al.，2006）。前寒武系—第四系在龙门山北段均有沉积（Jin et al.，2010；金文正 等，2008；Jia et al.，2006）。前寒武系—寒武系主要由富有机质泥岩和粉砂岩组成，总厚度约 200 m（Wang et al.，2005；谢邦华 等，2003）。受加里东运动的影响（450～400 Ma），奥陶系—志留系抬升剥蚀殆尽。主要由白云岩和石灰岩组成的泥盆系—石炭系不整合覆盖于较老的地层之上，沉积厚度为 50～250 m。二叠系沉积厚度为 270～470 m，主要由灰岩和黑色页岩组成（饶丹 等，2008；Wang et al.，2005；谢邦华 等，2003）。下-中三叠统由灰石、砂岩或页岩组成，厚度约 750 m。上三叠统为 400 m 厚的砂岩、泥岩互层（Zhou et al.，2013）。侏罗系、白垩系为河湖相沉积，由泥岩、砂岩和粉砂岩组成，总厚度超过 4 500 m（图 6.2）。

地质时代	年龄/Ma	岩石地层	代号	岩性	地层厚度/m	含油气系统	构造旋回	
第四纪	2.6		Q				晚期	喜马拉雅运动
新近纪	23		Nd					
古近纪	66	岷山组	Em		500~2000		早期	
白垩纪		灌口组	K_2g				晚期	
		夹关组	K_2j			盖层		
	145	剑门关组	K_1j					
侏罗纪		莲花口组	J_3l		650~1300	盖层 / 储层	中期	燕山运动
	163	遂宁组	J_2sn					
		沙溪庙组	J_2s		200~1500		早期	
		千佛岩组	J_2q					
	201	白田坝组	J_1b		80~200	储层		
三叠纪		上须家河组	T_3x^{3-4}		250~2000		晚期	印支运动
		下须家河组	T_3x^{1-2}				中期	
	235	雷口坡组	T_2l		60~1000	盖层	早期	
	253	飞仙关组	T_1f		463~630	储层		
二叠纪		长兴组	P_2c		32~40	储层		海西运动
		大隆组	P_2d		70~80	烃源岩		
		茅口组	P_1m		97~225	储层		
	299	栖霞组	P_1q		70~128	储层		
石炭纪	359	黄龙组	C_2h		0~276			
泥盆纪			D_{2-3}			盖层		加里东运动
	419	平驿铺组	D_1p			储层		
志留纪	443		S					
奥陶纪	485		O					
寒武纪	★	长江沟组(样品层)	ϵ_1c		>225	储层(样品层)		
	541	筇竹寺组	ϵ_1q		91~360	烃源岩		
前寒武纪		陡山沱组	Zd			烃源岩		

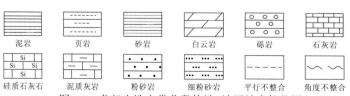

泥岩　　页岩　　砂岩　　白云岩　　砾岩　　石灰岩

硅质石灰石　泥质灰岩　粉砂岩　细粉砂岩　平行不整合　角度不整合

图6.2　龙门山造山带北段构造-地层综合柱状图
（Wu et al.，2012；Jia et al.，2006；Chen and Wilson，1996）

　　新元古界—下寒武统页岩及中二叠统泥岩是龙门山北段地区多个含油气系统(宁强、天井山、矿山梁等)潜在的烃源岩(Zhou et al.，2013；黄第藩和王兰生，2008)。储层主要包括上寒武统、下泥盆统、下三叠统、上侏罗统的碳酸盐岩、砂岩或粉砂岩(Zhou et al.，2013，Li et al.，1999)。泥盆系海相泥岩、三叠系膏盐岩及侏罗系—白垩系的泥岩起盖层的作用(图 6.2)。

　　矿山梁是龙门山北段前缘推覆带发育的最大且最完整的背斜构造(陈竹新 等，2005)。背斜核部为寒武系，围绕核部从内至外依次发育奥陶系—三叠系[图 6.3(a)]。矿山梁背斜地区的沥青和原油显示赋存在 565 m 厚的下寒武统长江沟组海相碎屑岩中，主要沿北西—南东向脉体或者断层展布[图 6.3(a)、(b)]，总储量可以达到 1 000 t(田小彬，2009)。

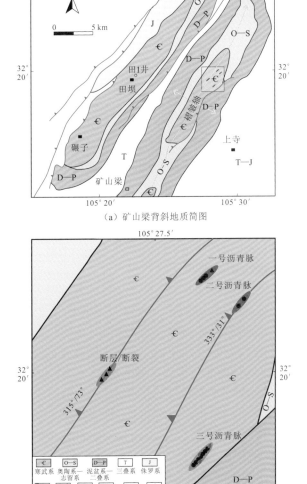

(a) 矿山梁背斜地质简图

(b) 矿山梁地区地质特征及原油和沥青样品分布图

图 6.3　矿山梁背斜地质简图与采样位置

6.2　实验样品采集与测试结果

6.2.1　实验样品采集

沥青及原油样品采集于矿山梁背斜寒武系长江沟组的沥青脉体、断层面（带）、裂缝中（图 6.3、图 6.4）。所有研究的样品采集于距剑阁县上寺以北约 8 km 的三个不同的矿洞中[图 6.3（a）]。沥青脉体宽 0.5～1.0 m，沿北西走向长约 50 m。沥青脉体与向西南方向倾角约 35° 的右旋走滑断层平行。虽然沥青自脉体边缘向围岩渗透了约 10 cm，但是断层与围岩的接触面仍然十分清晰[图 6.4（e）]。

一号沥青脉和二号沥青脉相距较近，不超过 500 m。一号沥青脉位于上矿洞中，该脉体北西走向，延伸距离超过 100 m，平均宽度为 80 cm。脉体东侧与下寒武世长江沟组接触面清晰，西侧接触面较为模糊（角砾化）[图 6.4（a）]。角砾化接触带宽约 10 cm，由粒度 1～5 cm 的碎屑和沥青组成。从角砾带向内，沥青脉与围岩的西部界限存在一个 10～20 cm 的裂缝区域。实验用的样品（11SKD-3d、11SKD-4d 和 11SKD-5d）采集于一号沥青脉的内部没有断层或者裂隙发育地区，样品之间的间隔约为 2 m[图 6.4（b）]。SKD-1f 沥青样品采集于一号沥青脉附近的含沥青裂隙中[图 6.4（b）]。二号沥青脉位于下矿洞中，在该沥青脉内部采集了 XKD-1d 和 XKD-2d 两个沥青样品，样品间隔约 5 m[图 6.4（c）]。二号沥青脉为北西走向，长度约 100 m；相比于一号沥青脉，二号沥青脉略窄（20～50 cm）。二号沥青脉与围岩的接触面清晰，在围岩与脉体之间存在约 10 cm 的接触带。与一号沥青脉不同的是，二号沥青脉的东部边缘紧邻一个低角度逆断层[图 6.4（c）]。该断层走向北东，倾向北北西，倾角 34°。该断层特征与龙门山造山带北部断层的整体构造特征一致（田小彬，2009；陈竹新 等，2005）。断层面和断层泥由大约 5 cm 厚的富泥的粉砂岩组成，位于下寒武统长江沟组砂岩中。断层带与上部地层接触面明显，而与底部地层接触关系模糊。侵入断裂带中的沥青指示了一个南东方向的断层活动，而断层的活动时间应该不晚于二号沥青脉侵入的时间[图 6.4（d）]。

GY1d、GY2d、GY3d、GY4d、GY5d、GY6d 及 HSCD-1d 沥青样品采集于距离一号/二号沥青脉以南约 2 km 的火石村矿洞的三号沥青脉。所有样品均采集于沥青脉的中部[图 6.4（e）]。三号沥青脉与一号沥青脉和二号沥青脉具有相似的走向，与二号沥青脉宽度类似（30～50 cm）。脉体两侧与围岩接触面清晰，很少有沥青侵入围岩中。此外，在沥青脉体和围岩地层中均没有发现后期形成的断层和裂缝。

在龙门山造山带北段，走向北东、倾向北西、倾角 30°～40° 的逆冲推覆断层广泛发育（Yan et al.，2011；陈竹新 等，2005；Burchfiel et al.，1995）。除了采集沥青脉中的沥青，也采集了若干断裂带里的沥青[图 6.4（f）、（g）]。样品 LXB-1f 和 LXB-2f 采集于同一断层带中，断层走向北东、倾向北西、倾角 75°[图 6.4（f）]。两个沥青样品的间隔约 2 m。沥青样品 11LXB-1f 采集于断层擦痕面，该断层走向北东、倾向北北西、倾角 45°[图 6.4（g）]。在火石村矿洞，还可见原油从长江沟组中渗出，Oil-3、Oil-5、Oil-7 三个原油显示样品采集于矿洞中 1 km 范围内[图 6.4（h）]。

（a）一号沥青脉及（a′）角砾带放大图

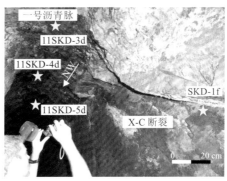

（b）一号沥青脉沥青样品位置图

（c）二号沥青脉XKD-1d、XKD-2d样品位置图

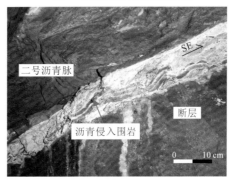

（d）二号沥青脉相关逆冲断层

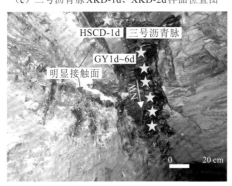

（e）三号沥青脉HSCD-1d、GY1d~d样品位置图

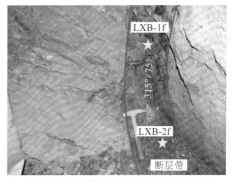

（f）断层沥青LXB-1f、LXB-2f位置图

（g）断层沥青11LXB-1f位置图

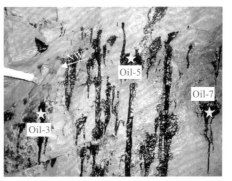

（h）原油样品Oil-3、Oil-5、Oil-7采样点位置图

图 6.4　沥青和原油野外采样点照片

对上述采集的样品主要开展了有机地球化学分析及 Re-Os 同位素分析，其中沥青及原油的有机地球化学分析在美国 Weatherford 实验室、中国石油化工股份有限公司石油勘探开发研究院无锡石油地质研究所联合完成（Zhang et al.，2015；Hackley et al.，2013），原油及沥青的 Re-Os 同位素分析在英国杜伦大学烃源岩及硫化物地质年代学和地球化学实验室完成（Selby et al.，2007，2005）。

6.2.2 实验测试结果

1. 原油和沥青的地球化学测试结果

对采集于 3 个沥青脉体和 2 个断层带中的 9 个沥青样品开展了精细的有机地球化学分析（表 6.1）。成分分析显示，沥青质占沥青总组分的约 98%（表 6.1）。饱和烃气相色谱结果由鼓包和鼓包上方叠加的相互离散的峰组成（图 6.5）。鼓包的存在指示这些沥青样品经历过强烈的生物降解作用，从而造成正构烷烃和类异戊二烯烃缺失。测试检测出的 C_{29} 25-降藿烷也指示沥青样品经历过生物降解作用（Wenger and Isaksen，2002）（图 6.5）。根据气相色谱结果计算的 CPI 为 0.35～2.59，绝大多数样品的 CPI 为 0.91～1.21。样品 11SKD-4d、XKD-1d 和 HSCD-1d 的 Pr/Ph 为 0.47～0.95。检测发现沥青样品 C_{19}～C_{30} 三环萜烷的峰值为 C_{21} 或者 C_{23}（图 6.5）。

C_{23}/C_{21} 三环萜烷值为 0.90～1.67，均值为 1.35。C_{24} 四环萜烷/C_{26} 三环萜烷值为 1.0～2.61，其中仅有 11SKD-4 和 SKD-1f 两个样品具有较大的比值（＞2.0）（表 6.1）。检测出的 C_{27}～C_{35} 藿烷峰值为 C_{29} 或者 C_{30}（图 6.5）。C_{31}～C_{35} 藿烷丰度随碳数的增加而逐渐降低。此外，还检测出 C_{30} 重排藿烷（DH_{30}）、Ts[18α（H）-22，29，30-三降藿烷]、Tm[17α（H）-22，29，30-三降藿烷]、伽马蜡烷等化合物（图 6.5）。Ts/（Ts＋Tm）值为 0.20～0.38，均值为 0.31；DH_{30}/H_{30} 值为 0.02～0.08，均值为 0.05；C_{32} 藿烷 $S/（S+R）$ 值为 0.54～0.62，均值为 0.58。样品的伽马蜡烷/藿烷为 0.12～0.22，均值为 0.16。25-降藿烷/藿烷值为 0.07～0.19，除 SKD-1f 样品比值较小（0.07）外，其余样品比值结果相似，约 0.15。

实验还检测到了丰富的甾烷，如 C_{21} 孕甾烷、C_{22} 甾烷、重排甾烷、C_{27}～C_{29} 规则甾烷（图 6.5）。其中，孕甾烷/升孕甾烷（S_{21}/S_{22}）值为 2.26～2.58，均值为 2.44。所有沥青样品的 C_{27}、C_{28}、C_{29} 规则甾烷丰度表现出相似的 V 形分布，各个组分的含量分别为约 30.2%、16.0% 及 53.8%，其中 C_{29} 规则甾烷具有最高的丰度。$C_{29}\alpha\alpha\alpha20S/（20S+20R）$ 甾烷及 $C_{29}\beta\beta/（\beta\beta+\alpha\alpha）$ 甾烷值分别为 0.46～0.52 和 0.49～0.57，对应于成熟度指标 R_o 约为 0.9。沥青的有机地球化学结果指示沥青具有中等—较高的成熟度，有机质来源相似，主要来源于缺氧条件下沉积的藻类（Peters et al.，2005；De Grande et al.，1993；Seifert and Moldowan，1986；Didyk et al.，1978）。

表 6.1　龙门山造山带北段矿山梁地区沥青及原油样品生物标志化合物测试结果

样品	沥青质/%	CPI	Pr/C$_{17}$	Ph/C$_{18}$	Pr/Ph	Gam/H$_{30}$	Ts/(Ts+Tm)	TR23/TR21	TR23/tT24	tT24/TR26	DH$_{30}$/H$_{30}$	H32S/(R+S)	Nor25H/H$_{30}$	S$_{21}$/S$_{22}$	C$_{27}$R/%	C$_{28}$R/%	C$_{29}$R/%	C$_{29}$S20/(20S+20R)	C$_{29}$ββ/(ββ+αα)
11SKD-4d	—	—	0.96	1.71	0.72	0.14	0.20	0.90	1.50	2.32	0.06	0.60	0.16	2.55	34.50	19.50	46.00	0.50	0.49
XKD-1d	98.00	1.05	0.40	1.05	0.47	0.22	0.38	1.45	2.41	1.21	0.08	0.57	0.14	2.58	24.80	15.70	59.50	0.51	0.51
GY-1d	—	1.04	—	—	—	0.18	0.32	1.67	2.85	1.03	0.05	0.54	0.16	2.41	30.10	15.20	54.70	0.52	0.53
GY-3d	—	1.16	—	—	—	0.19	0.32	1.57	2.88	1.00	0.05	0.56	0.16	2.42	27.70	14.40	57.90	0.50	0.53
GY-5d	—	0.91	—	—	—	0.13	0.31	1.31	2.20	1.43	0.05	0.58	0.17	2.50	30.40	16.20	53.40	0.52	0.55
HSCD-1d	99.00	2.59	0.7	0.91	0.95	0.15	0.35	1.49	3.01	1.06	0.05	0.62	0.13	2.45	32.20	16.30	51.50	0.47	0.57
SKD-1f	98.00	0.94	—	—	—	0.12	0.24	1.00	1.28	2.61	0.02	0.60	0.07	2.46	29.00	15.20	55.70	0.46	0.50
11LXB-1f	99.00	1.21	—	—	—	0.17	0.32	1.38	2.82	1.01	0.05	0.60	0.17	2.26	30.80	16.00	53.20	0.47	0.55
LXB-1f	98.00	0.35	—	—	—	0.18	0.33	1.38	2.83	1.00	0.06	0.58	0.19	2.32	31.90	14.80	53.40	0.46	0.55
Oil-3	13.54	—	—	—	—	7.59	0.37	—	—	0.51	5.54	—	—	0.21	—	—	—	—	—
Oil-5	9.48	—	—	—	—	3.91	0.36	—	0.26	0.52	3.10	—	—	0.20	—	—	—	—	—

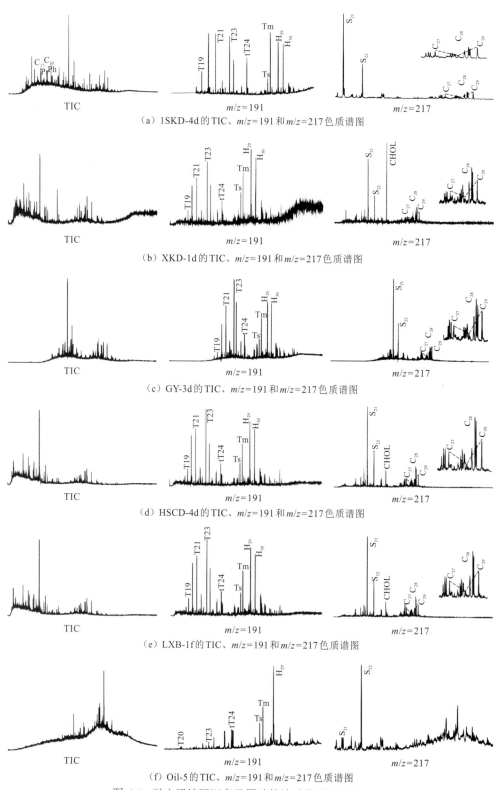

（a）1SKD-4d 的 TIC、$m/z=191$ 和 $m/z=217$ 色质谱图

（b）XKD-1d 的 TIC、$m/z=191$ 和 $m/z=217$ 色质谱图

（c）GY-3d 的 TIC、$m/z=191$ 和 $m/z=217$ 色质谱图

（d）HSCD-4d 的 TIC、$m/z=191$ 和 $m/z=217$ 色质谱图

（e）LXB-1f 的 TIC、$m/z=191$ 和 $m/z=217$ 色质谱图

（f）Oil-5 的 TIC、$m/z=191$ 和 $m/z=217$ 色质谱图

图 6.5　矿山梁地区沥青及原油的地球化学测试结果图

相比于沥青样品，两个原油样品（Oil-3 和 Oil-5）具有十分迥异的地球化学特征。考虑到原油样品和沥青样品（GY-6 和 HSCD-1）空间上较近的距离（约 20 m），这一结果首先指示沥青的有机地球化学特征并没有被原油样品显著影响。气相色谱分析结果检测到的鼓包指示原油样品也遭受了剧烈的生物降解作用（图 6.5）。由于大多数的正构烷烃未能检测出来，CPI 和 Pr/Ph 值无法测算。分析显示，原油样品和沥青样品具有相似的甾烷和萜烷生物标志化合物结果。然而原油的其余的地球化学参数，如伽马蜡烷/藿烷值（3.91～7.59）、C_{24} 四环萜烷/C_{26} 三环萜烷值（0.51～0.52）、重排藿烷/藿烷值（3.10～5.54），都与沥青样品表现出较大的差异（表 6.1）。关于甾烷原油中仅检测出 C_{21} 和 C_{22} 甾烷的 S_{21}/S_{22} 值分别为 0.21 和 0.20，同样与沥青的结果具有较大差异。原油有限的地球化学参数指示原油样品来自高盐、低氧和富黏土的沉积环境（Peters and Moldowan，1993；Zumberge，1987）。

2. 原油和沥青的 Re-Os 同位素测试结果

所有沥青样品的 Re、Os 同位素丰度分别为 284.1～547.9 ng/g 和 4 058.2～15 347.3 pg/g（表 6.2）。这一结果远高于 Re、Os 在地壳中含量的平均值（Esser and Turekian，1993），与前人测定的沥青、富有机质沉积岩的 Re、Os 含量相当（Georgiev et al.，2016；Xu et al.，2014；Rooney et al.，2010；Selby and Creaser，2005b；Cohen et al.，1999；Esser and Turekian，1993；Ravizza and Turekian，1992）。沥青样品的 $^{187}Re/^{188}Os$ 值为 229.5～595.1，$^{187}Os/^{188}Os$ 值为 2.79～3.58（表 6.2）。对样品 11SKD-4d 进行重复样分析，得到相似的 Re［（～512.2±1.8）ng/g 和（518.8±1.3）ng/g］、Os［（14 478.3±46.3）pg/g 和（14 605.3±75.8 pg/g）］浓度和 $^{187}Re/^{188}Os$［（230.7±0.9）和（231.5±1.0）］、$^{187}Os/^{188}Os$［2.84±0.01 和 2.83±0.01］值（表 6.2）。重复样品分析得到的相似结果在早期研究中也得到证实（Lillis and Selby，2013）。

整体上看，所有取自沥青脉、断层和裂缝的沥青样品并没有得到一个很好的线性关系，在 Re、Os 同位素组成上表现出较大的变化范围[图 6.6（a）]。鉴于此，对不同地区的样品进行了分类分析。来自一号沥青脉的 3 个沥青样品具有较为相似的 Re-Os 同位素组成，从而无法得到一个有意义的 Re-Os 同位素年龄[（674±490）Ma]。相比于 3 个沥青脉体样品，晚于一号沥青脉形成的断层沥青（SKD-1f）的 Re-Os 结果具有相似的 $^{187}Os/^{188}Os$ 值，但是却具有较高的 $^{187}Re/^{188}Os$ 值（表 6.2）。二号沥青脉的两个沥青样品展现出不同的 Re-Os 同位素特征。尽管仅仅由两个样品点获得的等时线年龄不具有很强的地质意义，但是由二号沥青脉中两个样品得到的同位素年龄仍然指示脉体内沥青可能形成于早侏罗世[（181±41）Ma]。

三号沥青脉的沥青样品 Re-Os 同位素具有较大的变化范围，大部分样品的元素组成与一号、二号沥青脉有所差异。所有取自三号沥青脉的沥青得到一组模式 3（数据的误差由原始误差和成正态分布的与 $^{187}Os/^{188}Os$ 相关误差组成）的 Re-Os 等时线年龄（503±140）Ma。其中，MSWD 为 90，初始 $^{187}Os/^{188}Os$ 值为 0.91±0.71[图 6.6（b）]。

表 6.2 龙门山造山带山西段北段矿山梁地区沥青及原油的 Re-Os 同位素测试结果

样品	纬度	经度	Re/(ng/g)	±2σ	Os/(pg/g)	±2σ	^{187}Re/^{188}Os	±2σ	^{187}Os/^{188}Os	±2σ	Rho	(^{187}Os/^{188}Os)$_{i503}$	(^{187}Os/^{188}Os)$_{i486}$	(^{187}Os/^{188}Os)$_{i483}$	(^{187}Os/^{188}Os)$_{i158}$
11SKD-3d	32°20′27″	105°27′47″	403.5	1.0	11 094.0	64.7	239.1	1.1	2.92	0.02	0.560	—	—	0.99	—
11SKD-4d	32°20′25″	105°27′48″	512.2	1.8	14 478.3	46.3	230.7	0.9	2.84	0.01	0.260	—	—	0.97	—
11SKD-4d-rpt	32°20′25″	105°27′48″	518.8	1.3	14 605.3	75.8	231.5	1.0	2.83	0.01	0.567	—	—	0.96	—
11SKD-5d	32°20′26″	105°27′47″	547.9	1.9	15 347.3	50.3	232.8	0.9	2.84	0.01	0.238	—	—	0.96	—
XKD-1d	32°20′26″	105°27′49″	332.9	1.1	6 182.4	80.9	349.7	5.2	2.79	0.07	0.591	—	-0.05	—	1.87
XKD-2d	32°20′25″	105°27′48″	334.0	1.2	5 058.7	38.4	440.2	3.2	3.07	0.03	0.576	—	-0.51	—	1.91
GY-1d	32°19′21″	105°27′47″	305.6	0.8	7 033.5	40.5	302.9	1.3	3.56	0.02	0.581	1.01	—	1.11	—
GY-2d	32°19′20″	105°27′45″	320.3	0.8	7 105.0	40.4	313.1	1.4	3.51	0.02	0.582	0.87	—	0.98	—
GY-3d	32°19′22″	105°27′47″	303.7	0.8	6 869.0	38.1	304.4	1.3	3.42	0.02	0.577	0.85	—	0.96	—
GY-4d	32°19′21″	105°27′46″	293.5	0.7	6 538.1	37.2	311.3	1.4	3.49	0.02	0.577	0.88	—	0.98	—
GY-5d	32°19′22″	105°27′47″	524.8	1.3	14 895.1	79.1	229.5	1.0	2.83	0.01	0.562	0.89	—	0.97	—
GY-6d	32°19′20″	105°27′48″	329.3	0.8	7 216.8	42.4	317.6	1.4	3.53	0.02	0.567	0.86	—	0.97	—
HSCD-1d	32°19′21″	105°27′47″	284.1	0.7	6 464.5	36.3	307.0	1.3	3.58	0.02	0.581	0.99	—	1.10	—
11LXB-1f	32°20′07″	105°27′20″	311.1	1.1	6 875.7	29.5	312.2	1.3	3.44	0.01	0.408	—	—	—	—
SKD-1f	32°20′26″	105°27′47″	525.9	1.8	8 460.4	20	404.8	1.4	2.82	0.00	0.468	—	-0.47	—	1.75
LXB-1f	32°20′06″	105°27′19″	352.2	1.2	4 058.2	31.6	595.1	4.2	3.37	0.03	0.582	—	-1.47	—	1.80
LXB-2f	32°20′06″	105°27′20″	334.4	1.1	4 259.3	25.6	535.6	2.8	3.32	0.02	0.505	—	-1.04	—	1.90
Oil-3	32°19′20″	105°27′48″	9.6	0.1	127.2	1.9	496.3	12.6	2.92	0.08	0.88	—	—	—	—
Oil-5	32°19′21″	105°27′47″	8.1	0.1	91.7	2.0	579.3	26.6	2.89	0.14	0.948	—	—	—	—

注：所有误差以 2σ 表示，Rho 为误差校正系数（Ludwig，1980）；（^{187}Os/^{188}Os）$_{i503}$、（^{187}Os/^{188}Os）$_{i486}$、（^{187}Os/^{188}Os）$_{i483}$ 和（^{187}Os/^{188}Os）$_{i158}$ 分别为 503 Ma、486 Ma、483 Ma 和 158 Ma 时的初始 ^{187}Os/^{188}Os 值。

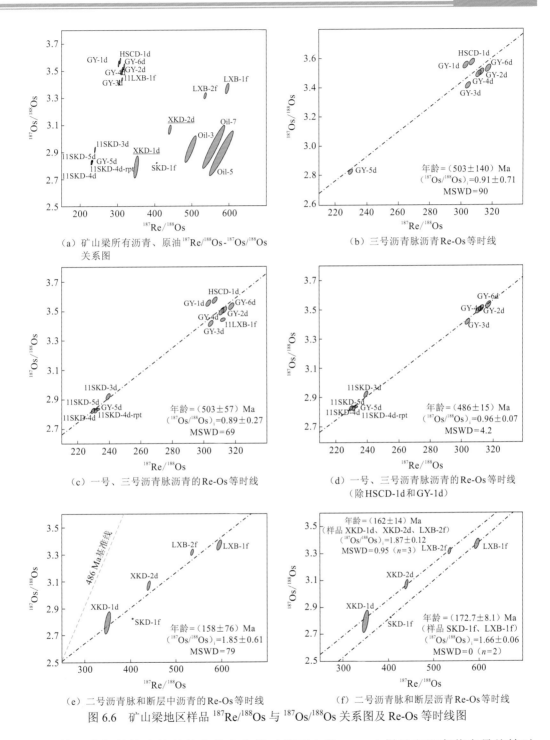

图 6.6 矿山梁地区样品 $^{187}Re/^{188}Os$ 与 $^{187}Os/^{188}Os$ 关系图及 Re-Os 等时线图

Re-Os 等时线年龄较大的误差由分布在等时线下方的 GY-5d 样品和没有落在最佳等时线的 HSCD-1d 和 GY-1d 所控制[图 6.6（c）]。计算发现，样品 HSCD-1d 和 GY-1d 的 $(^{187}Os/^{188}Os)_{i503}$ 约为 1.0，比其余样品（GY-2d、GY-3d、GY-4d、GY-5d、GY-6d）（0.85~0.89）更大，贡献了更多的等时线年龄误差（表 6.2）。选取在 503 Ma 具有相似 $^{187}Os/^{188}Os$

值的样品进行等时线分析，得到一组（^{187}Os/^{188}Os）$_i$ 为 0.97±0.13，更为精确的 Re-Os 等时线年龄（483±27）Ma。

采集于断层或者裂缝的沥青样品没有获得等时线。11LXB-1f 样品与三号沥青脉的沥青样品，特别是 GY-3d、GY-4d，具有相似的 ^{187}Re/^{188}Os 和 ^{187}Os/^{188}Os 值。而样品 SKD-1f、LXB-1f、LXB-2f 的 Re-Os 同位素特征与二号沥青脉中的沥青样品具有很强的相似性。联合分析二号沥青脉中的样品及裂缝沥青样品（SKD-1f、LXB-1f、LXB-2f）发现，5 个样品的 ^{187}Re/^{188}Os 和 ^{187}Os/^{188}Os 组成具有很好的正相关性，可以得到一组（^{187}Os/^{188}Os）$_i$ 为 1.85±0.61 的（158±76）Ma 的等时线年龄[图 6.6（e）]。较大的年龄误差与样品（LXB-1f、SKD-1f、LXB-2f、XKD-2d）大都分布于最佳年龄线的两侧，而没有完全落在最佳年龄线上有关。通过计算 158 Ma 的 ^{187}Os/^{188}Os 值发现，样品 LXB-1f 和 SKD-1f 的（^{187}Os/^{188}Os）$_{i158}$ 较低（1.80 和 1.75），而样品 XKD-1d、XKD-2d 和 LXB-2f 的（^{187}Os/^{188}Os）$_{i158}$ 值较高（1.87～1.91）（表 6.2）。分别对这两组样品进行等时线分析，结果显示两者都得到中侏罗世的等时线年龄[XKD-1d、XKD-2d 和 LXB-2f 为（162±14）Ma，（^{187}Os/^{188}Os）$_i$=1.87±0.12；LXB-1f 和 SKD-1f 为（172.7±8.1）Ma，（^{187}Os/^{188}Os）$_i$=1.66±0.06][图 6.6（f）]。

下寒武统长江沟组中渗出的原油样品与沥青样品相比，具有完全不同的 Re-Os 同位素特征。原油的沥青质组分具有很低的 Re（8.1～9.6 ng/g）、Os（91.7～127.2 pg/g）丰度（表 6.2）以及十分相近的 ^{187}Re/^{188}Os（496.3～579.3）和 ^{187}Os/^{188}Os（2.89～2.92）值（表 6.2），原油的这些特征导致未能获得 Re-Os 同位素等时线年龄。

6.3　矿山梁古油藏含油气系统演化

6.3.1　原油和沥青的来源

生物标志化合物分析发现，采集于沥青脉、断层中的沥青具有相似的地球化学特征，而火石村矿洞中的原油样品却具有完全不同的地球化学分析结果。沥青的烷烃、甾烷、萜烷分子组成分析结果[Pr/Ph=0.47～0.95；伽马蜡烷/藿烷=0.16；C_{23}/C_{21} 三环萜烷=1.35；C_{24} 四环萜烷/C_{26} 三环萜烷=1.41；Ts/（Ts+Tm）=0.31；重排藿烷/藿烷=0.05；藿烷 $S/（S+R）$=0.58；25-降藿烷/藿烷=0.15]（表 6.1）显示沥青来源于缺氧环境下的海相有机质，具有中-高等成熟度（R_o 为 0.8～1.0），遭受过生物降解作用（Wenger and Isaksen，2002；Peters and Moldowan，1993；Zumberge，1987）。甾烷谱图中（m/z=217），所有沥青样品孕甾烷/升孕甾烷值相近（2.44），C_{27}、C_{28}、C_{29} 甾烷 V 形分布，并且 C_{29} 甾烷具有最大丰度的特征，都指示这些沥青来自同一套烃源岩（Wu et al.，2012；Peters and Moldowan，1993）。用于反映成熟度的 C29 $\alpha\alpha\alpha$ $S/（S+R）$ 和 C29 $\beta\beta/（\beta\beta+\alpha\alpha）$ 值分别为 0.49 和 0.53，结果同样指示沥青为中等成熟度，在生油高峰时期形成（Georgiev et al.，2016；Peters and Moldowan，1993）。

与沥青样品相比，原油样品遭受了更为剧烈的生物降解作用，表现出更低的成熟度 [Ts/（Ts＋Tm）=0.37]（表 6.1，图 6.5）。检测的生物标志化合物参数结果（伽马蜡烷/ 藿烷=7.59 和 3.91；C_{24} 四环萜烷/ C_{26} 三环萜烷=0.52；重排藿烷/藿烷=5.54 和 3.10；孕 甾烷/升孕甾烷=0.21）指示原油样品来源于海陆交互环境下形成的有机质（Peters and Moldowan，1993；Zumberge，1987）。新元古代晚期至寒武纪晚期的陡山沱组和筇竹寺 组，以及上二叠统大隆组被认为是矿山梁地区主要烃源岩（图 6.7）（Wu et al.，2012； 黄文明 等，2011；林家善 等，2011；刘树根 等，2009；孙玮 等，2009）。早期的分析测 试发现陡山沱组和筇竹寺组黑色页岩的 C_{23} 三环萜烷/C_{24} 四环萜烷和孕甾烷/升孕甾烷值 较大（>2.5 和约 2.0），而大隆组 C_{23} 三环萜烷/C_{24} 四环萜烷和孕甾烷/升孕甾烷值较小（< 1.6 和约 1.0）（Wu et al.，2012）。本次测试获得的沥青样品的 C_{23} 三环萜烷/C_{24} 四环萜烷 和孕甾烷/升孕甾烷值分别为 2.42 和 2.44，而对于原油样品，这些参数的值为 0.26 和 0.20。

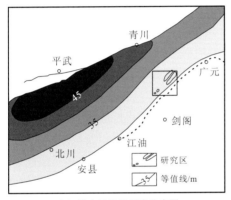

（a）陡山沱组烃源岩分布图

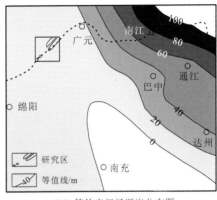

（b）筇竹寺组烃源岩分布图

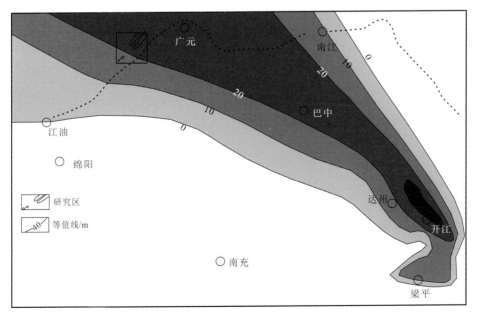

（c）大隆组烃源岩分布图

图 6.7　矿山梁地区烃源岩分布图（据 Wu et al.，2012 修编）

考虑到烃类与其母源具有相似的生物标示化合物特征（Wu et al.，2012；Zhang et al.，2000；Cole et al.，1987；Pusey，1973），这些地球化学参数指示沥青和原油来自不同的烃源岩，其中沥青主要来自震旦系至下寒武统的陡山沱组和筇竹寺组黑色页岩，而原油主要来源于二叠系大隆组黑色页岩。此外，碳同位素分析结果也指示沥青样品（-35.71‰～-27‰）与震旦系—寒武系烃源岩结果（-30.3‰～-35.4‰）具有很强的相似性，而原油样品（-25.9‰～-27.7‰）和二叠系大隆组泥岩（-25.9‰～-27.7‰）相关（Zhou et al.，2013；Wu et al.，2012）。

6.3.2　成藏关键时刻约束

早期的研究认为，龙门山北段及邻区四川盆地的原油生成与新元古界陡山沱组至寒武系筇竹寺组烃源岩在奥陶纪的成熟作用有关（Zou et al.，2014；Zhou et al.，2013）。所有沥青样品中，在三号沥青脉采集的沥青得到了一组奥陶纪年龄，与传统上理解的原油生成时间相呼应。所有三号沥青脉中的沥青的 Re-Os 等时线年龄为（503±140）Ma[图 6.6（b）]。选取三号沥青脉中具有相似（$^{187}Os/^{188}Os$）$_{i503}$ 值的样品（GY-2d、GY-3d、GY-4d、GY-5d、GY-6d；（$^{187}Os/^{188}Os$）$_i$=0.85～0.89）进行等时线分析，得到一组更为精确的 Re-Os 等时线年龄（483±27）Ma。关于三号沥青脉中样品 HSCD-1d 和 GY-1d 具有稍高（$^{187}Os/^{188}Os$）$_{i503}$ 值的确切原因，仍然无法给予确定的解释。但是原油的持续生成作用及原油生成后地层的持续沉积压实作用都有可能导致初始 $^{187}Os/^{188}Os$ 值（在 503 Ma 计算）具有一定的差异性。但是，两组 Re-Os 等时线年龄在误差范围内具有较好的一致性，都指示在奥陶纪存在一期原油的生成作用。这一年龄结果也与龙门山北段和相邻四川盆地地区埋藏历史结果显示的陡山沱组及筇竹寺组在奥陶纪埋藏至约 2 500 m，进入生烃门限（约 100 ℃），开始生油相吻合（Zhou et al.，2013；Yuan et al.，2012；刘树根 等，2009）。

不同于三号沥青脉，由于有限的 $^{187}Re/^{188}Os$ 和 $^{187}Os/^{188}Os$ 值变化范围，一号沥青脉中沥青 Re-Os 测试数据没有获得有效的等时线年龄。然而，一号沥青脉中的沥青与三号沥青脉中沥青（GY-5d）的 Re-Os 同位素测试数据具有很强的相似性（表 6.2）。计算获得的一号沥青脉样品的（$^{187}Os/^{188}Os$）$_{i483}$ 值（0.96～0.99）与三号沥青脉的结果相似（0.96～0.98）（除 GY-1d 和 HSCD-1d 样品外）（表 6.2）。基于一号及三号沥青脉中沥青具有相似的地球化学指标（图 6.5）及 Re-Os 同位素测试结果，推断这些沥青样品属于同期生成的产物。对除 GY-1d 和 HSCD-1d 样品以外的所有一号和三号沥青脉中的样品的 Re-Os 同位素数据进行综合分析，获得一组（486±15）Ma 的等时线年龄[图 6.6（d）]，这时间揭示了原油生成的时间。

相比于一号及三号沥青脉中的沥青，取自二号沥青脉及断层中的 5 个沥青样品具有十分显著的 Re-Os 同位素特征。这 5 个样品的（$^{187}Os/^{188}Os$）$_{i486}$ 值为负数（-0.05～-1.47）（表 6.2）。此外，与 486 Ma 等时线参考线相比，二号沥青脉和断层带沥青中的样品具有更高的 $^{187}Re/^{188}Os$ 值[图 6.6（e）]。这些不同之处都指示沥青样品可能与一号和三号沥青脉具有不同的形成时间，或者这些样品的 Re-Os 同位素系统遭受了剧烈的后期扰动。

采集于二号沥青脉（XKD-1d、XKD-2d）和断层中（SKD-1f、LXB-1f、LXB-2f）的 5 个沥青样品得到一组（158±76）Ma $[$（^{187}Os/^{188}Os）$_i$=1.85±0.61，MSWD=79$]$ 的模式 3 等值线年龄[图 6.6（e）]。众所周知，Re-Os 同位素数据得到具有统计意义的等时线年龄，实验样品需要满足三个条件：①同时形成，②有相同的初始 ^{187}Os/^{188}Os 值，③同位素系统在后期的演化过程中没有受到干扰或者影响（Kendall et al.，2009b；Selby et al.，2007；Cohen et al.，1999）。5 个沥青样品的等时线年龄表现出较高的 MSWD（79），指示上述样品获得有意义同位素等时线年龄的条件没有完全达到。尽管沉积后的影响、样品采样位置的差异性及样品生成时间的差异性均可能对 Re-Os 同位素数据造成一定的影响，但是 ^{187}Re/^{188}Os 与 ^{187}Os/^{188}Os 正相关性指示造成年龄结果波动较大的主要原因很可能是初始 ^{187}Os/^{188}Os 值的差异性。根据计算获得的 5 个样品（^{187}Os/^{188}Os）$_{i158}$ 值，大体分为两组。样品 XKD-1d、XKD-2d、LXB-2f 具有相近的（^{187}Os/^{188}Os）$_{i158}$ 值（约 1.90），而 SKD-1f、LXB-1f 的（^{187}Os/^{188}Os）$_{i158}$ 值相近（约 1.78）（表 6.2）。对这两组样品进行分类分析发现，XKD-1d、XKD-2d、LXB-2f 得到一组（162±14）Ma（Os_i=1.87±0.12，MSWD=0.95）[图 6.6（f）]的模式 1 等时线年龄。尽管只有两个样品，样品 SKD-1f 和 LXB-1f 得到一组（172.7±8.1）Ma 的 Re-Os 等时线年龄[图 6.6（f）]。两组年龄在误差范围内具有很好的一致性，从而指示中侏罗世（162～172 Ma）是这些样品的主要生成时间。

烃类生成时刻的 ^{187}Os/^{188}Os 组成从其烃源岩中继承而来（Lillis and Selby，2013；Finlay et al.，2011；Selby et al.，2007；Selby and Creaser，2005a；Selby et al.，2005）。两组不同时刻生成的沥青显著的初始 ^{187}Os/^{188}Os 值结果差异（约 0.95 和约 1.85）（图 6.6，表 6.2），指示这些沥青可能来自不同的烃源岩。然而，所有沥青的地球化学结果指示沥青来自陡山沱组—筇竹寺组黑色页岩。因此，侏罗纪形成的沥青具有较高的初始 ^{187}Os/^{188}Os 值（约 1.85），应主要是烃源岩较长时间 ^{187}Os 积累效应的结果（^{187}Re 衰变为 ^{187}Os）。尽管本次研究中未设计潜在烃源岩的 Re-Os 同位素分析，但是前人的研究发现扬子板块三峡地区（Kendall et al.，2009b）、贵州遵义地区（Jiang et al.，2007）新元古界—下寒武统泥岩在约 485 Ma 和约 165 Ma 的 ^{187}Os/^{188}Os 值分别为 0.89～0.98 和 1.54～2.01。这与矿山梁地区两个期次的沥青在对应时段的 ^{187}Os/^{188}Os 值结果相一致，进一步证实了两期形成的沥青来自同一套烃源岩，即陡山沱组—筇竹寺组黑色页岩。

6.3.3　含油气系统成藏演化过程

古生代以来，龙门山造山带经历了多期复杂的构造运动（Yan et al.，2011；戴建全，2011；Jin et al.，2010；Chen and Wilson，1996）。该地区埋藏历史结果（Zou et al.，2014；Zhou et al.，2013）及一号、三号沥青脉中沥青的 Re-Os 等时线年龄指示龙门山造山带及其四川盆地中的新元古界—下寒武统在中奥陶纪首次达到生烃门限开始生油。加里东构造运动期间，约 2 000 m 抬升剥蚀作用导致龙门山造山带生油活动停止（Zou et al.，2014；Wang et al.，2007；王宓君 等，1989）。四川盆地西南部五口单井中下寒武统筇竹寺组烃源岩成熟历史模拟结果指示在泥盆纪至石炭纪，该套烃源岩埋藏深度较浅，没有进入生烃门限（刘树根 等，2009）。受华北板块与华南板块碰撞作用的控制，龙门山造山带从三叠纪以来一直受到印支-燕山构造作用的控制（Liu et al.，2005），古地形重建结果显示龙门山造山带及东侧的四川盆地在晚侏罗世以前一直受挤压构造作用控制（Jin et al.，2009b；Liu et al.，1996），磷灰石裂变径迹年龄为（162±23）Ma（Arne et al.，1997）及约 160 Ma 的构造作用后岩浆活动（金文正 等，2008）记录了该期的构造活动（图 6.8）。此外，在野外观察到在断裂带带附近聚集的沥青[图 6.4（d）]，也指示沥青的运移及充注时间与该期构造活动同期或者稍晚。来自二号沥青脉及断层中的沥青样品得到的162～172 Ma 的 Re-Os 同位素等时线年龄也与龙门山造山带侏罗纪的构造活动相吻合。二号沥青脉和断层带沥青的有机地球化学指标显示沥青的烃源岩为陡山沱组—筇竹寺组黑色页岩。埋藏史模拟结果显示，该套烃源岩在中侏罗世埋藏深度达到 5 000 m 以上，

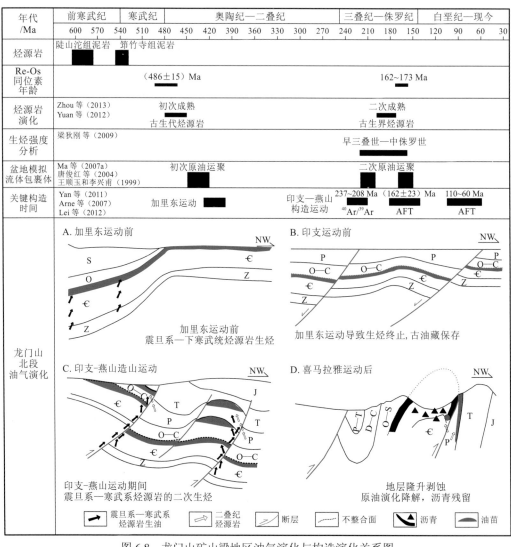

图 6.8 龙门山矿山梁地区油气演化与构造演化关系图

再次进入生烃门限（R_o 约为 1.2%）（Zou et al., 2014；刘树根 等，2009）。扬子板块下寒武统烃源岩生烃强度结果指示，三叠纪和中侏罗世存在两期生油高峰（沈传波 等，2019；梁狄刚 等，2009，2002）。此外，四川盆地内部资 1 井和高科 1 井单井分析也发现，下寒武统黑色页岩在中侏罗世达到生烃高峰（刘树根 等，2009；Zhang et al., 2005）。四川盆地西南缘威远地区单井盆地模拟和流体包裹体分析结果（均一温度约为 120 ℃）也指示，在三叠纪至侏罗纪存在一期烃类的生成和运移过程（Zou et al., 2014；Ma et al., 2007a；唐俊红 等，2004）（图 6.8）。

　　结合上述证据和认识，建立了龙门山北段矿山梁地区油气演化过程（图 6.8）：①早古生代，震旦系—下寒武统筇竹寺组烃源岩埋深达到 2 500 m 以上，首次达到生烃门限（R_o A 为 0.8%）并开始生油；②紧随其后的加里东造山运动（450～400 Ma）导致了该地区近 2 000 m 的抬升剥蚀作用，使震旦系—下寒武统烃源岩停止生烃（图 6.8A、B）；③三叠纪—侏罗纪，由于印支-燕山作用导致震旦系—下寒武统烃源岩再次埋藏至 5 000 m 以下，再次成熟（R_o 约为 1.2%），开始第二期的油气生成作用（图 6.8C）。对于原油样品，尽管没有获得有意义的 Re-Os 同位素等时线年龄，但是有机地球化学分析的结果及前期的认识都指示原油很有可能来源于二叠系烃源岩，并于中生代开始生油（图 6.8C）；④白垩纪以来，受控于印度板块与欧亚板块的碰撞挤压，龙门山造山带遭受了持续的抬升剥蚀作用，从而造成了龙门山地区多数的圈闭和储层遭受剥蚀破坏，最终以古油藏的形式保存下来（图 6.8D）。

第 7 章

Re-Os 同位素在川北米仓山含油气系统的应用

7.1 区域地质背景

7.1.1 区域构造-地层概况

　　米仓山隆起位于四川盆地北缘，同时也是上扬子板块的最北端，面积约 4 500 km²。米仓山隆起的西部、东北部及东部地区分别被龙门山造山带、汉南隆起及大巴山造山带所围限（图 7.1）。从北向南，米仓山隆起可以划分为基底逆冲带、山前断褶带及南部斜坡带（黄盛，2013）。整个米仓山地区至少记录了加里东运动（约 480 Ma）、印支运动（约 200 Ma）及燕山运动（约 100 Ma）三期较为强烈的构造造山运动（Yang et al.，2013；Dong et al.，2012，2011；Tian et al.，2012；孙东，2011）。

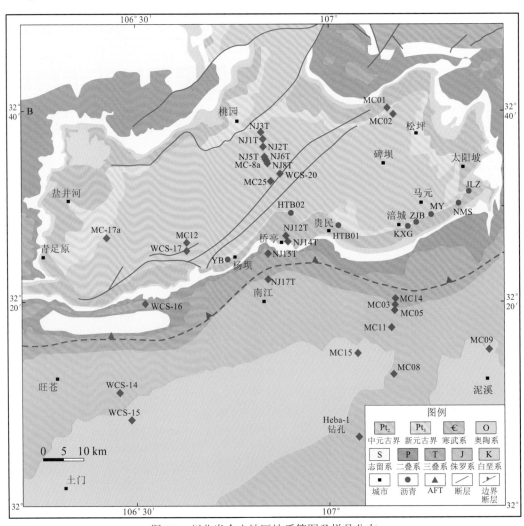

图 7.1　川北米仓山地区地质简图及样品分布

　　构造上，米仓山隆起是一个由新元古代变质火山岩和花岗岩为核，新元古代—中生代海相碳酸岩和碎屑岩为翼的区域背斜（Wang et al.，2008；齐文 等，2004），其中固体沥青广泛分布于米仓山地区新元古界灯影组中（代寒松 等，2009）。新元古界灯影组展布面积约 8 500 km^2，其中最大厚度约 500 m，平均厚度也达到 100 m（图 7.1）。米仓山及邻区灯影组中沥青广泛出露，预计灯影组中的沥青储量可以达到 1 250 t，折合原油超过 200 亿桶（代寒松 等，2009）。沥青为经历过原油裂解作用形成的高成熟焦沥青，依据沥青在米仓山地区的丰度情况，在原油裂解过程中生成的天然气总量不小于 110 万亿 m^3（刘树根 等，2015）。受白垩纪以来构造抬升作用的影响，米仓山地区的盖层系统遭受强烈剥蚀，消耗殆尽（代寒松 等，2010；常远 等，2010）。但是，在四川盆地的中部及南部地区，盖层系统发育良好，其中寒武系—志留系及三叠系—侏罗系在通江及巴中地区表现为良好的区域盖层（刘树根 等，2015）。烃源岩方面，根据已有的生物标志化合物（刘树根 等，2015；Cao et al.，2014；张少妮，2013）及碳同位素分析测试结果，下寒武统筇竹寺组（$\delta^{13}C$ 约为 27.2‰）被认为是该地区乃至四川盆地新元古界灯影组沥青及原油和天然气（$\delta^{13}C$ 约为 27.5‰）的主要来源（图 7.2）。灯影组以浅海相碳酸盐岩、碎屑岩系为主，可分为 4 个岩性层（表 7.1），呈花边状围绕基底展布，与其下的新元古界基底呈角度不整合接触，与上覆寒武系为平行不整合接触关系（刘树根 等，2015）。

表 7.1　震旦系灯影组分层及岩性表（刘树根 等，2015）

地层			代号	岩性
下寒武统	筇竹寺组	烃源岩	$\epsilon_1 q$	下部为黑色泥页岩，中上部为石英砂岩
震旦系	灯影组	灯四段	$Z_2 d^4$	上部含燧石条带薄层白云岩，局部（孔隙沟）出露黑色、浅灰色中薄层状胶磷矿磷灰岩，浅色者常具鲕状结构
		灯三段	$Z_2 d^3$	厚层状白云岩、砾屑白云岩、构造角砾白云岩、碎裂白云岩、薄层状含泥质白云岩
		灯二段	$Z_2 d^2$	黄灰色长石石英砂岩与灰白色中厚层硅质白云岩互层，间夹泥质白云岩
		灯一段	$Z_2 d^1$	上部为层纹状、栉壳状藻屑白云岩夹中厚层状白云岩，有铅锌矿化，下部为中薄层状泥质白云岩
	火地娅群麻窝子组	上段	$Pt_{2\text{-}3}Hm^3$	砂岩、含砾砂岩夹薄层状白云岩，底部见底砾岩

7.1.2　含油气系统要素

　　米仓山地区发育下寒武统筇竹寺组烃源岩（图 7.2），岩性为泥页岩，是一套分布范围广、厚度大、质量高的烃源岩层。前人研究表明烃源岩厚度可达 50~100 m，有机碳含量总体介于 0.56%~2.21%，平均为 1.23%（刘树根 等，2015）。此外，灯影组三段在南江杨坝剖面可见黑灰色泥页岩层、泥质白云岩，有机碳含量为 0.09%~2.08%，平均为 0.95%，也是较好的烃源岩（冷鲲 等，2013）。但在米仓山地区，该层则以白云岩、泥质

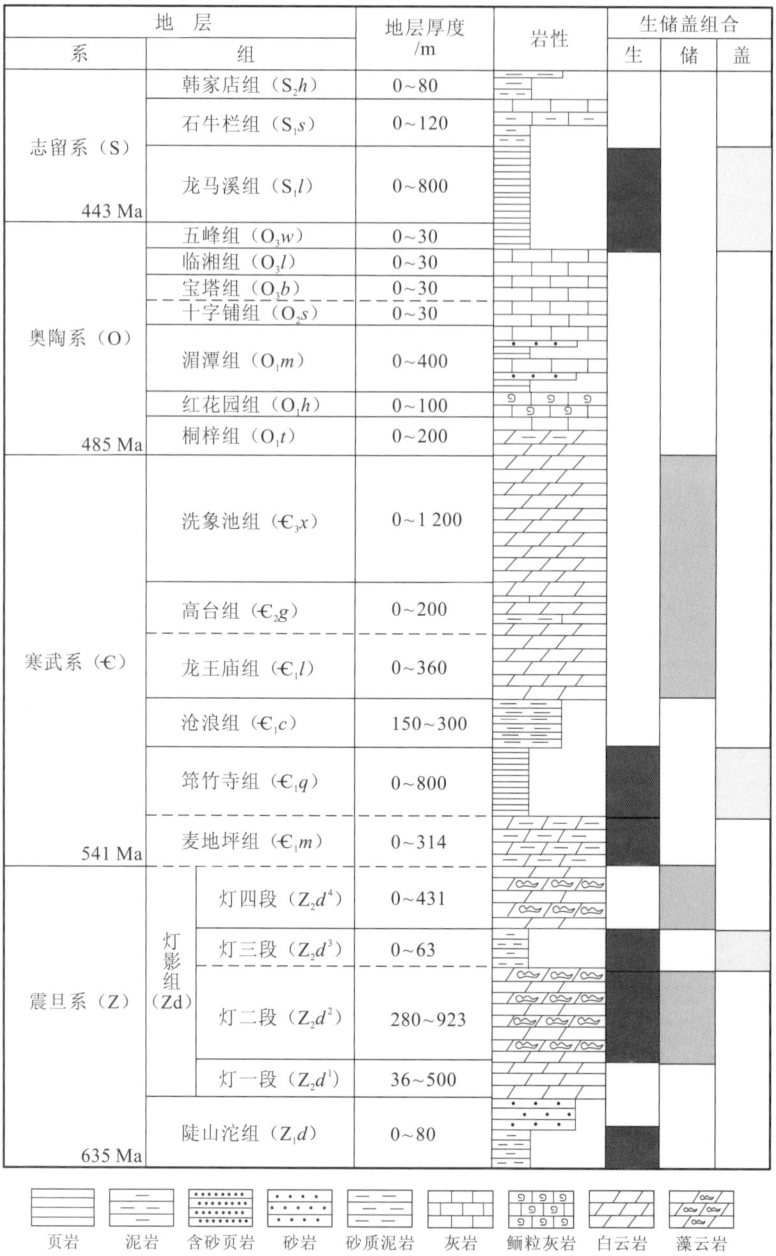

地 层			地层厚度 /m	岩性	生储盖组合		
系	组				生	储	盖
志留系（S）443 Ma	韩家店组（S₂h）		0~80				
	石牛栏组（S₁s）		0~120				
	龙马溪组（S₁l）		0~800				
奥陶系（O）485 Ma	五峰组（O₃w）		0~30				
	临湘组（O₃l）		0~30				
	宝塔组（O₃b）		0~30				
	十字铺组（O₂s）		0~30				
	湄潭组（O₁m）		0~400				
	红花园组（O₁h）		0~100				
	桐梓组（O₁t）		0~200				
寒武系（Є）541 Ma	洗象池组（Є₃x）		0~1 200				
	高台组（Є₂g）		0~200				
	龙王庙组（Є₁l）		0~360				
	沧浪组（Є₁c）		150~300				
	筇竹寺组（Є₁q）		0~800				
	麦地坪组（Є₁m）		0~314				
震旦系（Z）635 Ma	灯影组（Zd）	灯四段（Z₂d⁴）	0~431				
		灯三段（Z₂d³）	0~63				
		灯二段（Z₂d²）	280~923				
		灯一段（Z₂d¹）	36~500				
	陡山沱组（Z₁d）		0~80				

页岩　泥岩　含砂页岩　砂岩　砂质泥岩　灰岩　鲕粒灰岩　白云岩　藻云岩

图 7.2　川北及其周缘新元古界—下古生界综合柱状图

（据王佳宁，2015；黄盛，2013 综合修编）

白云岩为主，推测受古地貌影响，灯三段泥质岩可能并不是区域性发育。储层主要集中于灯一段和灯三段，主要为裂缝形、裂缝-孔隙形及溶孔-裂缝形储层（谷志东 等，2016）。灯一段主要为层纹状、栉壳状藻屑白云岩，受到近地表淡水作用改造强烈，主要为潮间-潮下沉积，孔隙度为 2.02%~11.08%，平均为 3.65%，以溶孔-裂缝形为主。灯三段为一套厚层状叠层石、砾屑白云岩，孔隙度一般小于 2%，微裂缝发育，属于典型的裂缝形储层。灯影组中丰富的沥青显示了灯影组作为良好储层的直接证据。下寒武统筇竹寺组也可作为良好的烃源岩和区域性封盖层，与灯影组白云岩储层可以形成良好的生储盖组合，即筇竹寺组为主力烃源岩，灯影组为储层，筇竹寺组为区域性封盖层，筇竹寺组生成的油气向储层内运移成藏，形成"上生下储"的生储盖组合（古志东 等，2016）。

7.2 实验样品采集与测试结果

7.2.1 实验样品采集

沥青样品采自米仓山隆起南翼（图 7.3）。固体沥青赋存于新元古界灯影组白云岩及断层、裂缝孔隙中，最小的沥青样品长约 1 cm，宽 0.2～0.5 cm，而绝大多数沥青样品长 3～5 cm，宽 2～3 cm（图 7.3）。11 个沥青样品采集于米仓山南缘九岭子、楠木树、马元、朱家坝、孔隙沟、汇滩及杨坝 7 个不同采样点。其中，每两个采样点间隔 5～8 km（图 7.1）。所有样品采集于新元古界灯影组白云岩中，地层倾向西南方向，倾角约 40°。

为了揭示米仓山地区构造演化与油气演化的相互关系，沿南北方向还收集了前人在米仓山地区及四川盆地内部地表露头和钻井中的 35 个已经发表的磷灰石裂变径迹热年代学数据（Yang et al.，2013；Lei et al.，2012；Tian et al.，2012）（图 7.1，表 7.2）。此外，还收集了研究区已经发表的 15 个样品的磷灰石裂变径迹热历史模拟结果（Yang et al.，2013；Tian et al.，2012）。这些热历史结果包括位于 8 个（MC01、MC02、MC25、NJ1T、

（a）九岭子采样点沥青照片

（b）海拔 955 m 处楠木树采样点沥青照片

（c）海拔 1 030 m 处楠木树采样点沥青照片

（d）海拔 1 068 m 处楠木树采样点沥青照片

（e）孔隙沟采样点沥青照片　　　　　　　（f）杨坝采样点沥青照片

图7.3　米仓山地区沥青样品野外露头及手标本照片

NJ2T、NJ3T、NJ5T、NJ6T）米仓山隆起地区的新元古界花岗岩、闪长岩或砂岩样品，以及 7 个（MC03、MC05、MC11、NJ12T、NJ15T、NJ17T、HB1-4）分布于米仓山隆起南部山前断褶带和南部斜坡区的古生界至中生界砂岩样品（图7.1），裂变径迹的详细数据见表7.2。

表7.2　川北米仓山及盆内磷灰石裂变径迹测试数据统计

样号	纬度	经度	岩性	地层	高程/m	年龄/Ma	±1σ	长度/μm	±1σ	来源
MC01	32°41'54"	107°07'27"	花岗岩	新元古界	1 106	95.8	4.4	13.00	0.10	Yang 等（2013）
MC02	32°41'17"	107°08'24"	花岗岩	新元古界	1 073	103.0	3.7	12.90	0.10	Yang 等（2013）
NJ3T	32°37'12"	106°49'30"	闪长岩	新元古界	1 650	103.0	5.1	13.14	0.12	Tian 等（2012）
NJ1T	32°36'58"	106°49'41"	闪长岩	新元古界	1 554	119.8	5.9	13.13	0.10	Tian 等（2012）
NJ2T	32°36'36"	106°49'48"	闪长岩	新元古界	1 588	123.5	6.0	13.23	0.10	Tian 等（2012）
NJ5T	32°35'42"	106°50'28"	闪长岩	新元古界	1 268	103.7	4.2	11.40	0.25	Tian 等（2012）
NJ6T	32°35'28"	106°50'28"	砂岩	新元古界	1 286	110.1	5.3	12.95	0.12	Tian 等（2012）
MC-8a	32°35'22"	106°50'40"	闪长岩	新元古界	1 269	99.0	—	—		Sun（2011）
NJ8T	32°34'26"	106°50'42"	泥岩	前寒武系	1 259	93.9	4.1	—		Tian 等（2012）
WCS-20	32°33'09"	106°52'11"	花岗岩	新元古界	703	63.7	6.4	12.10	0.20	Lei 等（2012）
MC25	32°32'45"	106°51'53"	花岗岩	新元古界	1 317	110.7	6.8	12.80	0.10	Yang 等（2013）
NJ12T	32°28'26"	106°52'44"	砂岩	奥陶系	636	82.9	7.8	12.25	0.17	Tian 等（2012）
MC-17a	32°28'19"	106°26'44"	闪长岩	新元古界	625	81.0	—	—		Sun（2011）
NJ14T	32°27'18"	106°53'20"	砂岩	志留系	575	60.8	5.7	—		Tian 等（2012）
MC12	32°26'50"	106°38'37"	闪长岩	新元古界	978	68.9	3.5	—		Yang 等（2013）
WCS-17	32°26'02"	106°38'38"	砾岩	寒武系	1 139	80.4	10.6	12.10	0.20	Lei 等（2012）
NJ15T	32°25'30"	106°51'50"	砂岩	三叠系	506	73.8	3.7	12.66	0.20	Tian 等（2011）
NJ17T	32°22'19"	106°51'11"	砂岩	侏罗系	557	68.4	3.4	12.49	0.16	Tian 等（2011）
MC14	32°21'39"	107°10'17"	砂岩	侏罗系	500	62.4	5.2	—		Yang 等（2013）

续表

样号	纬度	经度	岩性	地层	高程/m	年龄/Ma	±1σ	长度/μm	±1σ	来源
MC03	32°21'07"	107°10'06"	砂岩	三叠系	515	66.8	2.9	11.80	0.20	Yang 等（2013）
MC04	32°20'51"	107°10'37"	砂岩	侏罗系	550	78.2	5.8	—	—	Yang 等（2013）
MC05	32°19'31"	107°10'44"	砂岩	侏罗系	505	64.1	2.1	11.50	0.10	Yang 等（2013）
WCS-16	32°19'17"	106°32'13"	砾岩	寒武系	541	69.8	6.2	11.40	0.30	Lei 等（2012）
MC11	32°17'56"	107°09'32"	砂岩	三叠系	497	61.6	3.0	12.20	0.20	Yang 等（2013）
MC09	32°15'26"	107°26'05"	砂岩	白垩系	448	60.3	2.3	—	—	Yang 等（2013）
MC15	32°14'52"	106°58'30"	砂岩	白垩系	461	66.8	2.5	12.20	0.20	Yang 等（2013）
MC08	32°13'06"	107°10'41"	砂岩	侏罗系	481	70.2	4.5	—	—	Yang 等（2013）
WCS-14	32°11'34"	106°27'50"	砂岩	侏罗系	462	70.7	4.7	10.60	0.30	Lei 等（2012）
WCS-15	32°08'18"	106°29'19"	砂岩	白垩系	419	77.4	6.1	10.90	0.30	Lei 等（2012）
HB1-4	32°05'49"	107°06'07"	砂岩	侏罗系	−68	73.1	4.7	12.48	0.20	Tian 等（2012）
HB1-5	32°05'49"	107°06'07"	砂岩	侏罗系	−2 594	25.6	2.2	11.02	0.40	Tian 等（2012）
HB1-6	32°05'49"	107°06'07"	砂岩	侏罗系	−2 972	16.1	1.5	10.62	0.34	Tian 等（2012）
HB1-8	32°05'49"	107°06'07"	泥岩	三叠系	−3 398	17.3	3.0	10.00	0.45	Tian 等（2012）
HB1-9	32°05'49"	107°06'07"	砂岩	三叠系	−3 496	14.0	2.5	11.15	0.41	Tian 等（2012）
HB1-1	32°05'49"	107°06'07"	砂岩	三叠系	−4 485	8.8	1.3	10.22	0.48	Tian 等（2012）

7.2.2　实验测试结果

固体沥青样品的反射率、镜下荧光及地球化学特征分析在中国石油化工股份有限公司石油勘探开发研究院无锡石油地质研究所完成，沥青的 Re 和 Os 同位素分析在英国杜伦大学烃源岩及硫化物地质年代学和地球化学实验室完成。

与镜质体反射率相似（R_o，%），沥青反射率（R_b，%）也是一个成熟度指标，在含油气盆地分析中应用广泛（Riediger，1993；Bertrand，1993）。随着沥青成熟度的增高，沥青反射率也逐渐增大，其中沥青反射率与镜质体反射率存在线性关系（Schoenherr et al.，2007；Landis and Castaño，1995；Jacob，1989）。通常未成熟的沥青的反射率 R_b<0.25%，而成熟和过成熟沥青 R_b 分别为约 1.1%及>1.7%（Schoenherr et al.，2007；Landis and Castaño，1995；Jacob，1989）。米仓山地区 5 个固体沥青样品的 R_b 为 3.25%～4.08%（表 7.3），指示这些沥青样品已经进入过成熟演化阶段。烃类（沥青及原油）的紫外荧光分析也可以帮助评估烃类的成熟度。随着成熟度的增加，荧光颜色会由黄色变为棕色直至无色（Shi et al.，2015；陈红汉，2014；Jacob，1989）。图 7.4 指示了米仓山地区楠木树、九岭子采样点固体沥青荧光镜下特征。显微镜下观察发现储层主要由白云石组成，不规则或者球粒状沥青镶嵌在裂缝及颗粒之间，大多数沥青表现为无荧光

表 7.3 川北米仓山地区沥青 Re-Os 同位素测试数据

样品	纬度	经度	地层	$R_o/\%$	Re/(ng/g)	±2σ	Os/(pg/g)	±2σ	$^{187}Re/^{188}Os$	±2σ	$^{187}Os/^{188}Os$	±2σ	Rho	$(^{187}Os/^{188}Os)_{i239}$
HTB01	32°28'58"	107°05'39"	灯影组	—	175.5	0.6	4 087.2	18.6	311.6	1.3	3.746	0.012	0.419	2.502
HTB02	32°30'02"	106°52'42"	灯影组	—	177.4	0.6	4 579.2	28.3	271.4	1.5	3.608	0.021	0.554	2.525
MY601	32°31'32"	107°19'08"	灯影组	—	191.4	0.7	5 053.0	21.7	257.8	1.0	3.291	0.010	0.391	2.263
MY603	32°31'28"	107°18'54"	灯影组	—	154.8	0.5	4 823.7	28.7	216.0	1.2	3.168	0.019	0.552	2.306
NMS955	32°31'28"	107°18'56"	灯影组	3.97	143.5	0.5	4 307.0	26.5	224.4	1.3	3.182	0.020	0.591	2.286
NMS1030	32°31'48"	107°19'38"	灯影组	3.94	184.9	0.6	5 002.3	30.6	251.5	1.4	3.286	0.020	0.580	2.283
NMS1068	32°31'41"	107°19'42"	灯影组	3.25	113.8	0.4	3 030.4	19.1	255.4	1.5	3.277	0.021	0.625	2.258
ZJB01	32°29'52"	107°09'54"	灯影组	—	153.8	0.5	4 220.9	25.3	247.2	1.3	3.258	0.019	0.555	2.271
JLZ4	32°31'11"	107°19'48"	灯影组	4.08	188.1	0.7	3 771.1	23.8	340.2	2.0	3.326	0.021	0.606	1.969
YB01	32°28'19"	106°47'10"	灯影组	—	154.2	0.5	5 669.5	47.4	166.8	1.5	2.826	0.032	0.653	2.160
KXG5	32°29'39"	107°09'35"	灯影组	3.97	106.2	0.6	4 812.9	30.4	263.6	1.5	3.415	0.021	0.585	2.363

注：所有误差以 2σ 表示。Rho 为误差校正系数（Ludwig，2008）；$(^{187}Os/^{188}Os)_{i239}$ 为 239 Ma 时的初始 $^{187}Os/^{188}Os$ 值

NMS 1 070

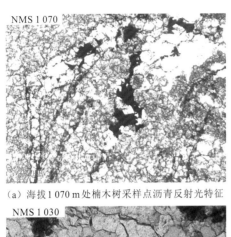

NMS 1 070

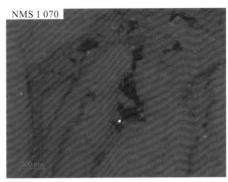

（a）海拔 1 070 m 处楠木树采样点沥青反射光特征　　　（b）海拔 1 070 m 处楠木树采样点沥青荧光特征

NMS 1 030

NMS 1 030

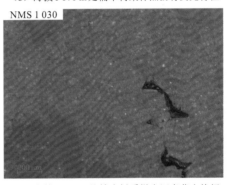

（c）海拔 1 030 m 处楠木树采样点沥青反射光特征　　　（d）海拔 1 030 m 处楠木树采样点沥青荧光特征

JLZ-5

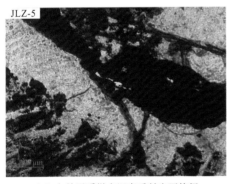

JLZ-5

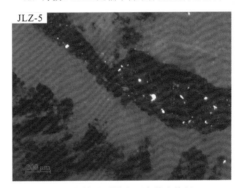

（e）九岭子采样点沥青反射光下特征　　　（f）九岭子采样点沥青荧光特征

图 7.4　米仓山古油藏沥青样品的荧光特征

的特征（图 7.4）。这些岩相学分析也指示米仓山隆起区沥青为高温（≥150℃）热裂解作用形成的具有高成熟度的焦沥青（Waples，2000；Tsuzuki et al.，1999；Dieckmann et al.，1998；Pepper and Corvi，1995）。

固体沥青样品的 Re、Os 同位素丰度分别为 106.2～191.4 ng/g 和 3 030.4～5 669.5 pg/g（表 7.3）。这一结果远高于地壳中 Re、Os 的平均丰度（Re=0.198 ng/g 和 Os=31 pg/g）（Rudnick and Gao，2003；Esser and Turekian，1993），与前人发表的沥青样品和富有机质沉积物样品的丰度具有一定的可比性（Georgiev et al.，2016；Ge et al.，2016；Xu G et al.，2014；Lillis and Selby，2013；Rooney et al.，2010；Xu G et al.，2009a；Cohen et al.，1999；

Ravizza and Turekian, 1992)。固体沥青的 $^{187}Re/^{188}Os$ 和 $^{187}Os/^{188}Os$ 值分别为 166.8～340.2 和 2.826～3.746（表 7.3）。11 个沥青的 Re-Os 测试数据得到一个（239±150）Ma 的模式 3 等时线年龄，其中初始 $^{187}Os/^{188}Os$ 值为 2.29±0.64，MSWD 为 398（表 7.3，图 7.5）。

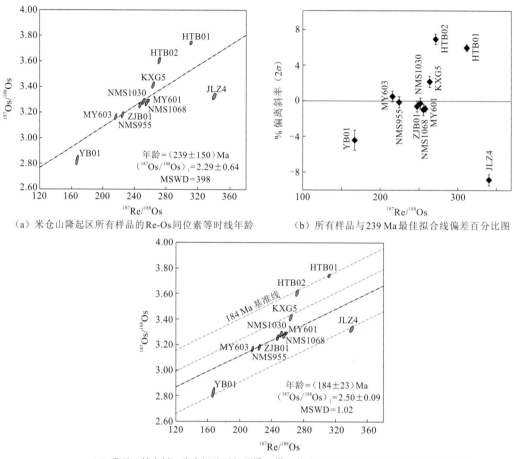

（a）米仓山隆起区所有样品的 Re-Os 同位素等时线年龄　　（b）所有样品与 239 Ma 最佳拟合线偏差百分比图

（c）马元、楠木树、朱家坝地区初始 $^{187}Os/^{188}Os$ 值为2.25～2.30的Re-Os同位素等时线年龄

图 7.5　米仓山地区沥青 Re-Os 同位素数据分析图

　　所有 35 个磷灰石裂变径迹年龄为（123.5±6.0）～（8.8±1.3）Ma。所有这些磷灰石裂变径迹年龄均比样品所在侵入体或者沉积地层的年龄要小，指示磷灰石裂变径迹曾经经历过热退火作用，而测试得到的裂变径迹年龄代表晚期热退火时间。所有这些裂变径迹年龄在从米仓山隆起至四川盆地方向表现出逐渐年轻的变化趋势（图 7.1）。米仓山隆起区的 11 个样品具有较大的裂变径迹年龄范围[（64～124）Ma]，均值约 102 Ma。四川盆地内部的 18 个露头样品的磷灰石裂变径迹年龄范围为（60～83）Ma，平均年龄约 70 Ma。而四川盆地北部 HB1 井上的磷灰石裂变径迹年龄结果，除浅部样品 HB1-4 具有较老的年龄外（约 73 Ma），其余样品磷灰石年龄结果较为年轻（9～26 Ma）（图 7.1）。35 个磷灰石裂变径迹样品的长度在（10.0±0.45）～（13.23±0.10）μm 变化。与磷灰石年龄结果类似，径迹长度数据也存在一个从北向南逐渐递减的趋势（表 7.2），可能指示

了存在不同的冷却抬升过程。

　　不同地区磷灰石裂变径迹的热历史（时间-温度关系）结果能够更为精细地反映米仓山地区及四川盆地内部构造-热演化过程。对 6 个实验样品（MC01、MC02、MC03、MC05、MC11、MC25）进行热历史模拟，并结合 Tian 等（2012）发表的 9 个样品的热历史结果联合分析（图 7.6）。热历史模拟使用 HeFTy 软件（版本 1.8.4），依据扇形曲线退火模型（Ketcham，2005），使用 c-轴投影径迹长度（Donelick et al.，1999），其中裂变径迹初始长度使用 L_0=（16.0±0.8）μm（Shen et al.，2012b）。模拟过程中，针对每一个样品，在超过 10 万条模拟路径结果中优选 500 条最好的时间-温度曲线来表征样品的热演化历史（Yang et al.，2013）。15 个样品的热历史模拟结果可以大体分为两组。第一组由米仓山地区的 8 个样品组成，尽管不同样品之间存在一定的差异，但是整体上显示出在 140～100 Ma 存在一期温度范围由 120 ℃冷却至 60 ℃的抬升剥蚀过程（图 7.6）。第二组由米仓山地区南部四川盆地内部的 7 个样品组成，该组样品指示在 100～60 Ma 存在一期温度由 120 ℃降低至 60 ℃的连续冷却剥蚀过程（图 7.6）。

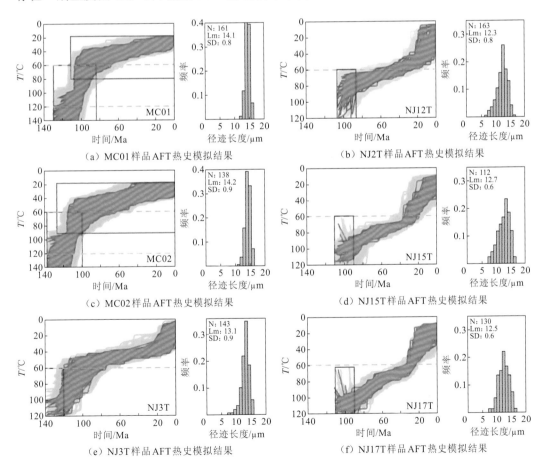

（a）MC01 样品 AFT 热史模拟结果　（b）NJ2T 样品 AFT 热史模拟结果
（c）MC02 样品 AFT 热史模拟结果　（d）NJ15T 样品 AFT 热史模拟结果
（e）NJ3T 样品 AFT 热史模拟结果　（f）NJ17T 样品 AFT 热史模拟结果

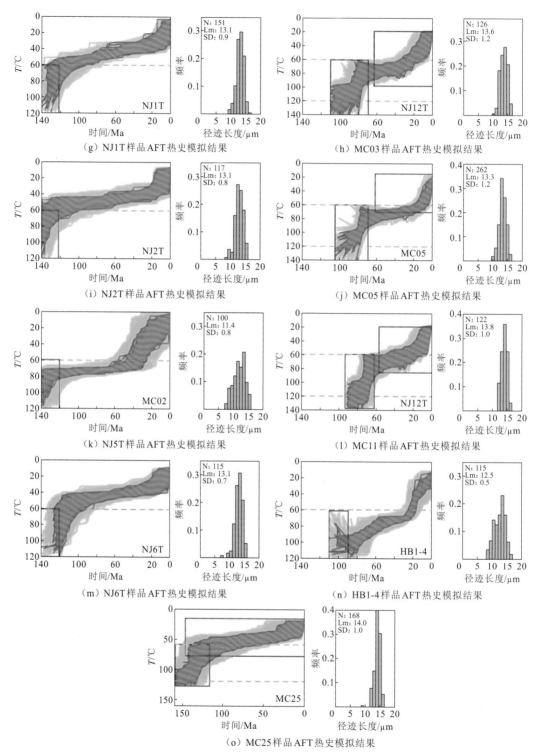

（g）NJ1T样品AFT热史模拟结果　　（h）MC03样品AFT热史模拟结果

（i）NJ2T样品AFT热史模拟结果　　（j）MC05样品AFT热史模拟结果

（k）NJ5T样品AFT热史模拟结果　　（l）MC11样品AFT热史模拟结果

（m）NJ6T样品AFT热史模拟结果　　（n）HB1-4样品AFT热史模拟结果

（o）MC25样品AFT热史模拟结果

图7.6　川北米仓山及其邻区区磷灰石裂变径迹热历史模拟结果

（据 Yang et al.，2013；Tian et al.，2012 综合修编）

7.3　米仓山古油藏含油气系统演化

7.3.1　沥青地球化学特征及成因

研究分析了 11 个样品，其中 10 个沥青样品，包括裂缝沥青、缝洞沥青和孔洞沥青，均采于米仓山震旦系灯影组；1 个烃源岩样品，采自同地区的寒武系。

1. 可溶有机质及族组成

有机溶剂抽提表明，古油藏沥青样品的氯仿沥青"A"含量均很低（表 7.4），为 $3.51\times10^{-6}\sim11.58\times10^{-6}$，表明不易被常规有机溶剂抽提，可抽提的量很少。由于量少，无法进行族组分定量分离，只能进行族组分薄板分离，使得饱和烃、芳香烃、非烃和沥青质各组分无法定量。这表明该沥青具有高热演化特征，这一推测从沥青的反射率测试结果中得到证实（表 7.4）。

表 7.4　米仓山古油藏储层沥青和烃源岩样品基本信息

样品号	位置	描述	层位	氯仿沥青"A"/（$\times10^{-6}$）	R_b/ %	R_o/ %*
NMS-1170-8	楠木树	裂缝沥青	Z	9.56	3.31	2.51
NMS-1110-BS1	楠木树	缝洞沥青	Z	7.29	3.82	2.85
NMS-1070-B1	楠木树	裂缝沥青	Z	10.00	4.21	3.10
NMS-955-1	楠木树	孔洞沥青	Z	6.15	4.09	3.02
NMS-955-3	楠木树	裂缝沥青	Z	8.09	3.97	2.94
NMS-1068-3	楠木树	裂缝沥青	Z	9.18	3.25	2.47
NMS-1030-1	楠木树	缝洞沥青	Z	8.01	3.94	2.92
JLZ-4	九岭子	裂缝沥青	Z	10.37	4.08	3.02
JLZ-5	九岭子	裂缝沥青	Z	3.51	4.13	3.05
KXG-1	孔隙沟	缝洞沥青	Z	6.24	3.97	2.94
NMS-955-5	楠木树	烃源岩	Є	11.58	—	2.95

*指由丰国秀（1988）提出的换算公式 $R_o=0.336+0.6569R_b$ 换算

2. 饱和烃气相色谱特征

1）正构烷烃

根据饱和烃气相色谱特征，储层沥青样品奇偶优势（odd-even predominace，OEP）分布在 0.80～0.94，平均为 0.88。正构烷烃分布特征大多以前峰型为主，主峰碳为 C_{18}、C_{20}

（表 7.5），少数样品显示有一定含量的碳数大于 27 的正构烷烃，可能来源上有差别。色谱图中可见一些样品在 $nC_{15} \sim nC_{23}$ 有一定的偶碳优势（图 7.7），推测与咸水还原环境有关。此外，储层沥青饱和烃气相色谱图显示形成沥青前的油气可能遭受过生物降解（图 7.7）。

表 7.5　楠木树古油藏储层沥青和烃源岩样品饱和烃色谱特征参数

样品号	层位	主峰碳	OEP	Pr/C_{17}	Ph/C_{18}	Pr/Ph
NMS-1170-8	Z	C_{20}	0.93	0.92	1.61	0.24
NMS-1110-BS1	Z	C_{18}	0.84	1.14	1.61	0.44
NMS-1070-B1	Z	C_{20}	0.89	1.14	3.64	0.12
NMS-955-1	Z	C_{20}	0.91	1.14	1.61	0.33
NMS-955-3	Z	C_{20}	0.85	1.23	2.05	0.25
NMS-1068-3	Z	C_{20}	0.81	1.17	2.15	0.19
NMS-1030-1	Z	C_{20}	0.82	1.35	1.76	0.31
JLZ-4	Z	C_{20}	0.97	1.04	1.29	0.29
JLZ-5	Z	C_{18}	0.80	1.07	1.30	0.38
KXG-1	Z	C_{20}	0.94	1.14	1.27	0.31
NMS-955-5	€	C_{19}	0.98	0.90	0.94	0.39

2）类异戊二烯烃

姥鲛烷（Pr）与植烷（Ph）的比值（Pr/Ph）主要用于沉积环境的判别。一般来说，Pr/Ph 低于 0.5，为强还原膏盐沉积环境；Pr/Ph 为 0.5～1，为还原环境；Pr/Ph 为 1～2，为弱还原-弱氧化环境；当 Pr/Ph 大于 2，则为氧化环境。

饱和烃气相色谱图特征显示，所有样品植烷优势较为显著，Pr/Ph 低（表 7.5）。沥青样品 Pr/Ph 为 0.12～0.44，平均为 0.29，烃源岩为 0.39。研究区内低 Pr/Ph 值表征着烃源岩沉积时期为缺氧还原环境，结合图 7.8 和图 7.9，推测沥青母源的沉积环境为半咸水-咸水的还原海相环境。

3. 生物标志化合物特征

生物标志化合物具有明确的生源意义，可反映烃类相应母质的原始生源组成、沉积环境和成熟度等，并具有指相和断代意义。

1）萜烷系列

各样品均检测出丰富的三环萜烷，且沥青样品和烃源岩三环萜烷分布特征相似。在三环萜分布中，各样品以 C_{23} 为主峰（图 7.8），沥青样品 C_{23}/C_{21} 三环萜平均为 1.79（表 7.6），且三环萜烷丰度明显低于五环三萜烷，沥青样品三环萜/五环三萜平均值为 0.22（表 7.6）。沥青样品伽马蜡烷指数介于 0.19～0.48，平均值为 0.31（表 7.6、图 7.10）。

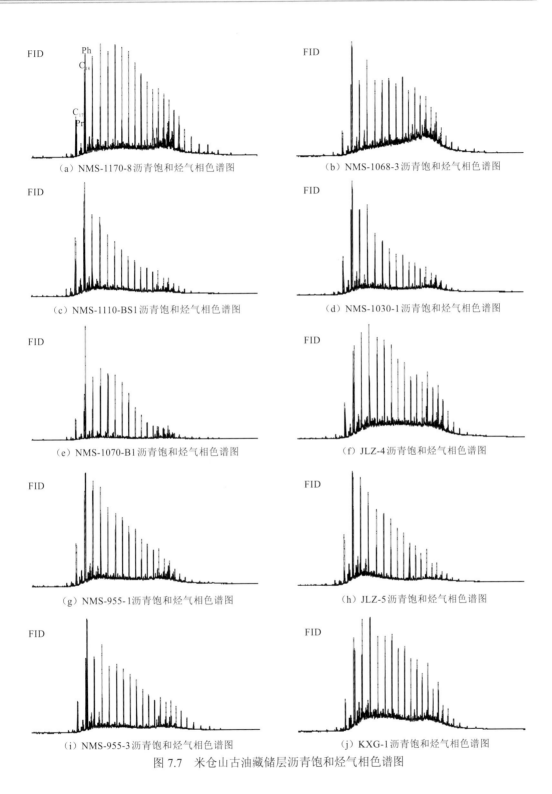

图 7.7 米仓山古油藏储层沥青饱和烃气相色谱图

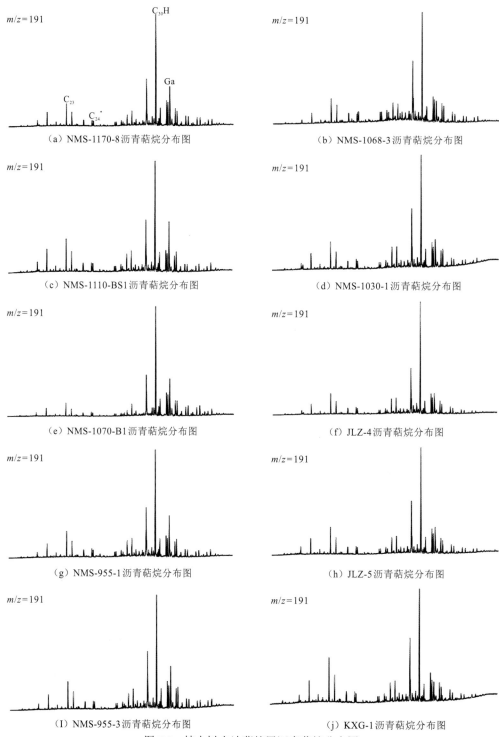

图 7.8 楠木树古油藏储层沥青萜烷分布图

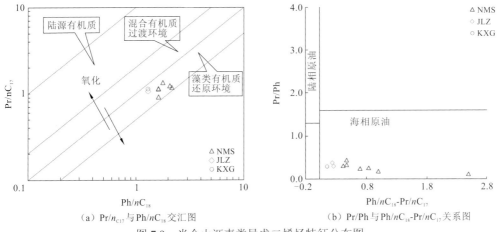

（a）Pr/n_{C17} 与 Ph/nC_{18} 交汇图　　　（b）Pr/Ph 与 Ph/nC_{18}-Pr/nC_{17} 关系图

图 7.9　米仓山沥青类异戊二烯烃特征分布图

表 7.6　米仓山古油藏储层沥青和烃源岩样品萜烷系列参数

样品号	层位	Ts/Tm	C_{24}*/C_{26}	C_{23}/C_{21}三环萜	三环萜/五环三萜	C_{29}Ts/C_{30}H	伽马蜡烷指数	奥利烷指数
NMS-1170-8	Z	0.67	0.63	1.60	0.17	0.09	0.36	0.04
NMS-1110-BS1	Z	0.84	0.57	1.36	0.25	0.12	0.48	0.04
NMS-1070-B1	Z	0.43	0.68	1.77	0.11	0.05	0.35	0.03
NMS-955-1	Z	0.85	0.60	1.80	0.21	0.12	0.41	0.04
NMS-955-3	Z	0.70	0.56	1.74	0.20	0.12	0.38	0.04
NMS-1068-3	Z	0.93	0.37	2.32	0.25	0.18	0.20	0.04
NMS-1030-1	Z	0.96	0.64	1.78	0.23	0.15	0.25	0.04
JLZ-4	Z	0.88	0.67	1.98	0.20	0.12	0.20	0.03
JLZ-5	Z	0.86	0.58	1.65	0.24	0.13	0.28	0.04
KXG-1	Z	0.85	0.61	1.94	0.31	0.15	0.19	0.05

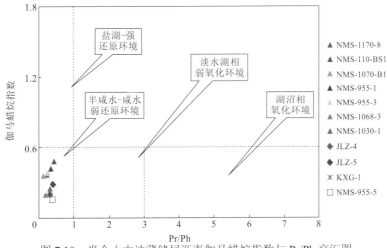

图 7.10　米仓山古油藏储层沥青伽马蜡烷指数与 Pr/Ph 交汇图

2）甾烷系列

规则甾烷参数表见表 7.7。储层沥青样品中规则甾烷 $C_{27}/C_{29}\alpha\alpha\alpha R$ 为 0.58～1.08，平均为 0.76。如图 7.11 所示，C_{27}、C_{28}、$C_{29}\alpha\alpha\alpha R$ 甾烷分布特征多为不对称 V 形。其中 NMS-1110-BS1、NMS-955-1 和 JLZ-5 的 $C_{29}\alpha\alpha\alpha R$ 略高于 $C_{27}\alpha\alpha\alpha R$，对于这些 C_{29} 规则甾烷优势现象，显然不能归因于高等植物的输入，因为古生代之前并没有陆生植物的出现。实际上，除高等植物外，一些海洋低等生物如褐藻及绿藻也可以提供 C_{29} 甾烷的来源。

表 7.7 米仓山古油藏储层沥青和烃源岩样品甾烷系列参数

样品号	层位	$C_{27}/C_{29}\alpha\alpha\alpha R$	$C_{29}\alpha\alpha\alpha S/S+R$	$C_{29}\beta\beta/(\alpha\alpha+\beta\beta)$	重排甾烷/规则甾烷	（孕+升孕）/规则甾烷
NMS-1170-8	Z	0.76	0.15	0.21	0.04	0.01
NMS-1110-BS1	Z	0.58	0.14	0.24	0.05	0.02
NMS-1070-B1	Z	0.79	0.10	0.18	0.03	0.01
NMS-955-1	Z	0.60	0.15	0.24	0.05	0.02
NMS-955-3	Z	0.88	0.17	0.23	0.04	0.01
NMS-1068-3	Z	0.80	0.20	0.26	0.06	0.01
NMS-1030-1	Z	0.83	0.16	0.23	0.04	0.02
JLZ-4	Z	1.08	0.21	0.26	0.04	0.02
JLZ-5	Z	0.65	0.21	0.28	0.07	0.03
KXG-1	Z	0.81	0.25	0.28	0.18	0.04

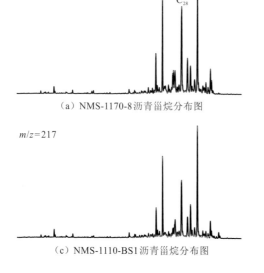

（a）NMS-1170-8沥青甾烷分布图

（c）NMS-1110-BS1沥青甾烷分布图

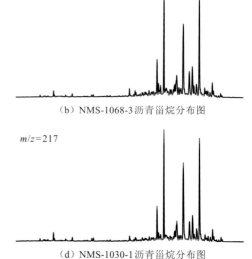

（b）NMS-1068-3沥青甾烷分布图

（d）NMS-1030-1沥青甾烷分布图

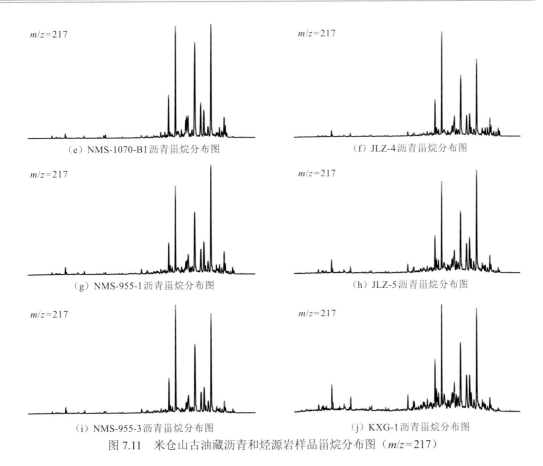

（e）NMS-1070-B1沥青甾烷分布图　　　　　（f）JLZ-4沥青甾烷分布图

（g）NMS-955-1沥青甾烷分布图　　　　　（h）JLZ-5沥青甾烷分布图

（i）NMS-955-3沥青甾烷分布图　　　　　（j）KXG-1沥青甾烷分布图

图 7.11　米仓山古油藏沥青和烃源岩样品甾烷分布图（m/z=217）

C_{27}、C_{28}、C_{29} 规则甾烷的 $\alpha\alpha\alpha R$ 生物构型甾烷三角图（图 7.12）可见，其母源的有机质来源为混合来源。综合前述研究，推测该地区烃源岩有机质来源主要为低等水生生物。

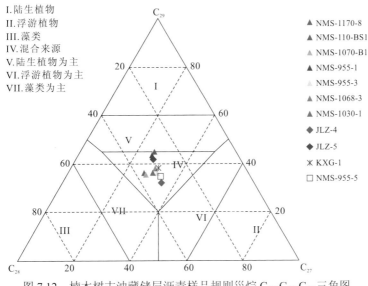

图 7.12　楠木树古油藏储层沥青样品规则甾烷 C_{27}-C_{28}-C_{29} 三角图

重排甾烷/规则甾烷值一般反映烃源岩的矿物学特征、氧化程度及受热引起的成熟度。通常认为低的重排甾烷/规则甾烷值指示着缺氧、贫黏土的碳酸盐岩沉积环境，而高的重排甾烷/规则甾烷值则是富含黏土烃源岩的典型特征。除孔隙沟的一个储层沥青样品稍高外（其比值为 0.18），其余沥青样品中重排甾烷/规则甾烷值均很小，平均为 0.05，推测该值与岩性和成熟度没有明显的关系，不同时代、不同岩性的海相烃源岩它们的变化不大。此外，该区（孕甾烷＋升孕甾烷）/规则甾烷的变化不大。

利用 $C_{29}\alpha\alpha\alpha S/S+R$ 和 $C_{29}\beta\beta/(\alpha\alpha+\beta\beta)$ 做交汇图，可分析样品的成熟度。结果显示（图 7.13），该区储层沥青样品分布在未熟—低熟，与沥青实测 R_b 不一致，与代寒松等（2009）的文献资料也有很大差别，其资料表明米仓山灯影组沥青 R_b 普遍较高（2.48%～2.84%），属于典型的裂解沥青。这可能表明可抽提的沥青与所测的固体沥青非同一成因沥青，可能是不同期不同成熟度的油气次生变化的结果。

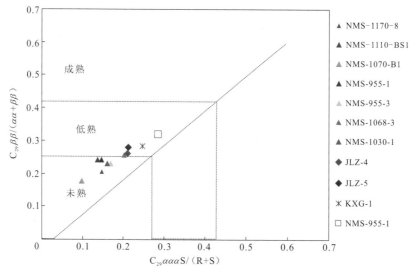

图 7.13　楠木树古油藏储层沥青样品 $C_{29}\alpha\alpha\alpha S/(S+R)$ 与 $C_{29}\beta\beta/(\alpha\alpha+\beta\beta)$ 交汇图

4. 沥青的成熟度与来源

芳烃分子地球化学参数在油气的成熟度确定上有着广泛的研究和应用。通过分析，该区储层沥青样品的甲基菲指数（methylphenanthrene index，MPI）为 1.01～1.45 [MPI＝1.5（2-MP＋3-MP）/（P＋1-MP＋9-MP）]，平均为 1.25，计算得视镜质组反射率 R_c 为 1.54～1.76，平均为 1.64（R_c=-0.50MPI＋2.27，适用于 R_o=1.35%～2.00%）。该结果表明样品成熟度较高，处于高熟阶段。其他芳烃参数也有类似结论（表 7.8），与饱和烃成熟度参数结论的不一致也表明油气的多期充注。

表 7.8　楠木树古油藏储层沥青和烃源岩样品芳烃分子地球化学参数

样品号	样品	层位	2+3-MP/P	1+9-MP/P	MP/P	MPI	R_c
NMS-1170-8	裂缝沥青	Z	2.68	2.59	5.28	1.12	1.71
NMS-1110-BS1	缝洞沥青	Z	2.30	1.96	4.27	1.17	1.69

续表

样品号	样品	层位	2+3-MP/P	1+9-MP/P	MP/P	MPI	R_c
NMS-1070-B1	裂缝沥青	Z	2.70	2.36	5.05	1.20	1.67
NMS-955-1	孔洞沥青	Z	1.83	1.53	3.36	1.08	1.73
NMS-955-3	裂缝沥青	Z	2.40	1.74	4.15	1.32	1.61
NMS-1068-3	裂缝沥青	Z	3.22	2.34	5.56	1.45	1.55
NMS-1030-1	缝洞沥青	Z	3.83	3.23	7.06	1.36	1.59
JLZ-4	裂缝沥青	Z	3.99	3.31	7.29	1.39	1.58
JLZ-5	裂缝沥青	Z	3.79	2.91	6.69	1.45	1.54
KXG-1	缝洞沥青	Z	1.89	1.81	3.71	1.01	1.76

注：MP 为甲基菲，P 为菲

研究区震旦系沥青样品 $\delta^{13}C$ 饱和烃值平均值为-28.13‰，$\delta^{13}C$ 芳烃值平均值为-26.42‰，$\delta^{13}C$ 非烃平均值为-27.2‰，$\delta^{13}C$ 沥青质平均值为-27.23‰。烃源岩样品 $\delta^{13}C$ 饱和烃值为-27.8‰，$\delta^{13}C$ 芳烃值为-25.7‰，$\delta^{13}C$ 非烃值为-27‰，$\delta^{13}C$ 沥青质值为-27‰（表 7.9）。

表 7.9 楠木树古油藏储层沥青和烃源岩样品各组分碳同位素

样品号	样品	层位	$\delta^{13}C_{PDB}$/‰				
			沥青"A"	饱和烃	芳烃	非烃	沥青质
NMS-1170-8	裂缝沥青	Z	−28.0	−28.5	−26.8	−27.1	−27.7
NMS-1110-BS1	缝洞沥青	Z	−27.5	−27.8	−26.2	−26.7	−26.6
NMS-1070-B1	裂缝沥青	Z	−28.2	−28.6	−26.8	−27.0	−27.0
NMS-955-1	孔洞沥青	Z	−28.4	−28.2	−26.3	−28.0	−28.2
NMS-955-3	裂缝沥青	Z	−27.2	−28.3	−26.5	−26.7	−26.6
NMS-1068-3	裂缝沥青	Z	−28.1	−28.6	−26.5	−27.4	−27.3
NMS-1030-1	缝洞沥青	Z	−28.0	−28.2	−27.1	−27.8	−27.1
JLZ-4	裂缝沥青	Z	−27.5	−27.8	−26.6	−26.9	−27.3
JLZ-5	裂缝沥青	Z	−27.5	−27.7	−26.4	−27.1	−26.9
KXG-1	缝洞沥青	Z	−28.4	−27.6	−25.0	−27.3	−27.6
NMS-955-5	烃源岩	€	−27.2	−27.8	−25.7	−27.0	−27.0

各样品整体表现出 $\delta^{13}C$ 饱和烃<$\delta^{13}C$ 非烃<$\delta^{13}C$ 芳烃，但 $\delta^{13}C$ 非烃与 $\delta^{13}C$ 沥青质的关系则分两种，NMS-1170-8、NMS-955-1、JLZ-4 和 KXG-1 的 $\delta^{13}C$ 非烃>$\delta^{13}C$ 沥青质，其余的为 $\delta^{13}C$ 非烃≤$\delta^{13}C$ 沥青质，但两者差别较小（图 7.14）。研究中 $\delta^{13}C$ 饱和

烃<δ^{13}C 非烃<δ^{13}C 芳烃这一分布现象与正常的分布规律不符,碳同位素组成出现了"逆转"现象。研究认为,不同类型的生物由于自身化学组成的特殊性,各自的碳同位素组成也有差别,一般来说细菌、藻类等低等生物形成的有机质中 δ^{13}C 平均值低于高等植物来源的有机质。因此,高等植物的输入常常会造成沉积有机质中 δ^{13}C 的增大,使得极性较小的组分具有较重的碳同位素组成。但是因为古生代生物群实际上以低等动植物、微生物为主,所以有机质来源的差异并不是氯仿沥青"A"组分碳同位素分布逆转的主要原因。样品的正构烷烃分布特征表明,主峰碳为 C_{18}~C_{20},低碳数正构烷烃丰度高于高碳数正构烷烃,微生物降解作用微弱。所以推测对这一现象影响最大的因素为热演化作用。因该地区烃源岩处于高成熟—过成熟阶段,沥青多为裂解沥青,所以热力学作用造成了氯仿沥青"A"组分碳同位素分布逆转。

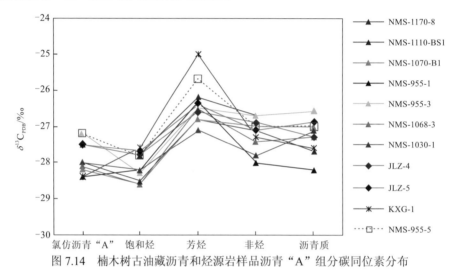

图 7.14 楠木树古油藏沥青和烃源岩样品沥青"A"组分同位素分布

各组分的碳同位素组成整体偏重,除饱和烃组分碳同位素值较低外,其他组分的 δ^{13}C 值一般大于-28‰,指示该储层沥青成熟度高。

沥青-烃源岩对比的中心思想是沥青有机质的一些成分参数与其烃源岩中残留的有机质的地球化学参数具有相似性,而与非烃源岩则有明显差别。沥青-烃源岩对比的方法有很多,其中生物标志化合物分析是一项关键技术,它是预测并确定烃源岩的重要方法。常用方法主要有相关曲线法、指纹图对比法、归一化对比法及多种参数综合对比。

从 m/z = 191 色质谱图可以看出,3 个沥青样品与烃源岩样品的三环萜烷、五环三萜烷分布有明显的一致性。其中各样品三环萜以 C_{23} 为主峰,C_{20}、C_{21}、C_{23} 呈阶梯上升趋势;五环三萜烷的分布特征差异不大,均以 C_{30} 藿烷为主峰,同时,各样品伽马蜡烷含量均较高(图 7.15)。10 个沥青样品与烃源岩样品的各项萜烷指标较为接近(表 7.6)。

将沥青与烃源岩样品 m/z=217 色质谱图甾烷分布曲线进行对比(图 7.16),发现它们具有相似的分布曲线,相似的碳数分布范围(C_{21}~C_{29}),规则甾烷呈不对称 V 字形分布,说明沥青与烃源岩之间有亲缘关系。储层沥青样品中规则甾烷 $C_{27}/C_{29}\alpha\alpha\alpha R$ 分布范围为 0.58~1.08,平均为 0.76,与烃源岩样品 0.95 相差不大。

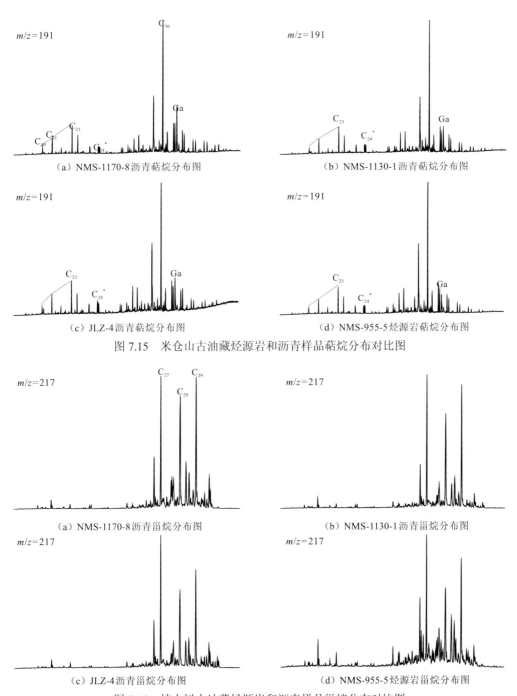

图 7.15　米仓山古油藏烃源岩和沥青样品萜烷分布对比图

图 7.16　楠木树古油藏烃源岩和沥青样品甾烷分布对比图

此外，沥青样品与烃源岩样品中 $\delta^{13}C$ 值在各组分中显示相似的分布趋势和相近的值（图 7.14），这也说明沥青可能来源于筇竹寺组烃源岩。

由上述可知，米仓山隆起地区采集的所有沥青样品具有相似的地球化学特征。例如，它们不溶于 $CHCl_3$，具有较高的沥青反射率（$R_b=3.25\sim4.08$），无荧光颜色等。此外，前人在米仓山隆起地区的研究还发现沥青具有较高的 T_{max}（～540℃）（黄耀宗，2010）。总之，米仓山地区沥青反射率、荧光颜色、T_{max} 及不溶于 $CHCl_3$ 的特征都指示这些沥青为高成熟的焦沥青。虽然在米仓山隆起地区没有已知的天然气藏发现，但是在四川盆地内部，距离米仓山隆起以南 200 km 的资阳-威远地区，勘探发现甲烷含量占总气体组分的 85%以上（Wei et al.，2008）（图 7.1）。碳同位素分子组成（C_1～C_3）是鉴定天然气形成机制的重要方法（Prinzhofer and Huc，1995）。烃类裂解过程中，$\ln$（C_2/C_3）值会持续升高，而生成气体的 $^{13}C_2$～$^{13}C_3$ 差值会基本保持不变（Prinzhofer and Huc，1995）。前人实验测试发现，资阳-威远地区的天然气 $\ln$（C_1/C_2）值范围较小（5.5～7.0），而 $\ln$（C_2/C_3）值表现出较为宽泛的范围（1.0～6.5）（刘树根 等，2009），这一结果指示资阳-威远地区天然气是早期烃类裂解作用的产物，此外，该结果指示四川盆地其他区域也可能发生原油热裂解作用，形成以高成熟焦沥青和甲烷为主的天然气藏。

7.3.2　原油裂解作用发生的时间

1. 沥青 Re-Os 同位素年龄

在烃源岩的热水解实验，烃类的生成具有很强的阶段性。早期，温度的升高导致干酪根质量减少，与之对应的是沥青质含量的持续增加。此后，随着温度持续的升高，沥青质丰度减小并逐渐热解为液态油（Behar et al.，1991；Lewan，1985）。晚期，在更高的温度条件下（约 360 ℃），水解实验显示原油及残存的沥青质含量会急剧减少，天然气会大量生成。此外，实验还发现烃源岩组分质量在此阶段会稍有增加。这一结果指示原油发生裂解以后，会有一部分残留物（焦沥青）保存下来。总体而言，烃源岩水解实验指示高成熟焦沥青和天然气在烃类演化晚期阶段同时形成。此外，原油热裂解（Hill et al.，2003）及阿曼北部法哈德盐水盆地烃类组分的数值模拟（C_{14}^+ 至 C_1 随时间演化）结果（Huc et al.，2000），也都指示焦沥青与干气在高温条件下通过热裂解作用同时形成。

目前，四川盆地已经发现了包括资阳-威远气田、安岳大气田和普光大气田在内的超过 50 个气田（邹才能 等，2014；罗志立 等，2013；Wei et al.，2008；戴金星，2003）。然而对于天然气形成的具体时间依然没有统一的认识。四川盆地北部南江地区的盆地模拟结果指示，原油的主要生成时间为晚寒武世至奥陶纪（王东和王国芝，2011）。泥盆纪至石炭纪地层抬升剥蚀期之后，整个四川盆地内部的晚寒武世至奥陶纪富有机质地层在晚二叠世至晚白垩世经历了快速埋藏作用（埋深>7000 m），被认为是一期重要的石油形成时期（汪泽成 等，2016，2014；Liu et al.，2010；Ma et al.，2008）。将资阳地区含气包裹体的均一温度结果（Th>160℃）（王佳宁，2015；唐俊红 等，2004）投影至四川盆地北部的埋藏历史结果中（刘树根 等，2015；Yuan et al.，2012），发现原油的热裂解作用主要发生在三叠纪至侏罗纪。

米仓山隆起区所有 11 个焦沥青样品的 Re-Os 同位素数据得到一组（239±150）Ma

的等时线年龄，其中（^{187}Os/^{188}Os）$_i$ 为 2.29±0.64，MSWD 为 398。用来反映数据与最佳拟合线关系的 MSWD 显示，这些 Re-Os 同位素数据并没有完全满足同位素获取准确的等时线年龄的三个条件：①样品同时形成，②具有相同的同位素初始比值，③Re-Os 同位素系统在后期演化过程中没有遭受干扰破坏（Georgiev et al.，2019；Kendall et al.，2009b；Selby et al.，2007；Cohen et al.，1999）。

针对这一问题，计算了各个样品 Re-Os 数据与最佳拟合线关系的百分误差[图7.5（b）]。计算结果显示，样品 HTB01、HTB02、JLZ4、YB01、KXG5 与最佳拟合线相比，具有较大的误差（除 KXG5 样品外，均大于 4.4%）。此外，计算样品在 239 Ma 的初始 ^{187}Os/^{188}Os 值发现（表 7.3）：MY601、MY603、NMS955、NMS1030、NMS1068、ZJB01 的初始 ^{187}Os/^{188}Os 值相似（2.25～2.30），而其余 5 个样品（KXG05、HTB01、HTB02、YB01、JLZ04）的初始 ^{187}Os/^{188}Os 值较为分散（1.96～2.15，$n=2$；2.36～2.52，$n=3$）。实验样品初始 ^{187}Os/^{188}Os 值的差异可能是样品本身具有不同的 Os 同位素组成，也可能是不同样品具有不同的形成时间，或者 Re-Os 同位素系统遭受了后期的干扰破坏。对于这些可能性，进行如下探讨。

具有相似初始 ^{187}Os/^{188}Os 值及较小最佳拟合线误差的 6 个样品（MY601、MY603、NMS955、NMS1030、NMS1068、ZJB01）得到了一组（184±23）Ma 的模式 1 等时线年龄，初始 ^{187}Os/^{188}Os 值为 2.50±0.09，MSWD 为 1.02 [图 7.5（c）]。剩余 5 个样品在 ^{187}Re/^{188}Os - ^{187}Os/^{188}Os 等时线图上分布于 184 Ma 等时线上下两侧[图 7.5（c）]。在这些样品中，样品 KXG05 的初始 ^{187}Os/^{188}Os 值为 2.36，处于样品 HTB01 和 HTB02（2.49～2.52）及样品 JLZ04 和 YB01（1.96～2.15）结果之间[图 7.5（c）]。虽然由两个点确定的等时线年龄不能完全真实地反映地质年龄（Ludwig，2003），但是计算结果仍然发现样品 HTB01 和 HTB02 可以获得（205±32）Ma 的等时线年龄，（^{187}Os/^{188}Os）$_i$ 为 2.68±0.16；样品 JLZ04 和 YB01 可以获得（173±12）Ma 的等时线年龄，（^{187}Os/^{188}Os）$_i$ 为 2.34±0.06。这两个等时线年龄与（184±23）Ma 的模式 1 等时线年龄在误差范围内基本一致。这一年龄揭示了米仓山地区原油热裂解、天然气生成的时间（图 7.17）。米仓山古油藏与沥青伴生的石英流体包裹体 ^{40}Ar/^{39}Ar 同位素年龄揭示在中奥陶世[（458±5.6）Ma]存在一期烃类运聚过程（沈传波 等，2019）。资 5 井和资 6 井震旦系灯影组沥青的 Re-Os 同位素分析获得了（414±44）Ma 的等时线年龄（施春华，2017）。这一 Re-Os 同位素等时线年龄在误差范围内与石英流体包裹体 ^{40}Ar/^{39}Ar 同位素年龄结果近于一致（图 7.17），表明在奥陶纪—志留纪，四川盆地北部米仓山也存在一期油气成藏作用。

2. Re-Os 同位素年龄的成藏意义

早期的研究发现高成熟焦沥青的 Re-Os 等时线年龄与焦沥青生成结束时间具有一定的吻合性，而且导致焦沥青形成的热裂解作用可以影响甚至重置早期原油的 Re-Os 同位素系统（Ge et al.，2016；Lillis and Selby，2013b）。由于高成熟焦沥青与甲烷为主的天然气同时生成，焦沥青的 Re-Os 同位素定年结果也可以帮助确定天然气形成的时间（Ge et al.，2016）。米仓山隆起区焦沥青 Re-Os 同位素测试获得的晚三叠世至中侏罗世的年

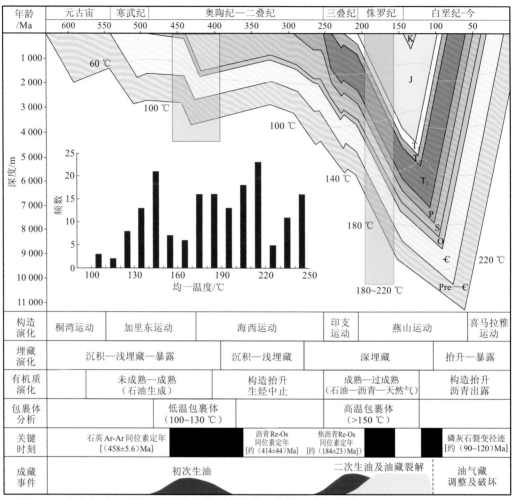

图 7.17 米仓山震旦系古油藏成藏年代及其演化示意图（沈传波 等，2019、Ge et al.，2018a）

龄（205～173 Ma），特别是其中 6 个样品获得的 184 Ma 早侏罗世的年龄，与前人在该地区获得的盆地模拟结果（Yuan et al.，2012）及四川盆地北缘关于油气生成演化关键事件发生时间的传统认识（刘树根 等，2015），表现出良好的一致性，可以更为精确地指示新元古界震旦系灯影组储层中原油热裂解生成焦沥青和天然气的时间（图 7.9、图 7.17）。虽然我们仍然不能除去焦沥青 Re-Os 同位素系统可能受到干扰因素的影响，但是样品实验结果显示的初始 ^{187}Os/^{188}Os 值较大的变化范围很可能反映了：①晚三叠世至中侏罗世原油热裂解作用发生之前，原油的 Os 同位素组成的差异性；②原油热裂解过程的时间积累效应对 Os 同位素组成的影响。

7.3.3 含油气系统成藏演化过程

原油的热裂解作用是一个与时间与储层温度相关的一级动力学反应（Zhu et al.，2012）。虽然关于石油的稳定性的问题依然存在争议，但是大多数实验结果都指示原油在 150～200 ℃条件下会失去其稳定性, 而转变为甲烷和其他固体物质(Kuo and Michael, 1994; Behar et al., 1991; Hayes, 1991)。针对我国南方麻江-万山古油藏, 联合磷灰石裂变径迹及固体沥青的 Re-Os 同位素分析, 提出了定量确定原油热裂解的时间, 即焦沥青和天然气生成时间的可能性(Ge et al., 2016)。尽管在研究中揭示磷灰石裂变径迹年龄与 Re-Os 同位素等时线年龄具有一定的吻合性, 相比于约 70Ma 的磷灰石裂变径迹年龄结果, 约 80Ma 的 Re-Os 同位素等时线年龄仍然指示烃类 Re-Os 同位素系统的重置温度条件可能比裂变径迹体系的封闭温度(110±10)℃要高(Georgiew et al., 2019; Ge et al., 2016)。米仓山地区获得的焦沥青 Re-Os 同位素等时线年龄也显示老于同区磷灰石裂变径迹年龄, 这也进一步印证烃类 Re-Os 同位素系统的封闭温度比磷灰石裂变径迹要高。

自晚三叠世中朝板块与扬子板块沿秦岭造山带碰撞以来(Yin and Nie, 1993), 米仓山隆起区受持续挤压构造作用的影响, 其中最为剧烈的构造活动发生于白垩纪上扬子板块与秦岭造山带碰撞期间(孙东, 2011)。该期构造活动导致了米仓山隆起和四川盆地之间东西向展布的逆冲断层和褶皱的发育(Dong and Santosh, 2016; Xu H et al., 2009)。具有较低封闭温度[(110±10)℃]的磷灰石裂变径迹热年代学的分析能帮助解析沉积盆地内部热历史及造山带构造演化(Gallagher et al., 1998)。因此, 米仓山隆起及四川盆地内部的磷灰石裂变径迹热年代学结果可以更好地理解该地区的油气演化过程, 从而解释为什么现今的天然气藏仅仅分布于四川盆地的内部, 而在米仓山隆起区仅存在露头的高成熟沥青。

米仓山隆起区的磷灰石裂变径迹具有较老的年龄(64～124 Ma), 而且热历史分析结果指示样品在 100～140 Ma 进入磷灰石退火温度带, 并且在 90 Ma 以前完全脱离退火温度带。相反, 位于米仓山隆起和四川盆地之间的构造交接地区的磷灰石裂变径迹样品具有较为年轻的年龄(60～83 Ma), 热模拟结果指示该地区样品在 60～100 Ma 通过磷灰石退火温度带。磷灰石裂变径迹结果揭示的这样一个从北向南表现出的约 40 Ma 的年轻化趋势, 与该区域构造前缘带由北向南逐渐推进的趋势相符合(Hu et al., 2012; Xu et al., 2009)。可知, 裂变径迹分析结果指示了米仓山隆起区在白垩纪(60～124 Ma)存在一个持续的冷却抬升剥蚀过程。依据该地区地温梯度(18～21 ℃/km)(Lu et al., 2005; Hu et al., 2000)及现今的近地表温度(约 20 ℃)计算, 白垩纪以来的构造抬升作用至少造成了约 5 000 m 的地层被剥蚀。但是, 四川盆地内部 HB1 井上(深度为 2 594～4 485 m)异常年轻的裂变径迹年龄结果为 8.8～25.6 Ma(表 7.2), 指示白垩纪以来的构造活动并没有对四川盆地内部的沉积地层造成太大的影响, 三叠系—侏罗系的埋藏深度依然在 2 500 m 以下。此外, 四川盆地中部及南部地区新元古界震旦系灯影组(Wei et al., 2008)、二叠系长兴组、三叠系飞仙关组(Ma et al., 2008)中天然气藏的陆续发现也揭示构造活动对四川盆地内部的改造破坏作用较弱(图 7.17)。而四川盆地北缘米仓山隆起区大量出露的灯影组沥青及二叠系长兴组和三叠系飞仙关组的缺失都说明该区域曾经经历了较为强烈的剥蚀作用。此外，米仓山隆起及南部古水流分析指示的从北向南的古流向（Meng et al.，2005；何建坤 等，1997）、砂岩组分分析结果（刘云生 等，2006；Dickinson et al.，1983）及四川盆地西北缘早古近纪地层碎屑锆石U-Pb年龄结果（江卓斐 等，2013）也都是米仓山地区元古代至中生代地层抬升剥蚀的有力证据。

综合四川盆地北缘米仓山隆起区高成熟焦沥青Re-Os同位素结果、磷灰石裂变径迹分析结果及前人进行的盆地模拟结果（刘树根 等，2015），分析该地区的油气演化过程如下（图7.17、图7.18）：①加里东运动以前，整个四川盆地内部的寒武系泥岩埋藏至2 500 m，烃源岩进入生烃门限开始生油，然而泥盆纪至石炭纪加里东运动造成的该区域的隆升剥蚀作用使生烃过程停止；②晚古生代—早中生代，二叠系—三叠系快速沉降，与此同时，新元古界在该时期被埋藏至7 000 m以下，在这样的深部高温条件下(≥160 ℃)，早期储层中的原油遭受热裂解作用而形成高成熟的焦沥青和甲烷为主的天然气；③白垩纪以来，受秦岭造山带与扬子板块南北向碰撞作用的控制，米仓山隆起区经历了快速的抬升剥蚀作用，导致了新元古界含焦沥青的地层抬升剥蚀至地表，同时也造成了储层中气藏的破坏。相反，在四川盆地中部及南部地区，由于白垩纪以来没有遭受强烈的抬升作用，古生界至中生界天然气藏得以较好的保存下来。

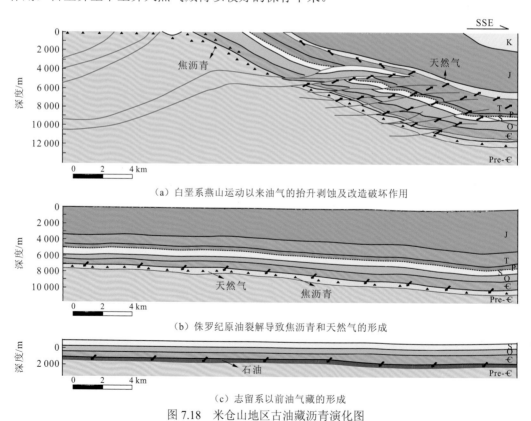

（a）白垩系燕山运动以来油气的抬升剥蚀及改造破坏作用

（b）侏罗纪原油裂解导致焦沥青和天然气的形成

（c）志留系以前油气藏的形成

图7.18 米仓山地区古油藏沥青演化图

　　米仓山隆起区高成熟度焦沥青 Re-Os 同位素分析及前人在四川盆地内部进行的盆地模拟结果指示，原油的热裂解生成天然气的时间为早侏罗世。其控制因素为四川盆地在晚二叠世—侏罗纪快速的沉降作用。磷灰石裂变径迹年龄和热历史模拟结果揭示，白垩纪持续的燕山运动引起了剧烈的抬升剥蚀作用（约 5 000 m），也导致了米仓山隆起区古生代—中生代气藏的破坏，造成新元古界仅有焦沥青发育。深埋藏作用及复杂的构造演化过程对四川盆地乃至整个华南板块造成了剧烈的影响，导致天然气藏成为主要的剩余烃类产物（赵宗举 等，2004）。在过去的几十年里，相继在四川盆地寒武系、石炭系、二叠系和三叠系中发现有威远气田、安岳气田、罗家寨田、普光气田、毛坝气田和元坝气田等，这些气藏的总储量预计超过 7 万 m³（韩克猷和孙玮，2014）。Re-Os 同位素的结果指示四川盆地的天然气主要形成于晚三叠世至早侏罗世原油的热裂解作用。因此，中生代以来构造相对稳定的地区，如四川盆地中部、东部的古隆起或者斜坡区（邹才能 等，2014；Zou et al.，2014；马永生 等，2010；李晓清 等，2001）都可能具有良好的勘探潜力。

白森舒, 彭金宁, 刘光祥, 等, 2013. 黔南安顺凹陷油气成藏特征及勘探潜力分析[J]. 石油实验地质, 35: 24-28.

常远, 许长海, PETER W R, 等, 2010. 米仓山-汉南隆起白垩纪以来的剥露作用: 磷灰石(U-Th)/He 年龄记录[J]. 地球物理学报, 53: 912-919.

曹婷婷, 徐思煌, 周炼, 等, 2014. 高演化海相烃源岩元素地球化学评价: 以四川南江杨坝地区下寒武统为例[J]. 地球科学, 23(2): 199-209.

曹青, 柳益群, 2007. 三塘湖盆地流体包裹体研究及其应用[J]. 岩石学报, 23(9): 2309-2314.

蔡长娥, 邱楠生, 徐少华, 2014. Re-Os 同位素测年法在油气成藏年代学的研究进展[J]. 地球科学进展, 29(12): 1362-1371.

蔡李梅, 陈红汉, 李兆奇, 等, 2008. 油气成藏过程中的同位素测年方法评述[J]. 沉积与特提斯地质, 28(4): 18-23.

陈红汉, 2007. 油气成藏年代学研究进展[J]. 石油与天然气地质, 28: 143-150.

陈红汉, 2014. 单个油包裹体显微荧光特征与热成熟度评价[J]. 石油学报, 35: 584-590.

陈玲, 2010. 华南麻江海相古油藏沥青 Re-Os 同位素特征及其对油藏形成和破坏时代的约束[D]. 武汉: 中国地质大学.

陈玲, 马昌前, 凌文黎, 等, 2010. 中国南方存在印支期的油气藏-Re-Os 同位素体系的制约[J]. 地质科技情报, 29: 95-99.

陈世加, 王廷栋, 代鸿鸣, 1993. 天然气储层沥青的生标物分布与干气运移: 以平落坝和河湾场气田为例[J]. 天然气地球科学, 4: 35-39.

陈文, 万渝生, 李华芹, 2011. 同位素地质年龄测定技术及应用[J]. 地质学报, 85(11): 1917-1947.

陈昭年, 2005. 石油与天然气地质学[M]. 北京: 地质出版社.

陈竹新, 贾东, 魏国齐, 等, 2005. 龙门山北段矿山梁构造解析及其油气勘探[J]. 地学前缘, 12(4): 445-450.

储著银, 陈福坤, 王伟, 等, 2007. 微量地质样品铼锇含量及其同位素组成的高精度测定方法[J]. 岩矿测试, 26(6): 431-435.

代寒松, 刘树根, 孙玮, 等, 2009. 龙门山-米仓山地区下组合地表沥青特征研究[J]. 成都理工大学学报(自然科学版), 36: 687-696.

代寒松, 刘树根, 孙玮, 等, 2010. 米仓山前缘震旦系灯影组天然气勘探前景探讨[J]. 西南石油大学学报(自然科学版), 32: 16-26.

戴建全, 2011. 龙门山冲断带构造变形期次及动力学成因[J]. 西南石油大学学报(自然科学版), 33: 61-67.

戴金星, 2003. 威远气田成藏期及气源[J]. 石油实验地质, 25(5): 473-480.

邓大飞, 梅廉夫, 沈传波, 等, 2014. 江南-雪峰隆起北缘海相油气富集主控因素和破坏机制[J]. 吉林大学学报(地球科学版), 44: 1466-1477.

杜安道, 赵敦敏, 高洪涛, 等, 1998. 负离子热表面电离质谱测定中的铼、锇同位素试样化学分离方法研究[J]. 质谱学报, 19: 11-18.

杜安道, 赵敦敏, 王淑贤, 等, 2001. Carius 管溶样-负离子热表面电离质谱准确测定辉钼矿铼-锇同位素地质年龄[J]. 岩矿测试, 20: 247-252.

杜安道, 屈文俊, 李超, 等, 2009. 铼-锇同位素定年方法及分析测试技术的进展[J]. 岩矿测试, 28: 288-304.

杜安道, 屈文俊, 王登红, 等, 2012. 铼-锇法及其在矿床学中的应用[M]. 北京: 地质出版社.

杜金虎, 邹才能, 徐春春, 等, 2014. 川中古隆起龙王庙组特大型气田战略发现与理论技术创新[J]. 石油勘探与开发, 41(3): 268-277

段瑞春, 王浩, 凌文黎, 等, 2010. 缺氧沉积物及其衍生物的 Re-Os 同位素定年与示踪[J]. 华南地质与矿产, 23(3): 57-67.

凡元芳, 2009. 储层沥青的研究进展及存在问题[J]. 石油地质与工程, 23: 35-38.

方家骏, 孙卫东, 彭子成, 等, 1997. 负热电离质谱技术在锇同位素测定中的应用[J]. 质谱学报, 18(2): 7-15.

丰国秀, 陈盛吉, 1988. 岩石中沥青反射率与镜质体反射率之间的关系[J]. 天然气工业, 8: 20-25.

傅家谟, 贾蓉芬, 刘德汉, 1989. 碳酸岩有机地球化学[M]. 北京: 科学出版社.

高炳宇, 薛春纪, 池国祥, 等, 2012. 云南金顶超大型铅锌矿床沥青 Re-Os 法测年及地质意义[J]. 岩石学报, 28: 1561-1567.

高波, 沃玉进, 周雁, 等, 2012. 贵州麻江古油藏成藏期次[J]. 石油与天然气地质, 33(3): 417-423.

高岗, 2000. 油气生成模拟方法及其石油地质意义[J]. 天然气地球科学, 11: 25-29.

高洪涛, 赵敦敏, 杜安道, 等, 1999. 锇-锇测年方法研究[J]. 岩矿测试, 18: 176-181.

高志农, 1999. 碳酸盐烃源岩演化程度评价的几个问题[J]. 河南石油, 13: 1-4.

谷志东, 殷积峰, 姜华, 等, 2016. 四川盆地西北部晚震旦世—早古生代构造演化与天然气勘探[J]. 石油勘探与开发, 43: 1-11.

广西壮族自治区地质矿产局, 1985. 广西壮族自治区区域地质志[M]. 北京: 地质出版社.

郭汝泰, 肖贤明, 王建宝, 等, 2002. 塔里木盆地轮南下奥陶统沥青的发现及其意义[J]. 新疆石油地质, 29(1): 21-23.

郭小文, 陈家旭, 袁圣强, 等, 2020. 含油气盆地激光原位方解石 U-Pb 年龄对油气成藏年代的约束: 以渤海湾盆地东营凹陷为例[J]. 石油学报, 41(3): 284-291.

韩克猷, 孙玮, 2014. 四川盆地海相大气田和气田群成藏条件[J]. 石油与天然气地质, 35: 10-18.

郝彬, 赵文智, 胡素云, 等, 2017. 川中地区寒武系龙王庙组沥青成因与油气成藏史[J]. 石油学报, 38(8): 863-875.

韩世庆, 王守德, 胡惟元, 1982. 黔东麻江古油藏的发现及其地质意义[J]. 石油与天然气地质, 3: 316-326.

何建坤, 卢华夏, 张庆龙, 等, 1997. 南大巴山冲断构造及其剪切挤压动力学机制[J]. 高校地质学报, 3:

419-428.

何谋春, 吕新彪, 姚书振, 等, 2005. 沉积岩中残留有机质的拉曼光谱特征[J]. 地质科技情报, 24: 67-69.

胡安平, 沈安江, 梁峰, 等, 2020. 激光铀铅同位素定年技术在塔里木盆地肖尔布拉克组储层孔隙演化研究中的应用[J]. 石油与天然气地质, 41(1): 37-49.

胡守志, 王廷栋, 付晓文, 等, 2003. 从地球化学角度看高科 1 井的天然气勘探前景[J]. 天然气地球科学, 14: 492-495.

胡守志, 付晓文, 王廷栋, 等, 2008. 储层中的沥青沉淀带及其对油气勘探的意义[J]. 天然气地球科学, 18: 99-103.

黄第藩, 王兰生, 2008. 川西北矿山梁地区沥青脉地球化学特征及其意义[J]. 石油学报, 29: 23-28.

黄盛, 2013. 米仓山地区构造隆升及灯影组多期流体活动研究[D]. 成都: 成都理工大学.

黄文明, 刘树根, 徐国盛, 等, 2011. 四川盆地东南缘震旦系—古生界古油藏特征[J]. 地质论评, 57: 285-299.

黄耀宗, 2010. 米仓山隆起下古生界烃源岩特征[D]. 成都: 成都理工大学.

江卓斐, 伍皓, 崔晓庄, 等, 2013. 四川盆地古近系柳嘉组碎屑锆石 U-Pb 年代学研究及其地质意义[J]. 矿物岩石, 33: 76-84.

姜振学, 庞雄奇, 黄志龙, 2000. 叠合盆地油气运聚期次研究方法及应用[J]. 石油勘探与开发, 27: 22-25.

金文正, 汤良杰, 杨克明, 等, 2008. 龙门山冲断带构造特征研究主要进展及存在问题探讨[J]. 地质论评, 54: 37-46.

冷鲲, 邓晓航, 王玮, 等, 2013. 四川盆地震旦系-寒武系烃源岩特征与评价[J]. 石油化工应用, 32: 45-47.

李冰, 杨红霞, 2005. 电感耦合等离子体质谱原理和应用[M]. 北京: 地质出版社.

李超, 屈文俊, 杜安道, 等, 2009. 铼-锇同位素定年法中丙酮萃取铼的系统研究[J]. 岩矿测试, 28: 233-238.

李超, 屈文俊, 王登红, 等, 2010a. 富有机质地质样品 Re-Os 同位素体系研究进展[J]. 岩石矿物学杂志, 29: 421-430.

李超, 屈文俊, 周利敏, 等, 2010b. Carius 管直接蒸馏快速分离锇方法研究[J]. 岩矿测试, 29: 14-16.

李娟, 李忠权, 王平, 2012. 四川龙门山构造带构造样式浅析[J]. 云南地质, 31: 272-276.

李发源, 顾雪祥, 付绍洪, 2003. 锌矿床定年方法评述[J]. 世界地质, 22(1): 57-63.

李水福, 胡守志, 阮小燕, 2019. 油气地球化学[M]. 武汉: 中国地质大学出版社.

李晓清, 汪泽成, 张兴为, 等, 2001. 四川盆地古隆起特征及对天然气的控制作用[J]. 石油与天然气地质, 22: 347-351.

李玉胜, 谢传礼, 邓兴梁, 等, 2009. 英买 34、35 井区志留系柯坪塔格组储层特征及其控制因素[J]. 中国地质, 26(5): 1087-1098.

李真, 王选策, 刘可禹, 等, 2017. 油气藏铼-锇同位素定年的进展与挑战[J]. 石油学报, 38: 297-306.

梁狄刚, 黄第藩, 马新华, 等, 2002. 有机地球化学研究新进展[M]. 北京: 石油工业出版社.

梁狄刚, 郭彤楼, 陈建平, 等, 2009. 南方四套区域性海相烃源岩的地球化学特征[J]. 海相油气地质, 14(1): 1-15.

林家善, 2008. 黔南凹陷麻江古油藏储层特征评价[D]. 成都: 成都理工大学.

林家善, 谢渊, 刘建清, 等, 2011. 再论"麻江古油藏"烃源岩[J]. 地质科技情报, 30: 105-109.

刘恩涛, ZHAO J X, 潘松圻, 等, 2019. 盆地流体年代学研究新技术: 方解石激光原位 U-Pb 定年法[J]. 地球科学, 44(3): 698-712.

刘劲松, 马昌前, 王世明, 等, 2009. 麻江古油藏原生水晶中固体沥青包裹体的发现及地质意义[J]. 地质科技情报, 28(6): 39-50.

刘光祥, 王守德, 潘文蕾, 等, 2003. 四川广元天井山古油藏剖析[J]. 海相油气地质, 8: 103-108.

刘华, 2008. Re-Os 同位素体系测定黑色页岩、油页岩年龄研究[D]. 北京: 中国地质大学(北京).

刘华, 屈文俊, 王英滨, 等, 2008. 用三氧化铬-硫酸溶剂对黑色页岩铼-锇定年方法初探[J]. 岩矿测试, 27(2): 11-15.

刘洛夫, 赵建章, 2000. 塔里木盆地志留系沥青砂岩的成因类型及特征[J]. 石油学报, 21: 12-17.

刘树根, 赵锡奎, 罗志立, 等, 2001. 龙门山造山带-川西前陆盆地系统构造事件研究[J]. 成都理工学院学报, 28: 221-230.

刘树根, 马永生, 蔡勋育, 等, 2009. 四川盆地震旦系-下古生界天然气成藏过程和特征[J]. 成都理工大学学报(自然科学版), 33: 345-354.

刘树根, 邓宾, 李智武, 等, 2011. 盆山结构与油气分布: 以四川盆地为例[J]. 岩石学报, 27: 621-635.

刘树根, 马永生, 王国芝, 等, 2015. 四川盆地下组合天然气的成藏过程和机理[M]. 北京: 科学出版社.

刘文汇, 王杰, 陶成, 等, 2013. 中国海相层系油气成藏年代学[J]. 天然气地球科学, 24: 199-209.

刘云生, 郭战峰, 梁西文, 等, 2006. 中上扬子地区晚三叠世—侏罗纪砂岩构造意义及盆山耦合关系[J]. 石油实验地质, 28: 201-205.

鲁雪松, 刘可禹, 赵孟军, 2017. 油气成藏年代学分析技术与应用[M]. 北京: 科学出版社.

罗志立, 韩建辉, 罗超, 等, 2013. 四川盆地工业性油气层的发现, 成藏特征及远景[J]. 新疆石油地质, 34: 504-514.

马力, 陈焕疆, 甘克文, 等, 2004. 中国南方大地构造和海相油气地质[M]. 北京: 地质出版社.

马永生, 蔡勋育, 赵培荣, 等, 2010. 四川盆地大中型天然气田分布特征与勘探方向[J]. 石油学报, 31: 347-354.

孟庆, 2004. Re-Os 同位素体系分析方法与铁铜沟和汉诺坝深源岩矿包体的 Re-Os 同位素地球化学[D]. 合肥: 中国科学技术大学.

孟庆, 郑磊, 夏琼霞, 等, 2004. 镁铁-超镁铁岩铼-锇同位素体系分析方法[J]. 岩矿测试, 23: 92-96.

倪善芹, 侯泉林, 琚宜文, 等, 2007. 铂族元素作为地球化学指示剂有关问题讨论[J]. 地质论评, 42(5): 631-641.

彭建堂, 2008. 湘西渣滓溪钨锑矿床白钨矿的 Sm-Nd 和 Sr 同位素地球化学[J]. 地质学报, 82(11): 1514-1521.

彭建堂, 胡瑞忠, 赵军红, 2003. 湘西沃溪 Au-Sb-W 矿床中白钨矿 Sm-Nd 和石英 Ar-Ar 定年[J]. 科学通报, 48(18): 1976-1981.

齐文, 侯满堂, 汪克明, 等, 2004. 陕西南郑县马元一带发现大型层控铅锌矿带[J]. 地质通报, 23: 1139-1142.

秦建中, 付小东, 刘效曾, 2007. 四川盆地东北部气田海相碳酸盐岩储层固体沥青研究[J]. 地质学报, 81:

1055-1071.

覃曼, 2017. 辉钼矿铼锇同位素测年方法研究[D]. 青岛: 中国石油大学(华东).

覃曼, 周瑶琪, 刘加召, 等, 2017. 铼-锇同位素体系定年研究综述[J]. 地质找矿论丛, 32: 421-427.

邱华宁, 白秀娟, 2019. 流体包裹体 $^{40}Ar/^{39}Ar$ 定年技术与应用[J]. 地球科学, 44(3): 685-697.

邱华宁, 吴河勇, 冯子辉, 等, 2009. 油气成藏 ^{40}Ar-^{39}Ar 定年难题与可行性分析[J]. 地球化学, 38: 405-411.

邱蕴玉, 徐濂, 1987. 扬子准地台南缘下古生界油源研究及地化指标初探[C]//中国地质学会石油地质专业委员会. 有机地球化学论文集. 北京: 地质出版社.

邱蕴玉, 黄华梁, 1994. 威远气田成藏模式初探[J]. 天然气工业, 14(1): 9-13.

饶丹, 秦建中, 腾格尔, 等, 2008. 川西北广元地区海相层系油苗和沥青来源分析[J]. 石油实验地质, 30(6): 596-599.

沈安江, 胡安平, 程婷, 等, 2019. 激光原位 U-Pb 同位素定年技术及其在碳酸盐岩成岩-孔隙演化中的应用[J]. 石油勘探与开发, 46(6): 1062-1074.

沈传波, 2006. 川东北-大巴山地区中、新生代盆山体系与海相油气成藏作用[D]. 武汉: 中国地质大学.

沈传波, SELBY D, 梅廉夫, 等, 2011. 油气成藏定年的 Re-Os 同位素方法应用研究[J]. 矿物岩石, 31: 87-93.

沈传波, 刘泽阳, 肖凡, 等, 2015. 石油系统 Re-Os 同位素体系封闭性研究进展[J]. 地球科学进展, 30(2): 187-195.

沈传波, 葛翔, 白秀娟, 2019. 四川盆地震旦-寒武系油气成藏的 Re-Os 年代学约束[J]. 地球科学, 44(3): 713-726.

斯尚华, 2013. 塔里木盆地麦盖提斜坡巴什托与玛南构造带成藏差异性特征研究[D]. 武汉: 中国地质大学.

苏爱国, 程克明, 金伟明, 1991. 荧光薄片分析在油气初次运移研究中的应用[J]. 石油勘探与开发, 18: 19-24.

施春华, 2017. 四川盆地震旦系—下寒武统大气藏高演化烃源对比无机地球化学研究[D]. 南京: 南京大学.

宋谢炎, 胡瑞忠, 陈列锰, 2009. 铜、镍、铂族元素地球化学性质及其在幔源岩浆起源、演化和岩浆硫化物矿床研究中的意义[J]. 地学前缘, 4: 287-305.

孙东, 2011. 米仓山构造带构造特征及中-新生代构造演化[D]. 成都: 成都理工大学.

孙玮, 2008. 四川盆地元古宇—下古生界天然气藏形成过程和机理研究[D]. 成都: 成都理工大学.

孙玮, 刘树根, 韩克猷, 等, 2009. 四川盆地震旦系油气地质条件及勘探前景分析[J]. 石油实验地质, 31: 350-355.

孙卫东, 彭子成, 1997. 铼锇负热电离质谱测定中的氧同位素校正[J]. 质谱学报, 18(3): 1-6.

唐俊红, 张同伟, 鲍征宇, 等, 2004. 四川盆地威远气田碳酸盐岩中有机包裹体研究[J]. 地质论评, 50: 210-214.

田小彬, 2009. 龙门山北段构造特征及油气前景探讨[D]. 成都: 成都理工大学.

涂湘林, 张景廉, 1997. Pb, Sr, Nd 同位素体系在石油定年与成因示踪研究中的应用[J]. 地球化学, 26(2):

57-67.

汪泽成, 姜华, 王铜山, 等, 2014. 上扬子地区新元古界含油气系统与油气勘探潜力[J]. 天然气工业, 34(4): 27-36.

汪泽成, 王铜山, 文龙, 等, 2016. 四川盆地安岳特大型气田基本地质特征与形成条件[J]. 中国海上油气, 28(2): 45-52.

王东, 王国芝, 2011. 四川南江地区灯影组白云岩优质储层的形成与演化[J]. 现代地质, 25(4): 660-667

王飞宇, 肖贤明, 何萍, 等, 1995. 有机岩石学在油气勘探中应用的现状和发展[J]. 地学前缘, 2: 189-196.

王飞宇, 何萍, 张水昌, 等, 1997. 利用自生伊利石 K-Ar 定年分析烃类进入储层的时间[J]. 地质论评, 43(5): 540-546.

王飞宇, 金之钧, 吕修祥, 等, 2002. 含油气盆地成藏期分析理论和新方法[J]. 地球科学进展, 17: 754-762.

王飞宇, 师玉雷, 曾花森, 等, 2006. 利用油包裹体丰度识别古油藏和限定成藏方式[J]. 矿物岩石地球化学通报, 25: 12-18.

王华建, 张水昌, 王晓梅, 2013. 如何实现油气成藏期的精确定年[J]. 天然气地球科学, 24: 210-217.

王佳宁, 2015. 米仓山构造带震旦系储层流体活动分析[D]. 武汉: 中国地质大学(武汉).

王建宝, 郭汝泰, 肖贤明, 等, 2002. 塔里木盆地轮南低隆起早古生代油气藏形成的期次与时间研究[J]. 沉积学报, 20: 320-325.

王剑, 付修根, 杜安道, 等, 2007. 羌塘盆地胜利河海相油页岩地球化学特征及 Re-Os 定年[J]. 海相油气地质, 12(3): 21-26.

王剑, 段太忠, 谢渊, 等, 2012. 扬子地块东南缘大地构造演化及其油气地质意义[J]. 地质通报, 31: 1739-1749.

王宓君, 包茨, 肖明德, 1989. 中国石油地质志卷十: 四川油气区[M]. 北京: 石油工业出版社.

王守德, 郑冰, 蔡立国, 1997. 中国南方古油藏与油气评价[J]. 海相油气地质, 2(1): 44-50.

王顺玉, 李兴甫, 1999. 威远和资阳震旦系天然气地球化学特征及含油气系统研究[J]. 天然气地球科学, 10: 63-69.

魏国齐, 谢增业, 白贵林, 等, 2014. 四川盆地震旦系—下古生界天然气地球化学特征及成因判识[J]. 天然气工业, 34(3): 44-49.

魏国齐, 谢增业, 宋家荣, 等, 2015. 四川盆地川中古隆起震旦系—寒武系天然气特征及成因[J]. 石油勘探与开发, 42(6): 702-711.

向才富, 汤良杰, 李儒峰, 等, 2008. 叠合盆地幕式流体活动-麻江古油藏露头与流体包裹体证据[J]. 中国科学(D 辑): 地球科学, 38(增刊Ⅰ): 70-77.

肖晖, 赵靖舟, 杨海军, 等, 2012. 塔里木盆地哈拉哈塘凹陷奥陶系成藏流体演化[J]. 地球科学, 37: 163-173.

肖晖, 赵靖舟, 朱永峰, 等, 2013. 哈拉哈塘凹陷奥陶系原油成藏期次的地球化学示踪[J]. 新疆石油地质, 34: 465-468.

肖贤明, 刘德汉, 傅家谟, 等, 2000. 应用沥青反射率推算油气生成与运移的地质时间[J]. 科学通报, 45:

2123-2127.

谢邦华, 王兰生, 张鉴, 等, 2003. 龙门山北段烃源岩纵向分布及地化特征[J]. 天然气工业, 23: 21-24.

徐言岗, 2010. 中国南方古生界典型古油气藏解剖及勘探启示[D]. 成都: 成都理工大学.

杨刚, 陈江峰, 杜安道, 等, 2004. 安徽铜陵老鸦岭含钼碳质页岩的 Re-Os 定年[J]. 科学通报, 49: 1205-1208.

杨刚, 杜安道, 卢记仁, 等, 2005. 金川镍-铜-铂矿床块状硫化物矿石的 Re-Os(ICP-MS)定年[J]. 中国科学(D 辑: 地球科学): 241-245.

杨红梅, 2008. 基性-中基性岩浆岩 Re-Os 同位素分析测试技术及其在山东中生代岩石圈减薄事件研究中的应用[D]. 武汉: 中国地质大学.

杨竞红, 蒋少涌, 凌洪飞, 等, 2005. 黑色页岩与大洋缺氧事件的 Re-Os 同位素示踪与定年研究[J]. 地学前缘, (2): 143-150.

杨平, 汪正江, 印峰, 等, 2014. 麻江古油藏油源识别与油气运聚分析: 来自油气地球化学的证据[J]. 中国地质, 41(3): 982-994.

叶飞, 张平壹, 刘健, 2012. 铜仁地区华南板块下寒武系统黑色页岩的 Re-Os 同位素测年[J]. 科技传播, (8): 94.

尹露, 2015. 富有机质沉积岩Re-Os同位素分析方法初探[D]. 广州: 中国科学院研究生院(广州地球化学研究所).

尹露, 李杰, 赵佩佩, 等, 2015. 一种新的适合富有机质沉积岩的Re-Os 同位素分析方法初探[J]. 地球化学, 44: 225-237.

张光亚, 赵文智, 王红军, 等, 2007. 塔里木盆地多旋回构造演化与复合含油气系统[J]. 石油与天然气地质, 28(5): 653-663.

张江江, 2010. 黔南坳陷构造演化研究[D]. 青岛: 中国石油大学(华东).

张景廉, 朱炳泉, 张平中, 等, 1998. 塔里木盆地北部沥青、干酪根 Pb-Sr-Nd 同位素体系及成因演化[J]. 地质科学, 33(3): 310-317.

张俊, 庞雄奇, 刘洛夫, 等, 2004. 塔里木盆地志留系沥青砂岩的分布特征与石油地质意义[J]. 中国科学(D 辑), 34: 169-176.

张林, 魏国齐, 吴世祥, 等, 2005. 四川盆地震旦系-下古生界沥青产烃潜力及分布特征[J]. 石油实验地质, 27(3): 276-280.

张敏, 1996. 陆相凝析气藏中沥青垫的发现及其地质意义[J]. 科学通报, 41: 1967-1969.

张敏, 蔡春芳, 1997. 油气藏中沥青垫的研究进展[J]. 地质科技情报, 16: 81-84.

张鹏举, 张澍, 何耀庭, 1990. 原油分离问题[J]. 油气储运, 9: 74-77.

张少妮, 2013. 四川盆地北缘灯影组铅锌矿天然沥青特征及其源岩分析[D]. 西安: 长安大学.

张水昌, 朱光有, 2006. 四川盆地海相天然气富集成藏特征与勘探潜力[J]. 石油学报, 27(5): 1-8.

张有瑜, 罗修泉, 2011. 英买力沥青砂岩自生伊利石 K-Ar 测年与成藏年代[J]. 石油勘探与开发, 38: 203-210.

张有瑜, ZTWINGMANN H, 刘可禹, 等, 2007. 塔中隆起志留系沥青砂岩油气储层自生伊利石 K-Ar 同位素测年研究与成藏年代探讨[J]. 石油与天然气地质, 28(2): 166-174.

张有瑜, 刘可禹, 罗秀全, 2016. 自生伊利石年代学: 理论、方法与实践[M]. 北京: 科学出版社.

赵孟军, 张水昌, 刘丰忠, 2003. 油藏演化的两个极端过程[J]. 石油勘探与开发, 30: 21-23.

赵孟军, 潘文庆, 秦胜飞, 等, 2004. 沉积盆地油气成藏期研究及成藏过程综合分析方法[J]. 地球科学进展, 19: 939-946.

赵泽恒, 张桂权, 薛秀丽, 2008. 黔中隆起下组合古油藏和残余油气藏[J]. 天然气工业, 28: 39-42.

赵宗举, 朱琰, 徐云俊, 2004. 中国南方古生界-中生界油气藏成藏规律及勘探方向[J]. 地质学报, 78: 710-720.

赵子贤, 施炜, 2019. 方解石 LA-(MC-)ICP-MS U-Pb 定年技术及其在脆性构造中的应用[J]. 地球科学与环境学报, 41(5): 505-516.

周锋, 2006. 江南隆起北缘油气成藏带解剖及成藏规律探讨[D]. 武汉: 中国地质大学(武汉).

邹才能, 杜金虎, 徐春春, 等, 2014. 四川盆地震旦系—寒武系特大型气田形成分布、资源潜力及勘探发现[J]. 石油勘探与开发, 41(3): 278-293.

朱光有, 杨海军, 朱永峰, 等, 2011. 塔里木盆地哈拉哈塘地区碳酸盐岩油气地质特征与富集成藏特征[J]. 岩石学报, 27(3): 827-844.

朱光有, 刘星旺, 朱永峰, 等, 2013. 塔里木盆地哈拉哈塘地区复杂油气藏特征及其成藏机制[J]. 矿物岩石地球化学通报, 32(2): 231-242.

AGIRREZABALA L M, DORRONSORO C, PERMANYER A, 2008. Geochemical correlation of pyrobitumen fills with host mid-Cretaceous Black Flysch Group(Basque-Cantabrian Basin, western Pyrenees)[J]. Organic geochemistry, 39: 1185-1188.

APLIN A, MACLEOD G, LARTER S, et al., 1999. Combined use of Confocal Laser Scanning Microscopy and PVT simulation for estimating the composition and physical properties of petroleum in fluid inclusions[J]. Marine and petroleum geology, 16: 97-110.

ARNE D, WORLEY B, WILSON C, et al., 1997. Differential exhumation in response to episodic thrusting along the eastern margin of the Tibetan Plateau[J]. Tectonophysics, 280: 239-256.

AZMY K, KENDALL B, CREASER R A, et al., 2008. Global correlation of the Vazante Group, São Francisco Basin, Brazil: Re-Os and U-Pb radiometric age constraints[J]. Precambrian research, 164: 160-172.

BEHAR F, UNGERER P, KRESSMANN S, et al., 1991. Thermal evolution of crude oils in sedimentary basins: experimental simulation in a confined system and kinetic modeling[J]. Oil & gas science and technology, 46: 151-181.

BERTONI M E, ROONEY A D, SELBY D, et al., 2014. Neoproterozoic Re-Os systematics of organic-rich rocks in the São Francisco Basin, Brazil and implications for hydrocarbon exploration[J]. Precambrian research, 255: 355-366.

BERTRAND R, 1993. Standardization of solid bitumen reflectance to vitrinite in some Paleozoic sequences of Canada[J]. Energy sources, 15: 269-287.

BIRCK J L, ROY-BARMAN M, CAPMAS F, 1997. Re-Os isotopic measurements at the femtomole level in natural samples[J]. Geostandards Newsletter, 21: 19-27.

BODNAR R J, 1990. Petroleum migration in the Miocene Monterey Formation, California, USA: Constraints from fluid-inclusion studies[J]. Mineralogical magazine, 54: 295-304.

BORDENAVE M, HEGRE J, 2005. The influence of tectonics on the entrapment of oil in the Dezful Embayment, Zagros Foldbelt, Iran[J]. Journal of petroleum geology, 28: 339-368.

BOURDET J, PIRONON J, LEVRESSE G, et al., 2008. Petroleum type determination through homogenization temperature and vapour volume fraction measurements in fluid inclusions[J]. Geofluids, 8: 46-59.

BOURDET J, PIRONON J, LEVRESSE G, et al., 2010. Petroleum accumulation and leakage in a deeply buried carbonate reservoir, Níspero field(Mexico)[J]. Marine and petroleum geology, 27: 126-142.

BRAUN R L, BURNHAM A K, 1992. PMOD: a flexible model of oil and gas generation, cracking, and expulsion[J]. Organic geochemistry, 19: 161-172.

BRAUNS C, 2001. A rapid, low-blank technique for the extraction of osmium from geological samples[J]. Chemical geology, 176: 379-384.

BRENAN J M, CHERNIAK D J, ROSE L A, 2000. Diffusion of osmium in pyrrhotite and pyrite: implications for closure of the Re–Os isotopic system[J]. Earth and planetary science letters, 180: 399-413.

BROOKS J, WELTE D, 1984. Advances in petroleum geochemistry[M]. New York: Academic Press.

BRULAND K, 1983. Trace elements in seawater[C]//RILEY J P, CHESTER R. Chemical oceanography(2nd edition). London: Academic Press: 157-220.

BURCHFIEL B C, ZHILIANG C, YUPINC L, et al., 1995. Tectonics of the Longmen Shan and adjacent regions, Central China[J]. International geology review, 37: 661-735.

BURRUSS R, CERCONE K, HARRIS P, 1985. Time of hydrocarbon migration, evidence from fluid inclusions in calcite cements, tectonics and burial history[J]. SEPM special publication, 36: 277-289.

CAO J, YAO S, JIN Z, et al., 2006. Petroleum migration and mixing in the northwestern Junggar Basin(NW China): constraints from oil-bearing fluid inclusion analyses[J]. Organic geochemistry, 37: 827-846.

CAO T, XU S, ZHOU L, et al., 2014. Element geochemistry evaluation of marine source rock with high maturity: a case study of lower Cambrian in Yangba section of Nanjiang County, Sichuan[J]. Earth Science(Journal of China University of Geosciences), 39: 199-209.

CHANG X, WANG T-G, LI Q, et al., 2013. Geochemistry and possible origin of petroleum in Palaeozoic reservoirs from Halahatang Depression[J]. Journal of Asian Earth sciences, 74: 129-141.

CHEN S F, WILSON C J, 1996. Emplacement of the Longmen Shan Thrust—Nappe Belt along the eastern margin of the Tibetan Plateau[J]. Journal of structural geology, 18: 413-430.

CHEN S F, WILSON C, LUO Z L, et al., 1994. The evolution of the western Sichuan foreland basin, southwestern China[J]. Journal of southeast asian earth sciences, 10: 159-168.

CHEN S, WILSON C J, WORLEY B A, 1995. Tectonic transition from the Songpan-Garzê Fold Belt to the Sichuan Basin, Southwestern China[J]. Basin research, 7: 235-253.

CHRISTENSEN J N, HALLIDAY A N, LEIGH K E, et al., 1995. Direct dating of sulfides by Rb-Sr: A critical test using the Polaris Mississippi Valley-type Zn-Pb deposit[J]. Geochimica et cosmochimica acta,

59: 5191-5197.

COHEN A S, 2004. The rhenium-osmium isotope system: applications to geochronological and palaeoenvironmental problems[J]. Journal of the geological society, 161(4): 729-734.

COHEN A S, WATERS F G, 1996. Separation of osmium from geological materials by solvent extraction for analysis by thermal ionisation mass spectrometry[J]. Analytica chimica acta, 332(2/3): 269-275.

COHEN A S, COE A L, BARTLETT J M, et al., 1999. Precise Re-Os ages of organic-rich mudrocks and the Os isotope composition of Jurassic seawater[J]. Earth and Planetary science letters, 167: 159-173.

COLE G A, DROZD R J, SEDIVY R A, et al., 1987. Organic geochemistry and oil-source correlations, Paleozoic of Ohio[J]. AAPG bulletin, 71: 788-809.

COOLEY M A, PRICE R A, KYSER T K , et al., 2011, Stable-isotope geochemistry of syntectonic veins in Paleozoic carbonate rocks in the Livingstone Range anticlinorium and their significance to the thermal and fluid evolution of the southern Canadian foreland thrust and fold belt[J]. AAPG bulletin, 95(11): 1851-1882.

COOGAN L A, PARRISH R R, ROBETTS N M, 2016. Early hydrothermal carbon uptake by the Upper Oceanic Crust: Insight from in Situ U-Pb dating[J]. geology, 44: 147-150.

COPELAND P, WATSON E B, URIZAR S C, et al., 2007. Alpha thermochronology of carbonates[J]. Geochimica et cosmochimica acta, 71: 4488-4511.

CREASER R A, PAPANASTASSIOU D A, WASSERBURG G J, 1991. Negative thermal ion mass spectrometry of osmium, rhenium and iridium[J]. Geochimica et cosmochimica acta, 55(1): 397-401.

CREASER R A, SANNIGRAHI P, CHACKO T, et al., 2002. Further evaluation of the Re-Os geochronometer in organic-rich sedimentary rocks: a test of hydrocarbon maturation effects in the Exshaw Formation, Western Canada Sedimentary Basin[J]. Geochimica et cosmochimica acta, 66: 3441-3452.

CUMMING V M, SELBY D, LILLIS P G, et al., 2014. Re-Os geochronology and Os isotope fingerprinting of petroleum sourced from a Type I lacustrine kerogen: Insights from the natural Green River petroleum system in the Uinta Basin and hydrous pyrolysis experiments[J]. Geochimica et cosmochimica acta, 138: 32-56.

DAI J X, XIA X Y, QIN S F, et al., 2004. Origins of partially reversed alkane δ^{13}C values for biogenic gases in China[J]. Organic geochemistry, 35: 405-411.

DE GRANDE S, NETO F A, MELLO M, 1993. Extended tricyclic terpanes in sediments and petroleums[J]. Organic geochemistry, 20: 1039-1047.

DENG B, LIU S, JANSA L, et al., 2012. Sedimentary record of Late Triassic transpressional tectonics of the Longmenshan thrust belt, SW China[J]. Journal of Asian Earth sciences, 48: 43-55.

DENG D F, MEI L F, SHEN C B, et al., 2014. Characteristics and distributions of the marine paleo-reservoirs in the northern margin of Jiangnan-Xuefeng uplift, southern China[J]. Oil shale, 31(3): 225-237

DICKIN A, 2005. Radiogenic isotope geology[M]. London: Cambridge University Press.

DICKINSON W R, BEARD L S, BRAKENRIDGE G R, et al., 1983. Provenance of North American Phanerozoic sandstones in relation to tectonic setting[J]. Geological society of America bulletin, 94:

222-235.

DIDYK B M, SIMONEIT B R T, BRASSELL S C, et al., 1978. Organic geochemical indicators of palaeoenvnonmental conditions of sedimentation[J]. Nature, 272: 216-222.

DIECKMANN V, SCHENK H J, HORSFIELD B, et al., 1998. Kinetics of petroleum generation and cracking by programmed-temperature closed-system pyrolysis of Toarcian Shales[J]. Fuel, 77: 23-31.

DIMARZIO J M, GEORGIEV S V, STEIN H J, et al., 2018. Residency of rhenium and osmium in a heavy crude oil[J]. Geochimica et cosmochimica acta, 220: 180-200.

DIRKS P, WILSON C, CHEN S, et al., 1994. Tectonic evolution of the NE margin of the Tibetan Plateau: evidence from the central Longmen Mountains, Sichuan Province, China[J]. Journal of Southeast Asian Earth sciences, 9: 181-192.

DONELICK R A, KETCHAM R A, CARLSON W D, 1999. Variability of apatite fission-track annealing kinetics: II. Crystallographic orientation effects[J]. American mineralogist, 84: 1224-1234.

DONG H, HALL C M, PEACOR D R, et al., 1995. Mechanisms of argon retention in clays revealed by laser 40Ar-39Ar dating[J]. Science, 267: 355-359.

DONG Y, ZHANG G, HAUZENBERGER C, et al., 2011. Palaeozoic tectonics and evolutionary history of the Qinling orogen: evidence from geochemistry and geochronology of ophiolite and related volcanic rocks[J]. Lithos, 122: 39-56.

DONG Y, LIU X, SANTOSH M, et al., 2012. Neoproterozoic accretionary tectonics along the northwestern margin of the Yangtze Block, China: constraints from zircon U-Pb geochronology and geochemistry[J]. Precambrian research, 196: 247-274.

DONG Y, SANTOSH M, 2016. Tectonic architecture and multiple orogeny of the Qinling Orogenic Belt, Central China[J]. Gondwana research, 29: 1-40.

DUAN Z, MAO S, 2006. A thermodynamic model for calculating methane solubility, density and gas phase composition of methane-bearing aqueous fluids from 273 to 523 K and from 1 to 2000 bar[J]. Geochimica et cosmochimica acta, 70: 3369-3386.

DUAN Z, MøLLER N, GREENBERG J, et al., 1992. The prediction of methane solubility in natural waters to high ionic strength from 0 to 250℃ and from 0 to 1600 bar[J]. Geochimica et cosmochimica acta, 56: 1451-1460.

DUBESSY J, LHOMME T, BOIRON M-C, et al., 2002. Determination of chlorinity in aqueous fluids using Raman spectroscopy of the stretching band of water at room temperature: Application to fluid inclusions[J]. Applied spectroscopy, 56: 99-106.

ESSER B K, TUREKIAN K K, 1993. The osmium isotopic composition of the continental crust[J]. Geochimica et cosmochimica acta, 57: 3093-3104.

FANG Y, LIAO Y, WU L, et al., 2011. Oil-source correlation for the paleo-reservoir in the Majiang area and remnant reservoir in the Kaili area, South China[J]. Journal of Asian Earth sciences, 41(2): 147-158.

FANG Y, LIAO Y, WU L, et al., 2014. The origin of solid bitumen in the Honghuayuan Formation of the Majiang paleo-reservoir: Evidence from catalytic hydropyrolysates[J]. Organci geochemistry, 68: 107-117.

FINLAY A J, 2010. RE-OS and PGE geochemistry of organic-rich sedimentary rocks and petroleum[D]. Durham: Durham University.

FINLAY A J, SELBY D, OSBORNE M J, et al., 2010. Fault-charged mantle-fluid contamination of United Kingdom North Sea oils: insights from Re-Os isotopes[J]. geology, 38: 979-982.

FINLAY A J, SELBY D, OSBORNE M J, 2011. Re-Os geochronology and fingerprinting of United Kingdom Atlantic margin oil: Temporal implications for regional petroleum systems[J]. geology, 39: 475-478.

FINLAY A J, SELBY D, OSBORNE M J, 2012. Petroleum source rock identification of United Kingdom Atlantic Margin oil fields and the Western Canadian Oil Sands using Platinum, Palladium, Osmium and Rhenium: Implications for global petroleum systems[J]. Earth and Planetary science letters, 313: 95-104.

GALLAGHER K, BROWN R, JOHNSON C, 1998. Fission track analysis and its applications to geological problems[J]. Annual review of Earth and Planetary sciences, 26: 519-572.

GE X, SHEN C, SELBY D, et al., 2016. Apatite fission-track and Re-Os geochronology of the Xuefeng uplift, China: Temporal implications for dry gas associated hydrocarbon systems[J]. geology, 44: 491-494.

GE X, SHEN C, SELBY D, et al., 2018a. Neoproterozoic-Cambrian petroleum system evolution of the Micang Shan Uplift, Northern Sichuan Basin, China: Insights from pyrobitumen Re-Os geochronology and apatite fission track analysis[J]. AAPG bulletin, 102: 1429-1453.

GE X, SHEN C, SELBY D, et al., 2018b. Petroleum-generation timing and source in the northern Longmen Shan thrust belt, Southwest China: Implications for multiple oil-generation episodes and sources[J]. AAPG bulletin, 102: 913-938.

GE X, SHEN C, SELBY D, et al., 2020. Petroleum evolution within the Tarim Basin, northwestern China: Insights from organic geochemistry, fluid inclusions, and rhenium-osmium geochronology of the Halahatang oil field[J]. AAPG bulletin, 104: 329-355.

GEORGIEV S V, STEIN H J, HANNAH J L, et al., 2016. Re-Os dating of maltenes and asphaltenes within single samples of crude oil[J]. Geochimica et cosmochimica acta, 179: 53-75.

GEORGIEV S V, STEIN H J, HANNAH J L, et al., 2019. Comprehensive evolution of a petroleum system in absolute time: the example of Brynhild, Norwegian North Sea[J]. Chemical geology, 522: 260-282.

GUILLAUME D, TEINTURIER S, DUBESSY J, et al., 2003. Calibration of methane analysis by Raman spectroscopy in H_2O-NaCl-CH_4 fluid inclusions[J]. Chemical geology, 194: 41-49.

GUO X, LIU K, HE S, et al., 2012. Petroleum generation and charge history of the northern Dongying Depression, Bohai Bay Basin, China: Insight from integrated fluid inclusion analysis and basin modeling[J]. Marine and Petroleum geology, 32: 21-35.

GUO X, LIU K, JIA C, et al., 2016. Fluid evolution in the Dabei Gas Field of the Kuqa Depression, Tarim Basin, NW China: Implications for fault-related fluid flow[J]. Marine and Petroleum geology, 78: 1-16.

GRADSTEIN F M, OGG J G, SMITH A G, et al., 2005. A geologic time scale 2004 [M]. Cambridge: Cambridge University Press.

HACKLEY P C, RYDER R T, TRIPPI M H, et al., 2013. Thermal maturity of northern Appalachian Basin Devonian shales: Insights from sterane and terpane biomarkers[J]. Fuel, 106: 455-462.

HANNAH J L, BEKKER A, STEIN H J, et al., 2004. Primitive Os and 2316 Ma age for marine shale: Implications for Paleoproterozoic glacial events and the rise of atmospheric oxygen[J]. Earth and Planetary science letters, 225(1/2): 43-52.

HAMILTON P, KELLEY S, FALLICK A E, 1989. K-Ar dating of illite in hydrocarbon reservoirs[J]. Clay minerals, 24: 215-231.

HASSLER D R, PEUCKER-EHRENBRINK B, RAVIZZA G E, 2000. Rapid determination of Os isotopic composition by sparging OsO_4 into a magnetic-sector ICP-MS[J]. Chemical geology, 166(1/2): 1-14.

HAYES J, 1991. Stability of petroleum[J]. Nature, 352: 108-109.

HILL R J, TANG Y, KAPLAN I R, 2003. Insights into oil cracking based on laboratory experiments[J]. Organic geochemistry, 34: 1651-1672.

HOGG A, HAMILTON P, MACINTYRE R, 1993. Mapping diagenetic fluid flow within a reservoir: K-Ar dating in the Alwyn area(UK North Sea)[J]. Marine and Petroleum geology, 10: 279-294.

HU S, HE L, WANG J, 2000. Heat flow in the continental area of China: A new data set[J]. Earth and Planetary science letters, 179: 407-419.

HU J, CHEN H, QU H, et al., 2012. Mesozoic deformations of the Dabashan in the southern Qinling orogen, central China[J]. Journal of Asian Earth sciences, 47: 171-184.

HUANG M, MAAS R, BUICK I, et al., 2003. Crustal response to continental collisions between the Tibet, Indian, South China and North China Blocks: Geochronological constraints from the Songpan-Garze orogenic belt, western China[J]. Journal of metamorphic geology, 21: 223-240.

HUC A Y, NEDERLOF P, DEBARRE R, et al., 2000. Pyrobitumen occurrence and formation in a Cambro-Ordovician sandstone reservoir, Fahud Salt Basin, North Oman[J]. Chemical geology, 168: 99-112.

HUNT M, 1979. Petroleum geochemistry and geology[M]. San Francisco: WH Freeman and company.

HURTIG N C, GEORGIEV S V, STEIN H J, et al., 2019. Re-Os systematics in petroleum during water-oil interaction: The effects of oil chemistry[J]. Geochimica et cosmochimica acta, 247: 142-161.

HWANG R, TEERMAN S, CARLSON R, 1998. Geochemical comparison of reservoir solid bitumens with diverse origins[J]. Organic geochemistry, 29: 505-517.

JACOB H, 1989. Classification, structure, genesis and practical importance of natural solid oil bitumen("migrabitumen")[J]. International journal of coal geology, 11: 65-79.

JAFFE L A, PEUCKER-EHRENBRINK B, PETSCH S T, 2002. Mobility of rhenium, platinum group elements and organic carbon during black shale weathering[J]. Earth and Planetary science letters, 198: 339-353.

JIA D, WEI G, CHEN Z, et al., 2006. Longmen Shan fold-thrust belt and its relation to the western Sichuan Basin in central China: New insights from hydrocarbon exploration[J]. AAPG bulletin, 90: 1425-1447.

JIANG S Y, YANG J H, LING H F, et al., 2007. Extreme enrichment of polymetallic Ni-Mo-PGE-Au in Lower Cambrian black shales of South China: An Os isotope and PGE geochemical investigation[J]. Palaeogeography, palaeoclimatology, palaeoecology, 254: 217-228.

JIN W, TANG L, YANG K, et al., 2009a. Transfer zones within the Longmen Mountains thrust belt, SW China[J]. Geosciences journal, 13: 1-14.

JIN W, TANG L, YANG K, et al., 2009b. Tectonic evolution of the middle frontal area of the Longmen Mountain thrust belt, western Sichuan basin, China[J]. Acta geologica sinica(english edition), 83: 92-102.

JIN W, TANG L, YANG K, et al., 2010. Segmentation of the Longmen Mountains thrust belt, western Sichuan foreland basin, SW China[J]. Tectonophysics, 485: 107-121.

KAUFMANN B, 2006. Calibrating the Devonian Time Scale: A synthesis of U-Pb ID–TIMS ages and conodont stratigraphy[J]. Earth-science reviews, 76(3): 175-190.

KAUFMANN B, TRAPP E, MEZGER K, 2004. The numerical age of the upper frasnian (Upper Devonian) kellwasser horizons: A new U-Pb zircon date from Steinbruch Schmidt (Kellerwald, Germany)[J]. The journal of geology, 112(4): 495-501.

KENDALL B, CREASER R, ROSS G, et al., 2004. Constraints on the timing of Marinoan "Snowball Earth" glaciation by [187]Re-[187]Os dating of a Neoproterozoic, post-glacial black shale in Western Canada[J]. Earth and Planetary science letters, 222: 729-740.

KENDALL B, CREASER R, CALVER C, et al., 2009a. Correlation of Sturtian diamictite successions in southern Australia and northwestern Tasmania by Re-Os black shale geochronology and the ambiguity of "Sturtian"-type diamictite-cap carbonate pairs as chronostratigraphic marker horizons[J]. Precambrian research, 172: 301-310.

KENDALL B, CREASER R A, SELBY D, 2009b. [187]Re-[187]Os geochronology of Precambrian organic-rich sedimentary rocks[J]. Geological society, London, special publications, 326: 85-107.

KETCHAM R A, 2005. Forward and inverse modeling of low-temperature thermochronometry data[J]. Reviews in mineralogy and geochemistry, 58: 275-314.

KOHN B P, GREEN P F, 2002. Low temperature thermochronology: from tectonics to landscape evolution[J]. Tectonophysics, 349: 1-4.

KUO L C, MICHAEL G E, 1994. A multicomponent oil-cracking kinetics model for modeling preservation and composition of reservoired oils[J]. Organic geochemistry, 21: 911-925.

LAMBERT D D, FRICK L R, FOSTER J G, et al., 2000. Re-Os isotope systematics of the Voisey's Bay Ni-Cu-Co magmatic sulfide system, Labrador, Canada: II. Implications for parental magma chemistry, ore genesis, and metal redistribution[J]. Economic geology, 95: 867-888.

LAMERS E, CARMICHAEL S, 1999. The Paleocene deepwater sandstone play west of Shetland[J]. Journal of geological society London, 109: 645-659.

LOMANDO A J, 1992. The influence of solid reservoir bitumen on reservoir quality[J]. AAPG bulletin, 76(8): 1137-1152.

LANDIS C R, CASTAñO J R, 1995. Maturation and bulk chemical properties of a suite of solid hydrocarbons[J]. Organic geochemistry, 22: 137-149.

LARSON L T, MILLER J D, NADEAU J E, et al., 1973. Two sources of error in low temperature inclusion homogenization determination, and corrections on published temperatures for the East Tennessee and

Laisvall deposits[J]. Economic geology, 68: 113-116.

LEE M, ARONSON J L, SAVIN S M, 1985. K/Ar dating of time of gas emplacement in Rotliegendes sandstone, Netherlands[J]. AAPG bulletin, 69: 1381-1385.

LEI Y, JIA C, LI B, et al., 2012. Meso-Cenozoic tectonic events recorded by Apatite Fission Track in the Northern Longmen-Micang Mountains Region[J]. Acta geologica sinica(english edition), 86: 153-165.

LEVASSEUR S, BIRCK J-L, ALLèGRE C J, 1998. Direct measurement of femtomoles of osmium and the $^{187}Os/^{186}Os$ ratio in seawater[J]. Science, 282: 272-274.

LEWAN M, 1985. Evaluation of petroleum generation by hydrous pyrolysis experimentation[J]. Philosophical Transactions of the Royal Society of London, Series a, mathematical and physical sciences, 315: 123-134.

LEWAN M, 1997. Experiments on the role of water in petroleum formation[J]. Geochimica et cosmochimica acta, 61: 3691-3723.

LI J, WANG Z, ZHAO M, 1999. $^{40}Ar/^{39}Ar$ thermochronological constraints on the timing of collisional orogeny in the Mian-Lüe Collision Belt, Southern Qinling Mountains[J]. Acta geologica sinica(English edition), 73: 208-215.

LI Z, LIU S, CHEN H, et al., 2008. Structural segmentation and zonation and differential deformation across and along the Lomgmen thrust belt, West Sichuan[J]. Journal of Chengdu University of technology(science & technology edition), 35: 440-455.

LI Q, PARRISH R R, HORSTWOOD M S A, et al., 2014. U-Pb dating of cements in Mesozoic Ammonites[J]. Chemical geology, 376: 76-83.

LI C, WEN L, TAO S, 2015. Characteristics and enrichment factors of supergiant Lower Cambrian Longwangmiao gas reservoir in Anyue gas field: The oldest and largest single monoblock gas reservoir in China[J]. Energy, exploration & exploitation, 33: 827-850.

LICHTE F, WILSON S, BROOKS R, et al., 1986. New method for the measurement of osmium isotopes applied to a New Zealand Cretaceous/Tertiary boundary shale[J]. Nature, 322: 816-817.

LILLIS P, SELBY D, 2013. Evaluation of the rhenium-osmium geochronometer in the Phosphoria petroleum system, Bighorn Basin of Wyoming and Montana, USA[J]. Geochimica et cosmochimica acta, 118: 312-330.

LIN B, ZHANG X, XU X, et al., 2015. Features and effects of basement faults on deposition in the Tarim Basin[J]. Earth-science reviews, 145: 43-55.

LIU S, LUO Z, DAI S, et al., 1996. The uplift of the Longmenshan thrust belt and subsidence of the west Sichuan Foreland Basin[J]. Acta geologica sinica(English edition), 9: 16-26.

LIU S, STEEL R, ZHANG G, 2005. Mesozoic sedimentary basin development and tectonic implication, northern Yangtze Block, eastern China: Record of continent-continent collision[J]. Journal of Asian Earth Sciences, 25: 9-27.

LIU S, ZHANG Z, HUANG W, et al., 2010. Formation and destruction processes of upper Sinian oil-gas pools in the Dingshan-Lintanchang structural belt, southeast Sichuan Basin, China[J]. Petroleum science, 7:

289-301.

LIU Q, ZHU D, JIN Z, et al., 2016. Coupled alteration of hydrothermal fluids and thermal sulfate reduction(TSR)in ancient dolomite reservoirs: An example from Sinian Dengying Formation in Sichuan Basin, southern China[J]. Precambrian research, 285: 39-57.

LIU J, SELBY D, OBERMAJER M, et al., 2018. Re-Os geochronology and oil-source correlation of Duvernay Petroleum System, Western Canada Sedimentary Basin: Implications for the application of the Re-Os geochronometer to petroleum systems[J]. AAPG bulletin, 108: 1627-1657.

LIU J, SELBY D, ZHOU H, et al., 2019. Further evaluation of the Re-Os systematics of crude oil: Implications for Re-Os geochronology of petroleum systems[J]. Chemical geology, 513: 1-22.

LOMANDO A J, 1992. The influence of solid reservoir bitumen on reservoir quality[J]. AAPG bulletin, 76: 1137-1152.

LU Q, HU S, GUO T, 2005. The background of the geothermal field for formation of abnormal high pressure in the northeastern Sichuan basin[J]. Chinese journal of geophysics, 48: 1110-1116.

LU Y, XIAO Z, GU Q, et al., 2008. Geochemical characteristics and accumulation of marine oil and gas around Halahatang depression, Tarim Basin, China[J]. Science in China series d: earth sciences, 51: 195-206.

LU X, KENDALL B, STEIN H J, et al., 2017. Temporal record of osmium concentrations and isotopic compositions in organic-rich mudrocks: Implications for evolution of the seawater Os reservoir[J]. Geochimica et cosmochimica acta, 216: 221-241.

LUCK J M, ALLÈGRE C J, 1982. The study of molybdenites through the ^{187}Re-^{187}Os chronometer[J]. Earth and Planetary science letters, 61: 291-296.

LUDWIG K, 2003. A plotting and regression program for radiogenic-isotope data, version 3.00[R]. California: United State Geol Survey: 1-70.

LUDWIG K, 2008. User's Manual for Isoplot 3.7: a geochronological toolkit for Microsoft Excel[M]. California: Berkeley Geochronological Centre Special Publication, USA.

LUGMAIR G W, 1974. Sm-Nd ages: A new dating method[J]. Meteoritics, 9: 369.

MA Y, CAI X, GUO T, 2007a. The controlling factors of oil and gas charging and accumulation of Puguang gas field in the Sichuan Basin[J]. Chinese science bulletin, 52: 193-200.

MA Y, GUO X, GUO T, et al., 2007b. The Puguang gas field: New giant discovery in the mature Sichuan Basin, southwest China[J]. AAPG bulletin, 91: 627-643.

MA Y, ZHANG S, GUO T, et al., 2008. Petroleum geology of the Puguang sour gas field in the Sichuan Basin, SW China[J]. Marine and petroleum geology, 25: 357-370.

MACHEL H, 2001. Bacterial and thermochemical sulfate reduction in diagenetic settings—old and new insights[J]. Sedimentary geology, 140: 143-175.

MAGOON L B, DOW W G, 1994. The petroleum system: from source to trap[C]// AAPG Memoir 60. Okla: AAPG: 3-24.

MAHDAOUI F, REISBERG L, MICHELS R, et al., 2013. Effect of the progressive precipitation of petroleum asphaltenes on the Re–Os radioisotope system[J]. Chemical geology, 358: 90-100.

MANNING F S, THOMPSON R E, 1995. Oilfield processing of petroleum: Crude oil[M]. Salt Lake City: Pennwell Publishing Company.

MAO J, LEHMANN B, DU A, et al., 2002. Re-Os dating of polymetallic Ni-Mo-PGE-Au mineralization in Lower Cambrian black shales of South China and its geologic significance[J]. Economic geology, 97(5): 1051-1061.

MARK D F, PARNELL J, KELLEY S P, et al., 2005. Dating of multistage fluid flow in sandstones[J]. Science, 309: 2048-2051.

MARK D F, PARNELL J, KELLEY S P, et al., 2010. $^{40}Ar/^{39}Ar$ dating of oil generation and migration at complex continental margins[J]. geology, 38: 75-78.

MARZI R, TORKELSON B, OLSON R, 1993. A revised carbon preference index[J]. Organic geochemistry, 20: 1303-1306.

MCLIMANS R K, 1987. The application of fluid inclusions to migration of oil and diagenesis in petroleum reservoirs[J]. Applied geochemistry, 2: 585-603.

MENG Q R, WANG E, HU J M, 2005. Mesozoic sedimentary evolution of the northwest Sichuan basin: Implication for continued clockwise rotation of the South China block[J]. Geological society of America bulletin, 117: 396-410.

MEUNIER A, VELDE B, ZALBA P, 2004. Illite K-Ar dating and crystal growth processes in diagenetic environments: a critical review[J]. Terra nova, 16(5): 296-304.

MEYER R F, DE WITT J R W, 1990. Definition and world resources of natural bitumens[M]. Washington: United States Geological Surey Printing Office: 1-14.

MONTEL F, 1993. Phase equilibria needs for petroleum exploration and production industry[J]. Fluid phase equilibria, 84: 343-367.

MORETTI I, BABY P, MENDEZ E, et al., 1996. Hydrocarbon generation in relation to thrusting in the Sub Andean zone from 18 to 22 degrees S, Bolivia[J]. Petroleum geoscience, 2: 17-28.

MORGAN J, WALKER R, 1989. Isotopic determinations of rhenium and osmium in meteorites by using fusion, distillation and ion-exchange separations[J]. Analytica chimica acta-anal chim acta, 222: 291-300.

MORGAN J, WALKER R, GROSSMAN J, 1992. Rhenium-osmium isotope systematics in meteorites I: magmatic iron meteorite groups IIAB and IIIAB[J]. Earth and Planetary science letters, 108: 191-202.

NÄGLER T F, FREÍ R, 1997. "Plug in" Os distillation[J]. Schweizerische mineralogische und petrographische mitteilungen, 77: 123-127.

NEDKVITNE T, KARLSEN D A, BJØRLYKKE K, et al., 1993. Relationship between reservoir diagenetic evolution and petroleum emplacement in the Ula Field, North Sea[J]. Marine and petroleum geology, 10: 255-270.

NURIEL P, WEINBERGER R, KYLANDER-CLARK A R C, et al., 2017. The onset of the Dead Sea transform based on calcite age-strain analyses[J]. geology, 45(7): 587-590.

OKUBO S, 2005. Effects of thermal cracking of hydrocarbons on the homogenization temperature of fluid inclusions from the Niigata oil and gas fields, Japan[J]. Applied geochemistry, 20: 255-260.

OXTOBY N H, MITCHELL A W, GLUYAS J G, 1995. The filling and emptying of the Ula Oilfield: Fluid inclusion constraints[J]. Geological society special publications, 86: 141-157.

PARNELL J, SWAINBANK I, 1990. Pb-Pb dating of hydrocarbon migration into a bitumen-bearing ore deposit, North Wales[J]. geology, 18: 1028-1030.

PARNELL J, HONGHAN C, MIDDLETON D, et al., 2000. Significance of fibrous mineral veins in hydrocarbon migration: Fluid inclusion studies[J]. Journal of geochemical exploration, 69-70: 623-627.

PEARSON D G, CARLSON R W, SHIREY S B, et al., 1995. Stabilisation of Archaean lithospheric mantle: A Re-Os isotope study of peridotite xenoliths from the Kaapvaal craton[J]. Earth and Planetary science letters, 134: 341-357.

PEPPER A S, CORVI P J, 1995. Simple kinetic models of petroleum formation. Part I: Oil and gas generation from kerogen[J]. Marine and petroleum geology, 12: 291-319.

PETERS K E, MOLDOWAN J M, 1993. The biomarker guide: Interpreting molecular fossils in petroleum and ancient sediments[M]. Englewood Cliffs: Prentice Hall.

PETERS K E, WALTERS C, MOLDOWAN J M, 2005. The Biomarker guide, biomarkers and isotopes in petroleum exploration and Earth history [M]. New York: Cambridge University Press.

PEUCKER-EHRENBRINK B, RAVIZZA G, 2000a. The marine osmium isotope record[J]. Terra nova, 12(5): 205-219.

PEUCKER-EHRENBRINK B, HANNIGAN R, 2000b. Effects of black shale weathering on the mobility of rhenium and platinum group elements[J]. geology, 28(5): 475-478.

PIRONON J, 2004. Fluid inclusions in petroleum environments: Analytical procedure for PTX reconstruction[J]. Acta petrolei sinica, 20: 1332-1342.

POWELL J W, SCHNEIDER W P, DESROCHERS A, et al., 2018. Low-temperature thermochronology of Anticosti Island: A case study on the application of conodont(U-Th)/He thermochronology to carbonate basin analysis[J]. Marine and petroleum geology, 96: 441-456.

PRINZHOFER A A, HUC A Y, 1995. Genetic and post-genetic molecular and isotopic fractionations in natural gases[J]. Chemical geology, 126: 281-290.

PUSEY W C, 1973. How to evaluate potential gas and oil source rocks[J]. World oil, 176: 71-75.

QI L, ZHOU M F, YAN Z F, et al., 2006. An improved Carius tube technique for digesting geological samples in the determination of PGEs and Re by ICP-MS[J]. Geochimica, 35: 667-674.

QIU H N, WU H Y, YUN J B, et al., 2011. High-precision ^{40}Ar/^{39}Ar age of the gas emplacement into the Songliao Basin[J]. geology, 39: 451-454.

RASBURY E T, HANSON G N, MEYERS W J, et al., 1997. Dating of the time of sedimentation using U-Pb ages for Paleosol calcite[J]. Geochimica et cosmochimica acta, 61: 1525-1529.

RAVIZZA G, TUREKIAN K K, 1989. Application of the ^{187}Re-^{187}Os system to black shale geochronometry[J]. Geochimica et cosmochimica acta, 53: 3257-3262.

RAVIZZA G, TUREKIAN K K, 1992. The osmium isotopic composition of organic-rich marine sediments[J].

Earth and Planetary science letters, 110: 1-6.

REISBERG L, LORAND J P, 1995. Longevity of sub-continental mantle lithosphere from osmium isotope systematics in orogenic peridotite massifs[J]. Nature, 376: 159-162.

REISBERG L, MEISEL T, 2002. The Re-Os isotopic system: A review of analytical techniques[J]. Geostandards newsletter, 26: 249-267.

RICHARDS B C, ROSS G M, UTTING J, et al., 2002. U-Pb geochronology, lithology and biostratigraphy of tuff in the upper Famennian to Tournaisian Exshaw Formation: Evidence for a mid-Paleozoic magmatic arc on the northwestern margin of North America[J]. Canadian society of petroleum geologists memoir, 19: 158-207.

RIEDIGER C, 1993. Solid bitumen reflectance and Rock-Eval T max as maturation indices: An example from the "Nordegg Member", Western Canada Sedimentary Basin[J]. International journal of coal geology, 22: 295-315.

ROBERTS N M W, WALKER R J, 2016. U-Pb Geochronology of calcite-mineralized faults: Absolute timing of rift-related fault events on the Northeast Atlantic Margin[J]. geology, 44: 531-534.

ROBERTS L N, LEWAN M D, FINN T M, 2004. Timing of oil and gas generation of petroleum systems in the Southwestern Wyoming Province[J]. Mountain geologist : 87-117.

RODRIGUES J B, PIMENTEL M M, DARDENNE M A, et al., 2010. Age, provenance and tectonic setting of the Canastra and Ibiá Groups(Brasília Belt, Brazil): Implications for the age of a Neoproterozoic glacial event in central Brazil[J]. Journal of south American Earth sciences, 29: 512-521.

ROGERS M, MCALARY J, BAILEY N, 1974. Significance of reservoir bitumens to thermal-maturation studies, Western Canada Basin[J]. AAPG bulletin, 58: 1806-1824.

ROONEY A, SELBY D, HOUZAY J-P, et al., 2010. Re-Os geochronology of a Mesoproterozoic sedimentary succession, Taoudeni basin, Mauritania: Implications for basin-wide correlations and Re-Os organic-rich sediments systematics[J]. Earth and Planetary science letters, 289: 486-496.

ROONEY A, CHEW D, SELBY D, 2011. Re-Os geochronology of the Neoproterozoic-Cambrian Dalradian Supergroup of Scotland and Ireland: Implications for Neoproterozoic stratigraphy, glaciations and Re-Os systematics[J]. Precambrian research, 85: 202-214.

ROONEY A, SELBY D, LEWAN M D, et al., 2012. Evaluating Re-Os systematics in organic-rich sedimentary rocks in response to petroleum generation using hydrous pyrolysis experiments[J]. Geochimica et cosmochimica acta, 77: 275-291.

ROTICH E K, HANDLER M R, NAEHER S, et al., 2020. Re-Os geochronology and isotope systematics, and organic and sulfur geochemistry of the middle-late Paleocene Waipawa Formation, New Zealand: Insights into early Paleogene seawater Os isotope composition[J]. Chemical geology, 536: 119473.

ROY-BARMAN M, ALLÈGRE C, 1994. ^{187}Os/^{186}Os ratios of mid-ocean ridge basalts and abyssal peridotites[J]. Geochimica et cosmochimica acta, 58: 5043-5054.

ROTONDO K A, OVER D J, 2000. Biostratigraphic age of the Belpre Ash (Frasnian), Chattanooga and Rhinestreet shales in the Appalachian Basin[C]//Geological Society of America Abstracts with Programs.

RUDNICK R, GAO S, 2003. Composition of the continental crust[J]. Treatise on geochemistry, 3: 1-64.

RUSS G P, BAZAN J M, 1987. Isotopic ratio measurements with an inductively coupled plasma source mass spectrometer[J]. Spectrochimica acta part b: Atomic spectroscopy, 42: 49-62.

SCHAEFER B F, 2005. When do rocks become oil?[J]. Science, 308(5726): 1267-1268.

SCHENK C, POLLASTRO R, HILL R, 2006. Natural bitumen resources of the United States[J]. US geological survey fact sheet, 3133: 1-2.

SCHOENBERG R, NäGLER T, KRAMERS J, 2000. Precise Os isotope ratio and Re-Os isotope dilution mesurements down to the picogram level using multicollector inductively coupled plasma-mass spectrometry[J]. International journal of mass spectrometry, 197(1/2/3): 85-94.

SCHOENHERR J, LITTKE R, URAI J L, et al., 2007. Polyphase thermal evolution in the Infra-Cambrian Ara Group(South Oman Salt Basin)as deduced by maturity of solid reservoir bitumen[J]. Organic geochemistry, 38: 1293-1318.

SCHUBERT F, DIAMOND L W, TÓTH T M, 2007. Fluid-inclusion evidence of petroleum migration through a buried metamorphic dome in the Pannonian Basin, Hungary[J]. Chemical geology, 244: 357-381.

SCOTCHMAN I C, CARR A D, PARNELL J, 2006. Hydrocarbon generation modelling in a multiple rifted and volcanic basin: A case study in the Foinaven sub-basin, Faroe-Shetland Basin, UK Atlantic margin[J]. Scottish journal of geology, 42: 1-19.

SEIFERT W, MOLDOWAN J, 1986. Use of biological markers in petroleum exploration[J]. Methods in geochemistry and geophysics, 24: 261-290.

SELBY D, 2007. Direct Rhenium-Osmium age of the Oxfordian-Kimmeridgian boundary, Staffin bay, Isle of Skye, UK, and the Late Jurassic time scale[J]. Norsk geologisk tidsskrift, 87: 291.

SELBY D, CREASER R A, 2001. Re-Os Geochronology and Systematics in Molybdenite from the Endako Porphyry Molybdenum Deposit, British Columbia, Canada[J]. Economic geology, 96: 197-204.

SELBY D, CREASER R A, 2003. Re-Os geochronology of organic rich sediments: An evaluation of organic matter analysis methods[J]. Chemical geology, 200: 225-240.

SELBY D, CREASER R A, 2005a. Direct radiometric dating of hydrocarbon deposits using rhenium-osmium isotopes[J]. Science, 308: 1293-1295.

SELBY D, CREASER R A, 2005b. Direct radiometric dating of the Devonian-Mississippian time-scale boundary using the Re-Os black shale geochronometer[J]. geology, 33: 545-548.

SELBY D, CREASER R A, DEWING K, et al., 2005. Evaluation of bitumen as a ^{187}Re-^{187}Os geochronometer for hydrocarbon maturation and migration: a test case from the Polaris MVT deposit, Canada[J]. Earth and Planetary science letters, 235: 1-15.

SELBY D, CREASER R A, FOWLER M G, 2007. Re-Os elemental and isotopic systematics in crude oils[J]. Geochimica et cosmochimica acta, 71: 378-386.

SELBY D, MUTTERLOSE D, CONDON D J, 2009. U-Pb and Re-Os geochronology of the Aptian/Albian and Cenomanian/Turonian stage boundaries: Implications for timescale calibration, osmium isotope seawater composition and Re-Os systematics in organic-rich sediments[J]. Chemical geology, 265: 394-409.

SELBY D, CUMMING V M, ROONEY A D, et al., 2013. Hydrocarbons/Rhenium-Osmium(Re-Os): Organic-Rich Sedimentary Rocks[M]//RINK W J, THOMPSON J W. Encyclopedia of Scientific Dating Methods. Berlin Heidelberg: Springer Press: 1-7.

SINGH S K, TRIVEDI J R, KRISHNASWAMI S, 1999. Re-Os Isotope Systematics in Black Shales from the Lesser Himalaya: Their Chronology and Role in the $^{187}Os/^{188}Os$ Evolution of Seawater[J]. Geochimica et cosmochimica acta, 63(16): 2381-2392.

SHEN J J, PAPANASTASSIOU D A, WASSERBURG G, 1996. Precise Re-Os determinations and systematics of iron meteorites[J]. Geochimica et cosmochimica acta, 60(5): 2887-2900.

SHEN C B, MEI L F, MIN K, et al., 2012a. Multi-chronometric dating of the Huarong granitoids from the middle Yangtze Craton: Implications for the tectonic evolution of eastern China[J]. Journal of Asian Earth sciences, 52: 73-87.

SHEN C B, DONELICK R A, O'SULLIVAN P B, et al., 2012b. Provenance and hinterland exhumation from LA-ICP-MS zircon U-Pb and fission-track double dating of Cretaceous sediments in the Jianghan Basin, Yangtze Block, Central China[J]. Sedimentary geology, 281: 194-207.

SHI C, CAO J, BAO J, et al., 2015. Source characterization of highly mature pyrobitumens using trace and rare earth element geochemistry: Sinian-Paleozoic paleo-oil reservoirs in South China[J]. Organic geochemistry, 83-84: 77-93.

SHIREY S B, WALKER R J, 1998. The Re-Os isotope system in cosmochemistry and high-temperature geochemistry[J]. Annual review of Earth and Planetary sciences, 26: 423-500.

SMOLIAR M I, WALKER R J, MORGAN J W, 1996. Re-Os ages of group IIA, IIIA, IVA, and IVB iron meteorites[J]. Science, 271: 1099.

STASIUK L D, 1997. The origin of pyrobitumens in Upper Devonian Leduc Formation gas reservoirs, Alberta, Canada: An optical and EDS study of oil to gas transformation[J]. Marine and petroleum geology, 14: 915-929.

STASIUK L, SNOWDON L, 1997. Fluorescence micro-spectrometry of synthetic and natural hydrocarbon fluid inclusions: Crude oil chemistry, density and application to petroleum migration[J]. Applied geochemistry, 12: 229-241.

STEIN H J, 2014. Dating and Tracing the History of Ore Formation[M]//HOLLAND H D, TUREKIAN K K. Treatise on geochemistry. 2nd. Oxford: Elsevier: 87-118.

STEIN H, HANNAH J, 2015. Rhenium-Osmium geochronology-sulfides, shales, oils, and mantle[M]//RINK J, THOMPSON J. Earth sciences series, encyclopedia of scientific dating methods[M]. Berlin Heidelberg: Springer.

STREEL M, 2000. The late Famennian and early Frasnian datings given by Tucker and others (1998) are biostratigraphically poorly constrained[J]. Subcommission on Devonian Stratigraphy, Newsletter, 17: 59.

SUN Y, ZHOU M, SUN M, 2001. Routine Os analysis by isotope dilution-inductively coupled plasma mass spectrometry: OsO_4 in water solution gives high sensitivity[J]. Amino acids, 16: 345-349.

SUZUKI K, QI L, SHIMIZU H, et al., 1992. Determination of osmium abundance in molybdenite mineral by isotope dilution mass spectrometry with microwave digestion using potassium dichromate as oxidizing agent[J]. Analyst, 117: 1151-1156.

TANG L, CUI M, 2011. Multiphase tectonic movements, cap formations and evolution of the Majiang paleo-reservoir[J]. Petroleum science, 8: 127-133.

TEINTURIER S, PIRONON J, WALGENWITZ F, 2002. Fluid inclusions and PVTX modelling: Examples from the Garn Formation in well 6507/2-2, Haltenbanken, Mid-Norway[J]. Marine and petroleum geology, 19: 755-765.

TIAN Y, KOHN B P, ZHU C, et al., 2012. Post-orogenic evolution of the Mesozoic Micang Shan Foreland Basin system, central China[J]. Basin research, 24: 70-90.

TISSOT B P, WELTE D H, 1984. Petroleum formation and occurrence[M]. Berlin Heidelberg: Springer-Verlag.

TISSOT B P, PELET R, UNGERER P, 1987. Thermal history of sedimentary basins, maturation indices, and kinetics of oil and gas generation[J]. AAPG bulletin, 71: 1445-1466.

TOHVER E, WEIL A, SOLUM J, et al., 2008. Direct dating of carbonate remagnetization by $^{40}Ar/^{39}Ar$ analysis of the smectite-illite transformation[J]. Earth and Planetary science letters, 274: 524-530.

TRIPATHY G R, HANNAH J L, STEIN H J, et al., 2014. Re-Os age and depositional environment for black shales from the Cambrian-Ordovician boundary, Green Point, western Newfoundland[J]. Geochemistry, geophysics, geosystems, 15: 1021-1037.

TRIPATHY G R, HANNAH J L, STEIN H J, 2018. Refining the Jurassic-Cretaceous boundary: Re-Os geochronology and depositional environment of Upper Jurassic shales from the Norwegian Sea[J]. Palaeogeography, palaeoclimatology, palaeoecology, 503: 13-25.

TSUZUKI N, TAKEDA N, SUZUKI M, et al., 1999. The kinetic modeling of oil cracking by hydrothermal pyrolysis experiments[J]. International journal of coal geology, 39: 227-250.

TUCKER R, BRADLEY D, VER STRAETEN C, et al., 1998. New U-Pb zircon ages and the duration and division of Devonian time[J]. Earth and Planetary science letters, 158(3/4): 175-186.

TURGEON S C, CREASER R A, ALGEO T J, 2007. Re-Os depositional ages and seawater Os estimates for the Frasnian-Famennian boundary: Implications for weathering rates, land plant evolution, and extinction mechanisms[J]. Earth and Planetary science letters, 261: 649-661.

UYSAL I T, GOLDING S D, THIEDE D S, 2001. K-Ar and Rb-Sr dating of authigenic illite-smectite in Late Permian coal measures, Queensland, Australia: Implication for thermal history[J]. Chemical geology, 171: 195-211.

UYSAL I T, ZHAO J X, GOLDING S D, et al., 2007. Sm-Nd dating and rare earth element tracing of calcite: implications for fluid flow events in the Bowen Basin, Australia[J]. Chemical geology, 23: 63-71.

VAN ACKEN D, TÜTKEN T, DALY J S, et al., 2019. Rhenium-osmium Geochronology of the Toarcian Posidonia Shale, SW Germany[J]. Palaeogeography, palaeoclimatology, palaeoecology, 534: 109294.

VISSER W, 1982. Maximum diagenetic temperature in a petroleum source-rock from Venezuela by fluid inclusion geothermometry[J]. Chemical geology, 37: 95-101.

VÖLKENÌNG J, WALCZYK T, HEUMANN K G, 1991. Osmium isotope ratio determinations by negative thermal ionization mass spectrometry[J]. International journal of mass spectrometry and ion processes, 105: 147-159.

WALDERHAUG O, 1990. A fluid inclusion study of quartz-cemented sandstones from offshore mid-Norway-possible evidence for continued quartz cementation during oil emplacement[J]. Journal of sedimentary research, 60: 203-210.

WALKER R, 1988. Low-blank chemical separation of rhenium and osmium from gram quantities of silicate rock for measurement by resonance ionization mass spectrometry[J]. Analytical chemistry, 60.

WANG L, HAN K, XIE B, et al., 2005. Reservoiring conditions of the oil and gas fields in the North section of Longmen Mountain Nappe structural belts[J]. Natural gas industry, 25: 1-5.

WANG Y, FAN W, ZHAO G, et al., 2007. Zircon U-Pb geochronology of gneissic rocks in the Yunkai massif and its implications on the Caledonian event in the South China Block[J]. Gondwana research, 12: 404-416.

WANG X, XUE C, LI Z, et al., 2008. Geological and geochemical characteristics of Mayuan Pb-Zn ore deposit on northern margin of Yangtze landmass[J]. Mineralium deposita, 27: 37-48.

WAPLES D W, 2000. The kinetics of in-reservoir oil destruction and gas formation: constraints from experimental and empirical data, and from thermodynamics[J]. Organic geochemistry, 31: 553-575.

WEI G, CHEN G, DU S, et al., 2008. Petroleum systems of the oldest gas field in China: Neoproterozoic gas pools in the Weiyuan gas field, Sichuan Basin[J]. Marine and petroleum geology, 25: 371-386.

WENGER L M, ISAKSEN G H, 2002. Control of hydrocarbon seepage intensity on level of biodegradation in sea bottom sediments[J]. Organic geochemistry, 33: 1277-1292.

WILSON C J, HARROWFIELD M J, REID A J, 2006. Brittle modification of Triassic architecture in eastern Tibet: implications for the construction of the Cenozoic plateau[J]. Journal of asian earth sciences, 27: 341-357.

WORLEY B A, WILSON C J, 1996. Deformation partitioning and foliation reactivation during transpressional orogenesis, an example from the Central Longmen Shan, China[J]. Journal of structural geology, 18: 395-411.

WU Z, PENG P, FU J, et al., 2000. Bitumen associated with petroleum formation, evolution and alteration-review and case studies in China[J]. Developments in petroleum science, 40(Part B): 401-443.

WU L, LIAO Y, FANG Y, et al., 2012. The study on the source of the oil seeps and bitumens in the Tianjingshan structure of the northern Longmen Mountain structure of Sichuan Basin, China[J]. Marine and petroleum geology, 37: 147-161.

WU J, LIU S, WANG G, et al., 2016. Multi-Stage hydrocarbon accumulation and formation pressure evolution in Sinian Dengying Formation Cambrian Longwangmiao Formation, Gaoshiti-Moxi Structure, Sichuan Basin[J]. Journal of Earth science, 27(5): 835-845

XIANG C, TANG L, LI R, et al., 2008. Episodic fluid movements in superimposed basin: Combined evidence from outcrop and fluid inclusions of the Majiang ancient oil reservoir, Guizhou Province[J]. Science in China series d: earth sciences, 38: 70-77.

XIAO X N, WANG F, WILKINS R W T, et al., 2007. Origin and gas potential of pyrobitumen in the Upper Proterozoic strata from the Middle Paleo-Uplift of the Sichuan Basin China[J]. International journal of coal geology, 70: 264-276.

XIAO Z, LI M, HUANG S, et al., 2016. Source, oil charging history and filling pathways of the Ordovician carbonate reservoir in the Halahatang Oilfield, Tarim Basin, NW China[J]. Marine and petroleum geology, 73: 59-71.

XU G, HANNAH J L, STEIN H J, et al., 2009a. Re-Os geochronology of Arctic black shales to evaluate the Anisian-Ladinian boundary and global faunal correlations[J]. Earth and planetary science letters, 288: 581-587.

XU H, LIU S, QU G, et al., 2009b. Structural characteristics and formation mechanism in the Micangshan Foreland, South China[J]. Acta geologica sinica, 83: 81-91.

XU G, HANNAH J L, STEIN H J, et al., 2014. Cause of Upper Triassic climate crisis revealed by Re-Os geochemistry of Boreal black shales[J]. Palaeogeography, palaeoclimatology, palaeoecology, 395: 222-232.

YAHI N, SCHAEFER R G, LITTKE R, 2001. Petroleum generation and accumulation in the Berkine basin, eastern Algeria[J]. AAPG bulletin, 85: 1439-1467.

YAMASHITA Y, TAKAHASHI Y, HABA H, et al., 2007. Comparison of reductive accumulation of Re and Os in seawater-sediment systems[J]. Geochimica et cosmochimica acta, 71: 3458-3475.

YAN D, ZHOU M, LI S, et al., 2011. Structural and geochronological constraints on the Mesozoic-Cenozoic tectonic evolution of the Longmen Shan thrust belt, eastern Tibetan Plateau[J]. Tectonics, 30: 1-24.

YANG G, CHEN J, DU A, et al., 2004. Re-Os dating of Mo-bearing black shale of the Laoyaling deposit, Tongling, Anhui Province, China[J]. Chinese science bulletin, 49: 1396-1400.

YANG G, HANNAH J, ZIMMERMAN A, et al., 2009. Re-Os depositional age for Archean carbonaceous slates from the southwestern Superior Province: Challenges and insights[J]. Earth and Planetary science letters, 280: 83-92.

YANG G, ZIMMERMAN A, STEIN H, et al., 2015. Pretreatment of nitric acid with hydrogen peroxide reduces total procedural Os blank to femtogram levels[J]. Analytical chemistry, 87: 7017-7021.

YANG Z, RATSCHBACHER L, JONCKHEERE R, et al., 2013. Late-stage foreland growth of China's largest orogens(Qinling, Tibet): Evidence from the Hannan-Micang crystalline massifs and the northern Sichuan Basin, central China[J]. Lithosphere, 5: 420-437.

YIN A, NIE S, 1993. An indentation model for the North and South China collision and the development of the Tan-Lu and Honam Fault Systems, eastern Asia[J]. Tectonics, 12: 801-813.

YUAN H, LIANG J, GONG D, et al., 2012. Formation and evolution of Sinian oil and gas pools in typical structures, Sichuan Basin, China[J]. Petroleum science, 9: 129-140.

ZHANG S, HUANG H, 2005. Geochemistry of Palaeozoic marine petroleum from the Tarim Basin, NW China: Part 1. Oil family classification[J]. Organic geochemistry, 36: 1204-1214.

ZHANG S, HANSON A, MOLDOWAN J, et al., 2000. Paleozoic oil-source rock correlations in the Tarim basin, NW China[J]. Organic geochemistry, 31: 273-286.

ZHANG W, ZHU S, HE S, et al., 2015. Screening of oil sources by using comprehensive two-dimensional gas chromatography/time-of-flight mass spectrometry and multivariate statistical analysis[J]. Journal of chromatography A, 1380: 162-170.

ZHOU Q, XIAO X, TIAN H, et al., 2013. Oil charge history of bitumens of differing maturities in exhumed Palaeozoic reservoir rocks at Tianjingshan, NW Sichuan Basin, southern China[J]. Journal of petroleum geology, 36: 363-382.

ZHU B, ZHANG J, TU X, et al., 2001. Pb, Sr, and Nd isotopic features in organic matter from China and their implications for petroleum generation and migration[J]. Geochimica et cosmochimica acta, 65: 2555-2570.

ZHU G, ZHANG S, SU J, et al., 2012. The occurrence of ultra-deep heavy oils in the Tabei Uplift of the Tarim Basin, NW China[J]. Organic geochemistry, 52: 88-102.

ZHU B, BECKER H, JIANG S-Y, et al., 2013a. Re-Os geochronology of black shales from the Neoproterozoic Doushantuo Formation, Yangtze platform, South China[J]. Precambrian research, 225: 67-76.

ZHU G, ZHANG S, LIU K, et al., 2013b. A well-preserved 250 million-year-old oil accumulation in the Tarim Basin, western China: Implications for hydrocarbon exploration in old and deep basins[J]. Marine and petroleum geology, 43: 478-488.

ZHU G, ZHANG S, SU J, et al., 2013c. Secondary accumulation of hydrocarbons in Carboniferous reservoirs in the northern Tarim Basin, China[J]. Journal of petroleum science and engineering, 102: 10-26.

ZHU G, ZHANG S, SU J, et al., 2013d. Alteration and multi-stage accumulation of oil and gas in the Ordovician of the Tabei uplift, Tarim Basin, NW China: implications for genetic origin of the diverse hydrocarbons[J]. Marine and petroleum geology, 46: 234-250.

ZHU G, ZHANG Z, ZHOU X, et al., 2019. The complexity, secondary geochemical process, genetic mechanism and distribution prediction of deep marine oil and gas in the Tarim Basin, China[J]. Earth-science reviews, 198: 1-28.

ZOU C, WEI G, XU C, et al., 2014. Geochemistry of the Sinian-Cambrian gas system in the Sichuan Basin, China[J]. Organic geochemistry, 74: 13-21.

ZUMBERGE J E, 1987. Prediction of source rock characteristics based on terpane biomarkers in crude oils: A multivariate statistical approach[J]. Geochimica et cosmochimica acta, 51: 1625-1637.